普通高等教育"十三五"规划教材

"十三五"江苏省高等学校重点教材（编号：2017-2-109）

现代传感技术与应用

主　编　潘雪涛　温秀兰
副主编　李洪海　张美凤
参　编　蔡建文　孟　飞　张亚锋

本书配有以下教学资源：
☆ 教学课件
☆ 习题答案
☆ 仿真实验
☆ 网络教学平台

U0380535

机 械 工 业 出 版 社

本书从信息获取和系统集成的角度出发，系统地阐述了各类传感器的工作原理、基本结构、测量电路及其在工业测试中的典型应用，突破了就器件论器件的传统讲解方式。

全书共分 11 章，绪论及第 1 章主要介绍传感器的作用、定义与组成、分类、传感器与测试系统的数学模型及基本特性，传感器与检测技术的展望；第 2~8 章重点介绍了各类常用传感器的工作原理、组成结构、输出特性、测量电路、误差分析与补偿以及典型应用；第 9、10 章简要介绍了集成化智能传感器和无线传感器网络的基本知识；第 11 章详细介绍了工业生产自动化仪表和测试系统的信号调理技术、数据采集与转换技术，并通过实例详细讲述了现代测试系统的集成设计与性能评价方法，讲述了基于 NI ELVIS 平台的设计性实验。

本书可作为普通高等院校自动化、测控技术与仪器、电子信息、机械设计制造及其自动化等专业的教材，也可作为生产企业一线从事传感器与检测技术的工程技术人员的参考用书。

本书配有免费电子课件、习题答案、仿真实验等，欢迎选用本教材的教师登录 www. cmpedu. com 下载，或发送邮件到 jinacmp@163. com 索取。

图书在版编目（CIP）数据

现代传感技术与应用/潘雪涛，温秀兰主编. —北京：机械工业出版社，2019.7（2024.1 重印）

"十三五"江苏省高等学校重点教材　普通高等教育"十三五"规划教材

ISBN 978-7-111-63156-9

Ⅰ.①现…　Ⅱ.①潘…②温…　Ⅲ.①传感器-高等学校-教材

Ⅳ.①TP212

中国版本图书馆 CIP 数据核字（2019）第 133770 号

机械工业出版社（北京市百万庄大街 22 号　邮政编码 100037）
策划编辑：吉　玲　　　　　　责任编辑：吉　玲　陈文龙　刘丽敏
责任校对：陈　越　王　延　封面设计：张　静
责任印制：常天培
固安县铭成印刷有限公司印刷
2024 年 1 月第 1 版第 3 次印刷
184mm×260mm · 15.5 印张 · 384 千字
标准书号：ISBN 978-7-111-63156-9
定价：39.80 元

电话服务　　　　　　　　　　网络服务
客服电话：010-88361066　　机　工　官　网：www.cmpbook.com
　　　　　010-88379833　　机　工　官　博：weibo.com/cmp1952
　　　　　010-68326294　　金　书　网：www.golden-book.com
封底无防伪标均为盗版　机工教育服务网：www.cmpedu.com

前 言

信息技术的发展对人们的生产、生活带来了巨大的变化。科技越发达，自动化、智能化程度越高，对传感器技术的依赖也就越强。传感器技术既是现代信息系统的"源头"或"感官"，又是信息社会赖以存在和发展的物质与技术基础。如果没有性能可靠的传感器，那么信息的准确获取和精密检测就是一句空话，通信技术和计算机技术也就成了无源之水、无木之本。因此，应用、研究和发展传感器技术是生产过程自动化、智能化和信息时代的必然要求。

全书共11章，绪论主要介绍了传感器的作用、定义、组成及分类；第1章主要介绍了传感器的基本特性、标定与校准、选用原则、改善性能的措施以及传感器技术的展望；第2~8章重点介绍了各类常用传感器（包括应变式传感器、电感式传感器、电容式传感器、磁电式传感器、压电式传感器、光电式传感器、热电式传感器）的转换原理、组成结构、输出特性、测量电路、误差分析与补偿以及典型应用；第9、10章主要介绍了智能传感器和无线传感器网络的基本知识；第11章从工业生产的自动化及测试系统集成设计的角度出发，详细介绍了工业自动化仪表及现代检测系统的有关内容，并通过系统设计及实例详细讲述了现代测试系统的集成设计与性能评价方法。

本书以信息的获取、转换和处理为主线，从测控系统集成的角度讲述了各类传感器的原理、结构、测量电路以及在测控系统中的应用。书中不但讲解传感器的基础理论，而且注重实际应用，各章节分别介绍了不同传感器的验证性、综合性和设计性实验。希望通过验证性、综合性、设计性、创新性实验多个环节的分层次、递进式反复训练，实现从基础层、应用层到提高层的跨越，为培养学生的实践能力和创新能力打下基础。

本书的电子配套教学资源十分丰富，目前已初步建成传感器网络教学平台，且运行良好，网络资源包括课程大纲、课程教案、电子教材、PPT课件、各类动画、实践指导、虚拟仿真实验、自测试题和每章习题等。

本书由常州工学院潘雪涛、南京工程学院温秀兰任主编，淮阴工学院李洪海和常州工学院张美凤任副主编，参加编写工作的还有常州工学院蔡建文、孟飞、张亚锋。其中，潘雪涛编写绪论、第1章，李洪海编写第4章，温秀兰编写第7章（部分内容）和第11章（部分内容），张美凤编写第2章、第3章、第6章和第8章，蔡建文编写第5章，孟飞编写第9章、第10章和第11章（部分内容），张亚锋编写第7章（部分内容）。

本书在编写过程中参考并引用了一些文献，在此向各位文献作者表示衷心感谢！本书为"十三五"江苏省高等学校重点教材，编写出版过程中，承蒙江苏大学李伯全、江苏科技大学李滨城、常州大学石澄贤、南京审计大学林金官、江苏理工学院雷卫宁审阅了全稿并提出了很多宝贵意见和建议，在此表示诚挚的谢意！

由于传感器是多学科知识的综合，种类多、发展快、应用领域广，而编者的水平和经验有限，书中的错误和不当之处在所难免，恳请读者批评指正。

编　者

目 录 Contents

绪 论

0.1 传感器的作用

从生产技术的发展角度来看，人类社会的发展历程大致可以分为这样几个阶段：以人与简单工具为标志的手工化阶段、以动力与机械为标志的机械化阶段、以自动测量与控制为标志的自动化阶段以及以智能机械与装置为标志的信息化阶段。当前，人们正在不懈地探索着机器与人之间的机能模拟，即人工智能，并不断地创造出自动化机械与智能机器人，这是第四次产业革命的象征。

无论哪个阶段，客观世界信息的获取、分析与处理都是至关重要的。人通过感官来接收外界的信号，并将所接收的信号送入大脑，进行分析处理后获取有用的信息。但在第二次（尤其是第三次）产业革命中，人们发现在研究自然现象和规律以及生产活动中，单靠自身的感觉器官已经远远不够了：一方面，大量需要利用的信息已经超出了人体感官的感应范畴，如人耳听不到超低频段或超高频段的声音、人眼无法分辨出红外光和紫外光等；另一方面，在工业化、信息化社会，除了要能定性地了解信息，还需要对其进行定量检测，并利用这些信息去精确控制机械、电子装置，改善其性能并提高自动化、智能化程度，更好地为人类服务。显然，要实现对信息的定量检测，人体感官就更加无能为力了。

为了克服人类感官的局限性，人们研究出了具备人体感觉功能的检测元件，即传感器。传感器是人类感官的扩展和延伸，与人的五官——对应：相当于人眼（视觉）的传感器是光传感器，如光敏器件、电荷耦合器件（CCD）等；相当于人耳（听觉）的传感器是音响传感器，如传声器、压电元件等；相当于人皮肤（触觉）的传感器是振动传感器、温度传感器和压力传感器等；相当于人舌头（味觉）的传感器是味觉传感器，如铂、氧化物、离子传感器等；相当于人鼻子（嗅觉）的传感器是嗅觉传感器，如生物化学元件等。

机器系统可以通过传感器感知外界信息，这些信息经计算机处理后，控制各类执行器（如自动化机械和智能机器人等）工作在最佳状态。从广义上讲，传感器是系统之间实现信息交流的"接口"，它为系统提供赖以进行处理和决策所必需的对象信息，它是高度自动化系统乃至现代尖端技术必不可少的关键组成部分。人与机器系统的机能对应关系如图 0-1 所示。

世界已经进入信息时代，我国科学家钱学森曾指出，信息技术包括测量技术、计算机技术和通信技术，测量技术是信息技术的关键和基础。传感器是实现测量的首要环节，是信息采集系统的首要部件。它既是现代信息技术系统的源头和"感官"，又是信息社会赖以存在和发展的物质与技术基础。如果没有高度保真和性能可靠的传感器、没有先进的传感器技

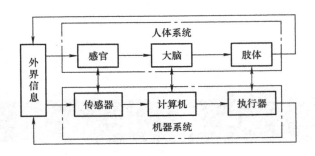

图 0-1　人与机器系统的机能对应关系

术，那么信息的准确获取就成为一句空话，信息技术和计算机技术就成了无源之水、无木之本。因此，应用、研究和发展传感器与检测技术是信息时代生产过程自动化、智能化的必然要求。

事实上，传感器与检测技术正日益广泛地应用于工业制造、航空航天、交通通信、灾害预报、资源探测、安全防卫、医疗卫生以及日常生活的各个领域。

1）高度自动化、智能化的工厂、设备、装置或系统是传感器的大集合地。在现代工业生产（尤其是自动化、智能化生产）过程中，如柔性制造系统（FMS）或计算机集成制造系统（CIMS）、几十万千瓦的大型发电机组、连续生产的轧钢生产线、无人驾驶汽车等，均需配置数以千计的传感器来监视和控制生产过程中的各个参数，使其工作在最佳状态或正常状态，并使产品达到最好的质量。

2）国防和高科技的发展离不开传感器与检测技术。在现代战争中，传感器的精度决定了武器系统的打击精度，其测试速度、诊断能力决定了武器系统的反应能力。又如在各种航天器上，都利用多种传感器测定和控制航天器的飞行参数、姿态和发动机工作状态，将传感器获取的种种信号再输送到各种测量仪表和自动控制系统中，进行自动调节，使航天器按人们预先设计的轨道正常运行。

3）现代生活和人类生活离不开传感器。如家电中的温度、湿度控制，音响系统、电视机和电扇的遥控，煤气和液化气的泄漏报警，路灯的声控等都离不开传感器技术。一辆汽车装有几十个传感器，用于检测汽车运行中的状况，包括车速、车况、发动机工况及路面信息等，以便使发动机处于最佳工作状态，排放废气污染最小，同时控制车身稳定，以保证行车安全。

总之，从茫茫太空到浩瀚海洋，从各种复杂的工程系统到日常生活的衣食住行，几乎都与传感器技术紧密联系着。因此，毫不夸张地说，没有传感器与检测技术，就没有现代科学技术的迅速发展。

0.2　传感器的定义与组成

1. 传感器的定义

国家标准《传感器通用术语》（GB/T 7665—2005）对于传感器（transducer/sensor）的定义："能感受被测量并按照一定的规律转换成可用输出信号的器件或装置，通常由敏感元件和转换元件组成"。同时指出，当输出为规定的标准信号时，则称为变送器（transmitter）。根据这一定义，可以通俗地理解：传感器是一种按照一定的规律以一定的精度把被测量转换为与之有确定对应关系的、便于应用的某种输出信号的测量装置。具体包含如下几方面的含义：

1）传感器是以测量为最终目的的装置，能完成规定的检测任务。例如，发电机是将机械能转换为电能的一种装置，它为人类提供电能（不是用于测量的装置），因此当发电机仅作为发电设备时，就不是传感器。但是，当利用发电机发电量的大小来测定调速系统机械转速时，就可以将其看作一种用于测量的传感器，可以称之为发电机测速传感器。

2）传感器的输入量是某一被测量，这个被测量一般指非电量，可能是物理量，也可能是化学量、生物量等。例如压力、流量、位移、重量、温度、速度、湿度、浓度、酸碱度等。

3）传感器的输出量是某种可用信号，这种信号要便于传输、转换、处理和显示等，可以是气、光、电信号。但就目前科技发展水平而言，电信号（如电压、电流、电阻、电容、电感、频率等）仍然是最易于处理和便于传输的信号。可以预料，随着科学技术的进步，"可用信号"的内涵会随之改变，如当跨入光子时代时，光信号就可能成为更便于快速、高效处理与传输的"可用信号"了。

4）传感器的输入与输出之间的转换必须遵循客观规律，同时两者之间应有确定的对应关系和一定的精确程度。因此，传感器的工作机理一定是基于物理的、化学的和生物的各种效应，并受相应的定律和法则所支配，如热辐射现象、光电效应、霍尔效应、多普勒效应、法拉第电磁感应定律等。就本书所述的各类传感器，其工作机理所遵循的基本定律概括起来有以下4种类型：

① 守恒定律：包括能量、动量、电荷量等守恒定律。

② 统计法则：这些法则一般与传感器的工作状态有关，是分析某些传感器的理论基础。

③ 场的定律：包括动力场的运动定律、电磁场的感应定律等，其物理方程可作为许多传感器工作的数学模型。例如利用静电场制成的电容式传感器，利用电磁感应定律制成的电感式传感器等。

④ 物质定律：它是表示各种物质本身内在性质的定律，如胡克定律、欧姆定律等。这些性质通常以该物质所固有的物理常数加以描述，这些常数的大小决定着传感器的主要性能。如利用半导体物质法则（包括压阻、热阻、光阻、湿阻等效应）可分别制成压敏、热敏、光敏、湿敏等传感器件，利用压电晶体物质法则（压电效应）可制成压电式传感器等。

2. 传感器的组成

由定义可知，传感器通常由敏感元件和转换元件组成。

敏感元件（sensing element）是指传感器中能直接感受或响应被测量的部分，能够输出与被测量成确定关系的某一物理量（一般仍然为非电量）。图 0-2 所示为测力传感器的结构示意图，砝码与弹簧相连，弹簧一端固定，另一端与可变电位器的电刷相连，电位器接入电路。这里的弹簧就是敏感元件，感受作用在砝码上的被测力 F。当 F

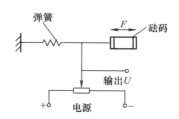

图 0-2　测力传感器的结构示意图

变化时，会引起弹簧的压缩或者伸长，即输出相应的位移量。

转换元件（transducing element）是指传感器中能将敏感元件感受或响应的被测量转换成适于传输或测量的电信号的部分。在图 0-2 中，转换元件是可变电位器，通过电刷的移动将输入的位移量转换成电阻的变化。也有一些传感器的敏感元件能够直接输出电信号，则这种敏感元件同时兼为转换元件，如热电偶能将温度变化直接转换为热电势输出。当然，还有些传感器的转换元件不止一个，要经过若干次转换。

由于转换元件输出的电信号一般比较微弱，而且存在各种误差，再加上诸如电阻、电感、电容等电参量难以直接进行显示、记录、处理和控制，这时需要进一步转换成可直接利用的电压、电流等电信号。传感器中能够完成这一功能的部分称为转换电路。图 0-2 中，把可变电位器接入电路就可将电阻的变化转换为电压的变化输出。转换电路的选择视转换元件的类型而定，经常采用的有电桥电路、放大电路、脉宽调制电路、振荡回路、阻抗变换电路等。另外，很多传感器的转换元件和转换电路需要外接辅助电源供电，才能正常工作。

综上所述，传感器的一般组成如图 0-3 所示。

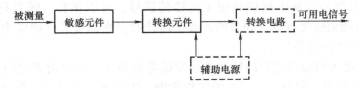

图 0-3　传感器的一般组成

随着微电子技术的发展，一方面是将传感器与转换、调理电路集成化，构成可直接输出标准信号（0～10mA，4～20mA；0～2V，1～5V；…）的一体化传感器；另一方面是将传感器和微处理器相结合，构成具有信号调理与分析、误差校正、环境适应以及辨认、识别、判断等功能的智能传感器。这种集成化、智能化传感器已经在现代工业技术中发挥了重要的作用。

0.3　传感器的分类

传感器的种类繁多、原理各异，目前传感器的种类约有 2 万种。一般来讲，对于同一种被测量，可以用多种传感器进行检测。同样地，同一种传感器也可以测量多种不同类型的参量，所以传感器的分类方法有很多。按照不同的方法对传感器进行分类，将有助于从总体上认识和掌握传感器的原理、性能与应用。

（1）按工作原理分类

按工作原理不同，传感器大体可分为物理型、化学型、生物型 3 类：

1）物理型传感器是利用某些变换元件的物理性质以及某些功能材料的特殊物理性能制成的传感器，因此它又可以分为结构型和物性型 2 类：结构型传感器是利用物理学中场的定律制成的，这类传感器以元件相对位置变化引起场的变化为基础；物性型传感器利用某些功能材料本身所具有的内在特性及效应将被测量直接转换为电量，其性能因材料而异。物性型传感器的"敏感体"就是材料本身，无所谓"结构变化"，通常具有响应速度快的特点，易于实现小型化、集成化、智能化。

2）化学型传感器是利用敏感材料与物质间的电化学反应原理，把无机和有机化学成分、浓度等转换为电信号的传感器，如气体传感器、湿度传感器和离子传感器等。

3）生物型传感器是利用材料的生物效应构成的传感器，如酶传感器、微生物传感器、生理量（血液成分、血压、激素、血蛋白等）传感器、组织传感器等。

本书主要介绍物理型传感器，同时，各类传感器是以其对信号转换的作用原理命名的，如电阻式传感器、电感式传感器、电容式传感器、磁电式传感器、压电式传感器、光电式传感器、热电式传感器等。

（2）按被测量（传感器的用途）分类

按被测量（传感器的用途）不同，传感器可分为位移传感器、速度传感器、加速度传感器、压力传感器、振动传感器、温度传感器、湿度传感器等。

（3）按检测过程中对外界能源的需求情况分类

按检测过程中对外界能源的需求情况不同，传感器可分为有源传感器和无源传感器2类：

1）有源传感器又可称为能量转换型传感器或换能器，它不需要外电源，敏感元件能直接将非电量转换为电信号，如基于压电效应、热电效应、光电效应等的传感器。

2）无源传感器又称为能量控制型传感器，敏感元件本身无能量转换能力，必须采用外加激励源对其进行激励，才能得到输出信号，如电阻、电感、电容等电路参量传感器。同时，基于应变电阻效应、磁阻效应、热阻效应、光电效应、霍尔效应等的传感器也属于此类传感器。

（4）按输出信号的性质分类

按输出信号的性质不同，传感器可分为模拟传感器和数字传感器2类：

1）模拟传感器将被测非电量转换成模拟电信号，其输出信号中的信息一般由信号的幅度表达，通过 A - D 转换器将模拟信号数字化后，可由计算机对其进行分析、处理。

2）数字传感器将被测非电量转换成数字信号输出，数字信号不仅重复性好、可靠性高，而且无须 A - D 转换，比模拟信号更容易传输。

此外，传感器还有一些其他的分类方法，这里就不一一列举了。

第1章

传感器技术的基本概念

1.1 传感器的基本特性

在现代化生产和科学实验中，传感器能否准确地完成检测任务，关键在于传感器的基本特性。传感器的基本特性与其内部结构参数有关，由于不同传感器的内部结构参数存在差异，其基本特性也表现出不同的特点，对测量结果的影响也各不相同。而一个高精度的传感器，只有具有良好的基本特性才能保证信号无失真地转换。根据输入信号随时间的变化情况，传感器的输入量可分为静态量和动态量，相应的基本特性为静态特性和动态特性。

1.1.1 传感器的静态特性

静态特性是指当输入量为常量或变化极其缓慢时传感器的输入输出特性。

1. 传感器的静态数学模型

传感器的静态数学模型是在输入量为静态量时，描述输出量与输入量关系的数学模型。传感器的静态数学模型一般可用多项式来表示，即

$$y = a_0 + a_1x + a_2x^2 + a_3x^3 + \cdots + a_nx^n \tag{1-1}$$

式中，x 为传感器输入量；y 为传感器输出量；a_0 为输入量为零时的输出量，即零位输出量，一般 $a_0 = 0$；a_1 为线性项的待定系数，即线性灵敏度；a_2，a_3，$\cdots$，a_n 为非线性项的待定系数。

当不考虑零位输出量时，静态特性曲线过原点，一般分为4种情况，如图1-1所示。

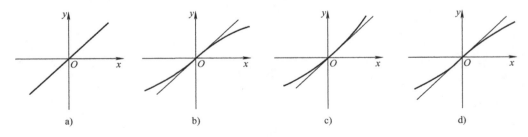

图1-1 静态特性曲线

（1）理想线性特性

当 $a_2 = a_3 = \cdots = a_n = 0$ 时，静态特性曲线是一条过原点的直线，直线上所有点的斜率相等，如图1-1a所示。此时，传感器的数学模型为式(1-2)，其基本特性为理想的线性特性。

$$y = a_1 x \tag{1-2}$$

（2）非线性项仅有奇次项

当式(1-1)中非线性项的偶次项为零时，即

$$y = a_1 x + a_3 x^3 + a_5 x^5 + \cdots \tag{1-3}$$

此时传感器的静态特性曲线关于原点对称，在原点附近具有较宽的线性范围，如图 1-1b 所示。这是比较接近理想特性的非线性特性，差动式传感器具有这种特性，可以消除电气元件中的偶次分量，显著地改善非线性，并可使灵敏度提高 1 倍。

（3）非线性项仅有偶次项

当式(1-1)中非线性项的奇次项为零时，即

$$y = a_1 x + a_2 x^2 + a_4 x^4 + \cdots \tag{1-4}$$

此时传感器的静态特性曲线过原点，但不具有对称性，线性范围比较窄，如图 1-1c 所示。传感器设计时很少采用这种特性。

（4）普遍情况

当式(1-1)中非线性项既有奇次项又有偶次项时，即

$$y = a_1 x + a_2 x^2 + a_3 x^3 + \cdots + a_n x^n \tag{1-5}$$

此时传感器的静态特性曲线过原点，但不具有对称性，如图 1-1d 所示。

实际运用时，目前普遍利用校准数据获得多项式系数的最佳估计值，以此来建立传感器的数学模型。

2. 传感器的静态特性指标

传感器的静态特性指标主要有灵敏度、线性度、迟滞、重复性和漂移等。

（1）灵敏度

灵敏度是传感器静态特性的一个重要指标，一般用传感器输出量的增量与被测输入量的增量之比来表示，即

$$S = \frac{\Delta y}{\Delta x} \tag{1-6}$$

式中，Δy 为输出量的增量；Δx 为输入量的增量。

显然 S 值越大，表示传感器越灵敏。对于线性传感器，其灵敏度在整个测量范围内为常量，即 $S = a_1 =$ 常数，如图 1-2a 所示。对于非线性传感器，灵敏度为变量，用 $S = \frac{\mathrm{d}y}{\mathrm{d}x}$ 表示，实际就是输入输出特性曲线上某点的斜率，而且灵敏度随输入量的变化而变化，如图 1-2b 所示。

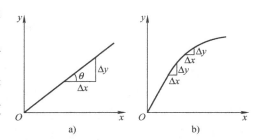

图 1-2 传感器的灵敏度
a）线性 b）非线性

例 1-1：某压电式压力传感器的灵敏度为 10pC/MPa，后接灵敏度为 0.008V/pC 的电荷放大器，最后用灵敏度为 25mm/V 的笔式记录仪记录信号。试求系统总的灵敏度，并求当被测压力变化 $\Delta p = 8\mathrm{MPa}$ 时记录笔在记录纸上的偏移量 Δy。

解：系统为压电式压力传感器、电荷放大器和笔式记录仪 3 个环节的串联，因此总的灵

敏度等于 3 个环节灵敏度的乘积，即

$$S = S_1 S_2 S_3 = 10 \times 0.008 \times 25 \, \text{mm/MPa} = 2 \, \text{mm/MPa}$$

根据灵敏度的定义，当被测压力变化 $\Delta p = 8 \text{MPa}$ 时，记录笔在记录纸上的偏移量 Δy 为

$$\Delta y = S \Delta p = 8 \times 2 \, \text{mm} = 16 \, \text{mm}$$

（2）线性度

线性度是指传感器的输出与输入之间数量关系的线性程度，是衡量传感器输出量与输入量之间能否保持理想线性特性的一种度量。线性度也称非线性误差。

传感器的线性度一般用全量程范围内实际特性曲线与拟合直线之间的最大偏差值（即最大非线性绝对误差）与满量程输出值之比来表示，即

$$\gamma_{\text{L}} = \pm \frac{\Delta L_{\text{MAX}}}{Y_{\text{FS}}} \times 100\% \tag{1-7}$$

式中，ΔL_{MAX} 为最大非线性绝对误差；Y_{FS} 为传感器满量程输出值。

输出与输入的关系可分为线性特性和非线性特性。在传感器实际使用时，为了标定和数据处理的方便，希望得到线性特性，因此需要引入各种非线性补偿环节，如采用非线性补偿电路或计算机软件进行线性化处理，从而使传感器的输出与输入关系为线性或接近线性。但如果传感器非线性的阶次不高，输入量变化范围较小，则可用一条直线（切线或割线）近似地代表实际曲线的一段，使传感器输入-输出特性线性化。

（3）迟滞

迟滞表示传感器在输入值增长（正行程）和减少（反行程）的过程中，同一输入量输入时，输出值的差异，即传感器的输入-输出特性曲线不重合的现象，如图 1-3 所示。该指标反映了传感器的机械部件或结构材料等存在的问题，如轴承摩擦、灰尘积塞、间隙不当、螺钉松动、元件磨损（或碎裂）以及材料的内部摩擦等。

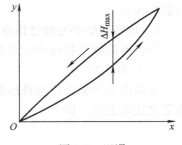

图 1-3　迟滞

迟滞的大小通常由整个检测范围内的最大迟滞值 ΔH_{max} 与理论满量程输出 Y_{FS} 之比的百分数表示，即

$$\gamma_{\text{H}} = \frac{\Delta H_{\text{max}}}{Y_{\text{FS}}} \times 100\% \tag{1-8}$$

（4）重复性

重复性表示传感器在相同工作条件下，输入量按同一方向做全量程连续多次变动时所得到的各特性曲线不一致的程度，如图 1-4 所示。重复性误差通常用输出最大不重复误差 Δ_{max} 与满量程输出 Y_{FS} 之比的百分数表示，即

$$\gamma_{\text{R}} = \frac{\Delta_{\text{max}}}{Y_{\text{FS}}} \times 100\% \tag{1-9}$$

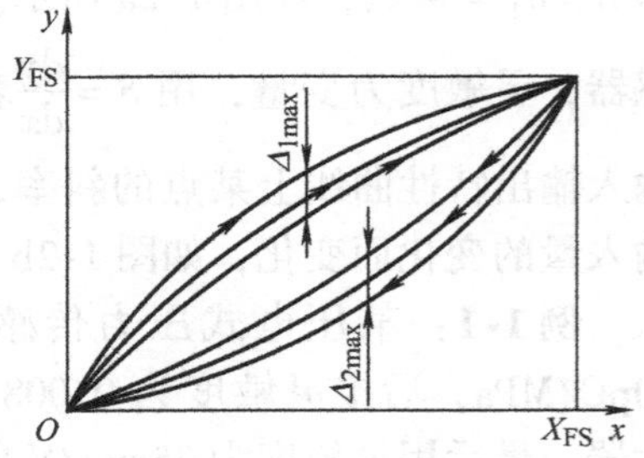

（5）漂移

漂移是指在外界干扰的情况下，在一定的时间间隔

图 1-4　重复性

内，传感器输出量发生与输入量无关的变化程度，包括零点漂移和温度漂移。零点漂移是指

在无输入量的情况下，间隔一段时间进行测量，其输出量偏离零值的大小。温度漂移是指当外界温度（环境温度）发生变化时，传感器输出量同时也发生变化的现象。

（6）精度

精度反映的是传感器测量结果与真值的接近程度。它与误差的大小相对应，因此可以用误差的大小来表示精度的高低，误差小则精度高，反之，误差大则精度低。

（7）分辨力

分辨力表示传感器能够检测到输入量变化的能力。当输入量缓慢变化且超过某一增量时，传感器才能够检测到输入量的变化，这个输入量的增量就被称为传感器的分辨力。当输入量变化小于这个增量时，传感器无任何反应。对于数字式传感器，分辨力是指能引起输出数字的末位数发生变化所对应的输入增量。有时也用分辨力与满量程输入值的百分比表示，称为分辨率。零点附近的分辨力称为阈值。

（8）稳定性

稳定性表示在较长时间内传感器对于大小相同的输入量，其输出量发生变化的程度。一般在室温条件下，经过规定时间的间隔后，传感器输出的差值称为稳定性误差，常用绝对误差或相对误差来表示。

1.1.2　传感器的动态特性

在实际工程测量中，大量的被测信号是动态信号。传感器的动态特性是指传感器的输出对输入动态信号的响应特性。它反映输出值真实再现变化的输入量的能力。当被测输入量随时间变化较快时，传感器的输出量不仅受输入量变化的影响，同时也会受传感器动态特性的影响。

1. 传感器的动态数学模型

传感器的动态数学模型比静态数学模型要复杂得多，要准确地建立传感器的动态数学模型是非常困难的。在工程应用上大多采取一些近似的措施，把传感器看作不变线性传感器，用常系数线性微分方程建立其数学模型，即

$$a_n \frac{\mathrm{d}^n y(t)}{\mathrm{d}t^n} + a_{n-1} \frac{\mathrm{d}^{n-1} y(t)}{\mathrm{d}t^{n-1}} + \cdots + a_1 \frac{\mathrm{d}y(t)}{\mathrm{d}t} + a_0 y(t)$$
$$= b_m \frac{\mathrm{d}^m x(t)}{\mathrm{d}t^m} + b_{m-1} \frac{\mathrm{d}^{m-1} x(t)}{\mathrm{d}t^{m-1}} + \cdots + b_1 \frac{\mathrm{d}x(t)}{\mathrm{d}t} + b_0 x(t) \tag{1-10}$$

式中，$x(t)$ 为输入量的时间函数；$y(t)$ 为输出量的时间函数；n、m 为输入量与输出量的微分阶次；$a_i(i=1, 2, \cdots, n)$、$b_j(j=1, 2, \cdots, m)$ 为由传感器结构确定的常数。

大多数传感器的动态特性都可归属于零阶、一阶和二阶系统，尽管实际上存在更高阶次的复杂系统，但是在一定条件下，都可以用上述 3 种系统的组合来进行分析。

（1）零阶系统

式(1-10) 中的系数除了 a_0、b_0 之外，其余的系数均为零，则微分方程就变为简单的代数方程，即

$$a_0 y(t) = b_0 x(t) \tag{1-11}$$

能用式(1-11) 来表示动态特性的传感器称为零阶传感器系统（简称零阶系统）。零阶系统具有理想的动态特性，无论被测量随时间如何变化，输出信号都不会失真，在时间上也

无任何滞后。因此，零阶系统又称为比例系统。

（2）一阶系统

式(1-10) 中的系数除了 a_0、a_1、b_0 之外，其余系数均为零，则微分方程就变为

$$a_1 \frac{\mathrm{d}y(t)}{\mathrm{d}t} + a_0 y(t) = b_0 x(t) \qquad (1-12)$$

式(1-12) 通常写为

$$\tau \frac{\mathrm{d}y(t)}{\mathrm{d}t} + y(t) = kx(t) \qquad (1-13)$$

式中，τ 为传感器的时间常数，$\tau = a_1/a_0$；k 为传感器的静态灵敏度，$k = b_0/a_0$。

能用式(1-13) 描述其动态特性的传感器就称为一阶系统，也称为惯性系统。时间常数 τ 具有时间量纲，它反映传感器惯性的大小，静态灵敏度则说明其静态特性。

例 1-2：有一只湿度传感器，其微分方程为 $30\frac{\mathrm{d}y}{\mathrm{d}t} + 3y = 0.18x$。式中，$y$ 为输出电压，单位为 mV；x 为输入湿度，单位为 RH。试求传感器的时间常数和静态灵敏度。

解：将该湿度传感器微分方程两边同除以 3，得

$$10\frac{\mathrm{d}y}{\mathrm{d}t} + y = 0.06x$$

与式(1-13) 相比可知，传感器的时间常数 $\tau = 10\mathrm{s}$，静态灵敏度 $k = 0.06\mathrm{mV/RH}$。

（3）二阶系统

二阶系统的微分方程为

$$a_2 \frac{\mathrm{d}^2 y(t)}{\mathrm{d}t^2} + a_1 \frac{\mathrm{d}y(t)}{\mathrm{d}t} + a_0 y(t) = b_0 x(t) \qquad (1-14)$$

该系统的表达式通常写为

$$\frac{\mathrm{d}^2 y(t)}{\mathrm{d}t^2} + 2\zeta\omega_n \frac{\mathrm{d}y(t)}{\mathrm{d}t} + \omega_n^2 y(t) = \omega_n^2 kx(t) \qquad (1-15)$$

式中，k 为传感器的静态灵敏度系数，$k = b_0/a_0$；ζ 为传感器的阻尼系数，$\zeta = a_1/(2\sqrt{a_0 a_2})$；$\omega_n$ 为传感器的固有频率，$\omega_n = \sqrt{a_0/a_2}$。

例 1-3：某压电式加速度计动态特性的微分方程为

$$\frac{\mathrm{d}^2 q}{\mathrm{d}t^2} + 3.0 \times 10^3 \frac{\mathrm{d}q}{\mathrm{d}t} + 2.25 \times 10^{10} q = 11.0 \times 10^{10} a。$$

式中，q 为输出电荷量（pC）；a 为输入加速度（$\mathrm{m/s^2}$）。试确定该加速度计的静态灵敏度系数 k、测量系统的固有频率 ω_n 及阻尼系数 ζ。

解：该加速度计为二阶系统，其微分方程的基本形式如式(1-14) 所示，此式与已知微分方程式比较可得

静态灵敏度系数 $\quad k = b_0/a_0 = 11.0 \times 10^{10}/(2.25 \times 10^{10})\mathrm{pC/(m \cdot s^{-2})} \approx 4.89\mathrm{pC/(m \cdot s^{-2})}$

固有振荡频率 $\quad \omega_n = \sqrt{a_0/a_2} = \sqrt{2.25 \times 10^{10}/1}\,\mathrm{rad/s} = 1.5 \times 10^5\,\mathrm{rad/s}$

阻尼系数 $\quad \zeta = a_1/(2\sqrt{a_0 a_2}) = 3.0 \times 10^3/(2\sqrt{2.25 \times 10^{10} \times 1}) = 0.01$

2. 传感器的动态特性指标

尽管大部分传感器的动态特性可以近似地用一阶或者二阶系统来描述，但实际的传感器

往往比上述的数学模型要复杂。因此，动态响应特性一般并不能直接给出其微分方程，而是通过动态响应试验，得到传感器的阶跃响应曲线或者频率响应曲线，利用曲线的某些特征值来表示其动态响应特性。

（1）与阶跃响应有关的动态特性指标

图 1-5 所示为两条典型的阶跃响应曲线，一条是一阶系统的阶跃响应曲线，另一条是二阶系统的阶跃响应曲线，与这两种阶跃响应有关的动态特性指标如下：

时间常数 τ：一阶传感器输出由零上升到稳态值 63.2% 所需的时间，称为时间常数。

延迟时间 t_d：传感器输出达到稳态值 50% 所需的时间。

上升时间 t_r：传感器输出达到稳态值 90% 所需的时间，有时也采用其他的百分数。

峰值时间 t_p：二阶传感器输出响应曲线达到第一个峰值所需的时间。

超调量 σ：二阶传感器输出超过稳态值的最大值。

衰减比 d：衰减振荡的二阶传感器输出响应曲线第一个峰值与第二个峰值之比。

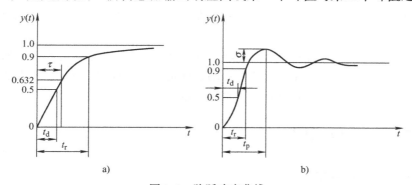

图 1-5　阶跃响应曲线

a）一阶传感器　b）二阶传感器

（2）与频率响应有关的动态特性指标

频率响应曲线如图 1-6 所示，与频率响应有关的动态特性指标如下：

通频带 $\omega_{0.707}$：传感器在对数幅频特性曲线上幅值衰减 3dB 时所对应的频率范围。

工作频带 $\omega_{0.95}$（或 $\omega_{0.90}$）：当传感器的幅值误差为 ±5%（或 ±10%）时，其增益保持在一定值内的频率范围。

时间常数 τ：表征一阶传感器动态特性的指标，τ 越小，频带越宽。

固有频率 ω_n：二阶传感器用固有频率 ω_n 表征其动态特性。

相位误差：在工作频带范围内，传感器的实际输出与所希望的无失真输出间的相位差值。

跟随角 $\varphi_{0.707}$：当 $\omega = \omega_{0.707}$ 时，对应于相频特性上的相角，即为跟随角。

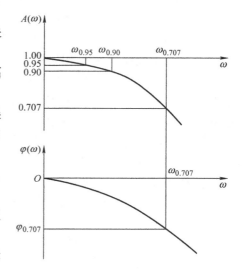

图 1-6　频率响应曲线

1.2　传感器的标定与校准

任何一种传感器在装配完后都必须按设计指标进行全面严格的性能鉴定。使用一段时间（一般为 1 年）或经过修理后，也必须对主要技术指标进行校准，以确保传感器的各项特性指标达到要求。

传感器的标定就是利用精度高一级的标准器具对传感器进行定度的过程，以此确定传感器输出量和输入量之间的对应关系，同时也确定不同使用条件下的误差关系。传感器的校准是指对传感器在使用中和存放后进行的性能复测。由于标定和校准的本质相同，本节以标定进行叙述。

标定的基本方法是利用一定等级的仪器及设备产生已知的非电量（如标准压力、加速度、位移等）作为输入量，输入至待标定的传感器中，得到传感器的输出量；然后将传感器的输出量与输入量做比较，从而得到一系列曲线（称为标定曲线）；通过对曲线的分析处理，得到其动、静态特性的过程。

传感器的标定分为静态标定和动态标定：静态标定的目的是确定传感器的静态特性指标，如线性度、灵敏度、迟滞和重复性等；动态标定主要是检验、测试传感器的动态特性指标，如频率响应、时间常数、固有频率和阻尼系数等。

1.3　传感器的选用原则

1. 对传感器的一般要求

无论何种传感器，作为测量与控制系统的首要环节，通常都必须具有快速、准确、可靠且可经济地实现信息转换的基本要求。因此，尽管各种传感器的原理、结构不同，使用环境、条件、目的不同，其技术指标也不可能相同，但是有些一般要求却基本上是共同的：

1）足够的容量。传感器的工作范围或量程足够大，具有一定过载能力。

2）与测量或控制系统相匹配性好，转换灵敏度高和线性程度好。

3）反应快、精度适当、工作可靠性高。可靠性、静态精度与动态特性的要求是不言而喻的。传感器是通过检测功能来达到各种技术目的的，很多传感器要在动态条件下工作，精度不够、动态特性不好或出现故障，整个工作就无法进行。在某些系统或设备上往往装有许多传感器，有一个传感器失灵，就会影响全局，后果不堪设想。所以传感器的工作可靠性、静态精度和动态特性是最基本的要求。

4）适用性和适应性强，对被测量的状态影响小，不易受外界干扰的影响，使用安全等。抗干扰能力是十分重要的，因为使用现场总会存在许多干扰，总会出现各种意想不到的情况，因此要求传感器应有这方面的适应能力，同时还应包括在恶劣环境下使用的安全性。

5）使用经济，即成本低、寿命长，易于使用、维修和校准。

当然，完全能满足上述要求的传感器是很少的。我们应根据应用的目的、使用环境、被测对象状况、精度要求和信号处理等具体条件全面综合考虑。

2. 传感器的选择原则

（1）根据测量对象与测量环境确定传感器的类型

构建测控系统时，要根据被测量的特点和工作环境选择合适的传感器，具体考虑以下问题：量程的大小、被测位置对传感器体积的要求、测量方式（为接触式还是非接触式）、信号的引出方法、传感器的来源与价格等。在考虑上述问题之后，就能确定选用何种类型的传感器了，然后考虑传感器的具体性能指标。

（2）灵敏度

通常，在传感器的线性范围内，希望传感器的灵敏度越高越好，这样更有利于后期信号处理。但要注意的是，传感器的灵敏度越高，与被测量无关的外界噪声也越容易混入，被放大系统放大后会影响测量精度。因此，要求传感器本身应具有较高的信噪比，尽量减少从外界引入的干扰信号。

（3）频率响应特性

传感器的频率响应特性决定了被测量的频率范围，必须在允许频率范围内保持不失真的测量条件。传感器的频率响应越高，则可测的信号频率范围就越宽。同时，还希望传感器延迟时间越短越好。在动态测量中，应根据信号的特点（稳态、瞬态、随机等），确定其响应特性，以免产生过大的误差。

（4）线性范围

当传感器的类型确定以后，就要确定其量程是否满足要求。传感器的线性范围越宽，其量程就越大，并且能保证一定的测量精度。当然，任何传感器都不能保证绝对的线性，当所要求测量精度比较低时，在一定的范围内，可将非线性误差较小的传感器近似看作是线性的，这会给测量带来极大的方便。

（5）稳定性

影响传感器长期稳定性的因素除传感器本身结构外，主要是传感器的使用环境。因此，传感器必须要有较强的环境适应能力。在选择传感器之前，应对其使用环境进行调查，并根据具体情况选择合适的传感器，或采取适当的补偿措施减小环境对其产生的影响。在某些要求传感器能长期使用而又不能轻易更换或标定的场合，所选用传感器的稳定性要求更严格，要能够经受住长时间的考验。

（6）精度

传感器的精度越高，其价格越昂贵，因此，传感器的精度只要满足整个测量系统的精度要求即可，不必选得过高。这样就可以在满足同一测量目的的诸多传感器中选择价格相对便宜的传感器。如果测量的目的是定性分析，选用重复精度高的传感器即可，不宜选用绝对量值精度高的传感器；如果是为了定量分析，必须获得精确的测量值，就需要选用准确度等级能满足要求的传感器。

1.4 改善传感器性能的主要措施

1. 结构、材料与参数的合理选择

根据实际的需要和可能，购买或者自行设计传感器，确保主要指标，以求得到较高的性价比，即使对于主要的参数，也不能过于盲目地追求高指标。

2. 差动技术

差动技术具有能够抵消共模误差、减小非线性误差等优点，可显著地减小温度变化、电

源波动、外界干扰等对传感器精度的影响。对部分传感器，采用差动技术还能有效提高灵敏度。例如，电阻应变式传感器、电感式传感器、电容式传感器中都应用了差动技术，这不仅减小了非线性误差，而且灵敏度提高了 1 倍，抵消了共模误差。

3. 累加平均技术

累加平均技术不仅可使传感器误差减小，而且还能够增大输出信号，提高其灵敏度。常用的累加平均技术有误差平均效应和数据平均处理等，其原理是利用若干个传感单元同时感受被测量，其输出则是这些单元输出的平均值。如果将每个单元可能带来的误差均看作随机误差且服从正态分布，根据误差理论，总的误差将减小为

$$\delta_{\Sigma} = \frac{\pm \delta}{\sqrt{n}} \tag{1-16}$$

式中，n 为传感单元数。

此外，误差平均效应对某些工艺性缺陷造成的误差也可起到弥补作用。因此，设计时在结构上适当增加传感单元数，可收到良好的效果。

4. 补偿与修正技术

补偿与修正技术在传感器中得到了广泛的应用。针对传感器本身特性，可以找出误差的变化规律，或者测出其大小和方向，采用适当的方法加以补偿或修正，改善传感器的工作范围或减小动态误差。针对传感器工作条件或外界环境进行误差补偿，也是提高传感器精度的技术措施。补偿与修正可以利用电子技术通过线路（硬件）来解决，也可以采用微型计算机通过软件来实现。

5. 屏蔽、隔离与干扰抑制

屏蔽、隔离与干扰抑制可以有效地削弱或消除外界影响因素对传感器的影响。传感器大多在现场工作，各种外界因素会影响传感器的性能。为了减小测量误差，保证传感器性能，就应削弱或消除外界对传感器的影响。方法可归纳为两方面：一是减小传感器对影响因素的灵敏度；二是降低外界因素对传感器实际作用的程度。例如，对于电磁干扰，可以采取屏蔽、隔离措施，也可以用滤波等方法抑制；对于温度、湿度、机械振动、气压、声压等，也可采用相应的隔离措施。

6. 稳定性处理

为了提高传感器性能的稳定性，可以对材料、元器件或传感器整体采取必要的稳定性处理。如果测量要求较高，必要时也应对附加的调整元件、后接电路的关键元器件采取老化处理等措施。

1.5 传感器技术的展望

由于超大规模集成电路的飞速发展，计算机技术和通信技术发展迅猛，这对传感器的精度、可靠性、响应速度、获取的信息量要求越来越高。传统传感器因功能、特性、体积、成本等已难以满足要求而逐渐被淘汰。世界发达国家都在加快对传感器新技术的研究与开发，并且都已取得了极大的突破。如今传感器新技术的发展，主要体现在以下几个方面。

（1）发现并利用新现象、新效应

发现并利用新现象、新效应是现代传感器技术发展的重要基础。例如，日本夏普公司利

用超导技术研制成功的高温超导磁性传感器，灵敏度高，制造工艺远比超导量子干涉器件简单，可用于磁成像技术，有极高的应用价值。又如，利用抗体和抗原在电极表面相遇复合时会引起电极电位变化的现象研制出的免疫传感器，可对某生物体内是否有这种抗原做检查，在肿瘤检查等医学领域也已经得到了应用。

（2）利用新材料

随着材料科学研究的不断深入，人们可以制造出各种新型传感器。例如，用高分子聚合物薄膜制成的温湿度传感器，能利用高分子聚合物随环境相对湿度大小成比例地吸附和释放水分子的特性，测量相对湿度和温度，具有测量范围宽、响应速度快（小于1s）、体积小等优点。又如，采用先进的陶瓷技术和厚膜电子技术制成的陶瓷电容式压力传感器，是一种无中介液的干式压力传感器，其技术性能稳定，年漂移量小于0.1% FS（Full Scale，满量程），温漂小于 ±0.15%/10K，抗过载强（可达量程的数百倍，测量范围为 0～60MPa）。

（3）微机械加工技术

半导体技术中的氧化、光刻、扩散、沉积、腐蚀、蒸镀、溅射薄膜等加工方法都已用于传感器制造，并生产出了各种新型传感器。例如，利用半导体技术制造出的硅微传感器，利用薄膜工艺制造出的气敏、湿敏传感器，利用溅射薄膜工艺制造出的压力传感器等。

（4）集成传感器

利用 IC 技术将敏感元件和信号调理电路集成在同一芯片上，可以制成低成本、高精度、超小型的集成传感器。此类传感器具有校准、补偿、信号传输等功能。目前，集成传感器主要使用半导体硅材料，它既可以制作磁敏、力敏、温敏、光敏和离子敏等敏感元件，又可以制作电路，便于传感器的微型化与集成化。

（5）智能传感器

近年来，智能传感器技术有了很大的发展。将传感器技术与人工智能相结合，可以研制出各种基于模糊推理、人工神经网络、专家系统等技术的高度智能化的传感器。此类传感器具有测量、存储、自诊断、控制和网络通信等功能，已经在工业生产和日常生活中得到应用，今后将会进一步扩展到化学、电磁、光学和核物理等研究领域。

习题与思考题

1-1　简述传感器的定义及组成，并画出其框图。

1-2　简述改善传感器性能的技术途径。

1-3　解释下列名词：灵敏度、重复性、迟滞。

1-4　用时间常数为 0.5 的一阶传感器进行测量，被测参数按正弦规律变化。

（1）若要求装置指示值的幅值误差小于2%，则被测参数变化的最高频率是多少？

（2）如果被测参数的周期是 2s 和 5s，则幅值误差是多少？

1-5　完成以下自测题。

（1）下列属于传感器静态特性指标的是（　　　）。

A. 幅频特性　　　　B. 线性度　　　　C. 相频特性　　　　D. 稳定时间

（2）利用光电效应的传感器属于（　　　）传感器。

A. 电阻式　　　　B. 结构式　　　　C. 物性式　　　　D. 电感式

(3) 在时域内研究、分析传感检测系统的瞬态响应时，通常采用的激励信号是（　　）。

A. 三角波信号　　　　B. 余弦信号　　　　C. 正弦信号　　　　D. 阶跃信号

(4) 传感器在正、反行程输出-输入曲线不重合的特性称为（　　）。

A. 线性度　　　　B. 灵敏度　　　　C. 迟滞　　　　D. 重复性

(5) 下列不属于按传感器的工作原理进行分类的传感器是（　　）。

A. 电路参量式传感器　　　　B. 压电式传感器

C. 化学型传感器　　　　D. 热电式传感器

(6) 对于二阶传感器的测试系统，为使系统响应最快，其阻尼系数取值最好为（　　）。

A. 0 ~ 0.1　　　　B. 0.1 ~ 0.6　　　　C. 0.6 ~ 0.8　　　　D. 0.8 ~ 1

(7) 属于传感器动态特性指标的是（　　）。

A. 迟滞　　　　B. 超调量　　　　C. 稳定性　　　　D. 线性度

(8) 传感器能感知的输入变化量越小，表示传感器的（　　）。

A. 线性度越好　　　　B. 迟滞越小　　　　C. 重复性越好　　　　D. 分辨力越高

(9) 不能实现非接触式测量的传感器是（　　）。

A. 压电式　　　　B. 电涡流式　　　　C. 光电式　　　　D. 光纤式

(10) 为了抑制干扰，常采用的电路有（　　）。

A. A - D 转换器　　　　B. D - A 转换器　　　　C. 变压器耦合　　　　D. 调谐电路

(11) 传感器的静态模型可用 $y = a_0 + a_1 x + a_2 x^2 + \cdots + a_n x^n$ 表示，满足线性关系的是（　　）。

A. $a_0 = a_1 = a_2 = \cdots = 0$　　　　　　　　B. $a_0 = a_2 = a_3 = \cdots = 0$

C. $a_0 = a_1 = a_3 = a_5 = \cdots = 0$　　　　　　D. $a_0 = a_2 = a_4 = a_6 = \cdots = 0$

(12) 某一阶环节，其微分方程 $a_1 \dfrac{dy}{dt} + a_0 y = b_0 x$，则其静态灵敏度系数 k 为（　　）。

A. $\dfrac{a_1}{a_2}$　　　　　　B. $\dfrac{a_0}{a_1}$　　　　　　C. $\dfrac{b_0}{a_0}$　　　　　　D. $\dfrac{a_0}{b_0}$

(13) 传感器的输入量按同一方向做全量程多次测试时，所得特性曲线的不一致程度称为（　　）。

A. 线性度　　　　B. 迟滞　　　　C. 稳定性　　　　D. 重复性

(14) 为改善传感器的性能，可采取的技术途径有（　　）。

A. 差动技术　　　　B. 补偿与修正技术

C. 屏蔽与抗干扰技术　　　　D. 以上方法都可以

(15) 按传感器的工作原理分类的有（　　）。

A. 电阻式传感器　　　　B. 电感式传感器

C. 温度传感器　　　　D. 压电式传感器

第 2 章

应变式传感器

应变式传感器是利用电阻应变片将应变转换为电阻变化的传感器。被测物理量作用于某类弹性元件使其产生变形，引起粘贴在弹性元件上的应变敏感元件的电阻值发生变化，通过转换电路转变成电量输出，电量变化的大小反映了被测物理量的大小。应变式传感器的结构简单、适应性强、线性和稳定性较好，与相应的测量电路结合可方便地组成测力、测压、称重、测位移、测加速度和测转矩等各类检测系统，在过程检测和自动化生产中应用广泛。

2.1 应变效应

应变效应是指导体材料在外力的作用下产生机械变形时，其电阻值相应地发生变化。

金属电阻丝未受力时的原始电阻值为

$$R = \frac{\rho l}{A} \tag{2-1}$$

式中，ρ 为电阻丝的电阻率；l 为电阻丝的长度；A 为电阻丝的截面面积。

如图 2-1 所示，当电阻丝受到 F 作用时会产生相对变形，即应变，它是一个无量纲的物理量。若电阻丝原长为 l、半径为 r，受力后沿轴向会产生 Δl 的变形，$\Delta l > 0$ 表示电阻丝被拉伸，$\Delta l < 0$ 表示电阻丝被压缩；同时，沿径向会产生 Δr 的变形，$\Delta r > 0$ 表示电阻丝被压缩，$\Delta r < 0$ 表示电阻丝被拉伸。

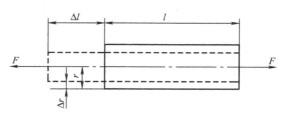

图 2-1　金属电阻丝应变效应

轴向和径向的应变可分别定义为

$$\varepsilon = \frac{\Delta l}{l} \quad \varepsilon_r = \frac{\Delta r}{r} \tag{2-2}$$

由于其量值非常小，常用微应变（$\mu\varepsilon$）作为单位，$1\mu\varepsilon = 10^{-6}\varepsilon$。而轴向应变和径向应变之间的关系可表示为

$$\varepsilon_r = -\mu\varepsilon \tag{2-3}$$

式中，μ 为泊松比；负号表示应变方向相反。

将式（2-1）两边取对数（$\ln R = \ln \rho + \ln l - \ln A$），将 $A = \pi r^2$ 代入再微分可得

$$\frac{\mathrm{d}R}{R} = \frac{\mathrm{d}\rho}{\rho} + \frac{\mathrm{d}l}{l} - \frac{2\mathrm{d}r}{r} \tag{2-4}$$

用相对变化量表示则有

$$\frac{\Delta R}{R} = \frac{\Delta \rho}{\rho} + \frac{\Delta l}{l} - \frac{2\Delta r}{r} \tag{2-5}$$

将式(2-2) 和式(2-3) 代入式(2-5) 可得

$$\frac{\Delta R}{R} = (1 + 2\mu)\varepsilon + \frac{\Delta \rho}{\rho} \tag{2-6}$$

由式(2-6) 可知，电阻丝的电阻变化受 2 个因素的影响：一是 $(1 + 2\mu)\varepsilon$，它是由电阻丝几何尺寸改变引起的；另一个是 $\frac{\Delta \rho}{\rho}$，它是由电阻丝电阻率的改变而引起的。实验证明，对金属材料来说，电阻丝电阻变化量主要取决于几何尺寸的变化，$\frac{\Delta \rho}{\rho}$ 比 $(1 + 2\mu)\varepsilon$ 要小得多，电阻率变化的影响可以忽略不计。因此，式(2-6) 可简化为

$$\frac{\Delta R}{R} \approx (1 + 2\mu)\varepsilon \tag{2-7}$$

应变灵敏系数为单位应变所引起的电阻相对变化量，故其表达式为

$$K = \frac{\frac{\Delta R}{R}}{\varepsilon} = 1 + 2\mu \tag{2-8}$$

对于每一种电阻丝，在一定的相对变形范围内，无论受拉或受压，其灵敏系数 K 是恒定的。但若超出某一极限范围，K 值也将发生改变。通常金属丝的灵敏系数 $K = 1.7 \sim 3.6$。

由材料力学相关知识可知，截面面积为 A 的物体受到外力 F 的作用并处于平衡状态时，在弹性范围内，物体在单位面积上引起的应力 σ 正比于应变 ε，而应变 ε 又与电阻的相对变化量成正比，所以应力 σ 正比于电阻值的变化。这就是应变式传感器的基本工作原理。

例 2-1：对原长 $l = 1\mathrm{m}$ 的钢板进行测量，钢板弹性模量 $E = 2.059 \times 10^{11}\mathrm{Pa}$，使用 BP-箔式应变片的阻值 $R = 120\Omega$，灵敏系数 $K = 2$，测出拉伸应变为 350μ。求钢板伸长 Δl、应力 σ、电阻相对变化量 $\frac{\Delta R}{R}$。

解：钢板伸长为

$$\Delta l = l\varepsilon = 1 \times 350 \times 10^{-6}\mathrm{m} = 3.5 \times 10^{-4}\mathrm{m} = 0.35\mathrm{mm}$$

应力为

$$\sigma = E\varepsilon = 2.059 \times 10^{11} \times 350 \times 10^{-6}\mathrm{Pa} = 7.207 \times 10^{7}\mathrm{Pa}$$

电阻相对变化量为

$$\frac{\Delta R}{R} = K\varepsilon = 2 \times 350 \times 10^{-6} = 7 \times 10^{-4}$$

2.2 应变片

1. 应变片的类型与结构

在应变式传感器中实现应变效应的部件是应变片，本节主要介绍金属应变片，有关半导体应变片的内容将在后面的章节中予以介绍。目前使用较多的金属应变片有金属丝式、金属箔式和金属薄膜式 3 种。

（1）金属丝式应变片

金属丝式应变片由敏感栅、基片、覆盖层和引线等部分组成，如图 2-2 所示。

1）敏感栅：金属丝式应变片的敏感栅由直径为0.01 ~ 0.05mm 的金属（如康铜、镍铬合金等）电阻丝平行排列而成。

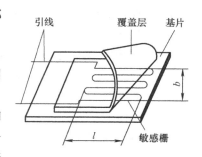

图 2-2　金属丝式应变片的结构

2）基片和覆盖层：为保持敏感栅固定的形状、尺寸和位置，通常用粘结剂将敏感栅固结在基片上。基片材料一般分为纸基与塑基 2 类。纸基片由特殊用纸制成，与试件粘接容易，工作温度为 – 50 ~ 70℃，但是易吸湿，一般只用于短期性测量。塑基片由酚醛、环氧聚酯等固化制成，耐湿性、绝缘性和弹性模量较好，工作温度为 – 50 ~ 170℃，多用于长期使用的仪表。基片必须很薄，一般为 0.03 ~ 0.06mm，这样才能保证将被测物体受力后产生的应变准确地传递至敏感栅。覆盖层与基片将敏感栅紧密地粘贴在中间，起到固定、绝缘、防蚀、防损等保护作用。

3）引线：引线通常取直径为 0.1 ~ 0.15mm 的低阻镀锡铜线，将敏感栅接入测量电路中。

4）粘结剂：粘结剂的作用主要是将覆盖层和敏感栅固结于基片上以及将应变片粘贴在被测物体的合适部位。

（2）金属箔式应变片

为适应不同形状的应变，可以采用光刻、腐蚀等工艺，将敏感栅制成不同形状，使其与应力分布相匹配，这种应变片就称为金属箔式应变片，也称为应变花，如图 2-3 所示。金属箔式应变片是利用制成的一种厚度为 0.003 ~ 0.01mm 的金属箔栅。是常用应变片的形式。金属箔栅（敏感栅）的厚度一般为 0.003 ~ 0.01mm，灵敏度高；横向部分比较粗，可大大减小横向效应的影响；敏感栅的粘贴面积大，能更好地随同试件变形。此外，与金属丝式应变片相比，金属箔式应变片还具有

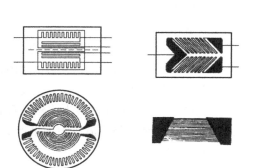

图 2-3　常用金属箔式应变片的形式

散热性能好、允许最大工作电流大、寿命长、可制成任意形状、易加工、生产效率高等优点，使用范围日益扩大，在很多场合已逐渐取代金属丝式应变片。当然，金属箔式应变片电阻值的分散性较大，使用中需要对阻值进行相应调整。

（3）金属薄膜式应变片

与丝式和箔式 2 种传统的金属粘贴式应变片不同，金属薄膜式应变片是采用真空蒸发或真空沉积的方法，在绝缘基片上蒸镀几个纳米至几百个纳米厚度的金属电阻薄膜制成的。相对于金属粘贴式应变片而言，金属薄膜式应变片的应变传递性能得到了极大改善，几乎无蠕变，并且具有应变灵敏系数高、稳定性好、可靠性高、工作温度范围宽（ – 100 ~ 180℃）、使用寿命长、成本低等优点，是一种很有发展前途的新型应变片。目前在实际使用中遇到的

主要问题是尚难控制其电阻对温度和时间的变化关系。

2. 应变片的材料

对制作应变片的电阻丝材料应有如下要求：

1）应有较大的应变灵敏系数，并在所测应变范围内保持为常数。

2）具有高而稳定的电阻率，即在同样长度、同样横截面面积的电阻丝中具有较大的电阻值，以便制造小栅长的应变片。

3）电阻温度系数小，不会因环境温度的变化使电阻值产生较大的变化。

4）抗氧化能力强，耐腐蚀性能强。

5）与铜线的焊接性能好，与其他金属的接触电势小。

6）机械强度高，具有优良的机械加工性能。

康铜是应用较为广泛的应变片材料，它有很多优点：灵敏系数稳定性好，不但在弹性变形范围内能保持为常数，进入塑性变形范围内也基本上能保持为常数；电阻温度系数较小且稳定，当采用合适的热处理工艺时，可使电阻温度系数控制在 $\pm 50 \times 10^{-6}/℃$ 的范围内；加工性能好、易于焊接。

3. 应变片的主要特性

（1）应变片电阻值

应变片电阻值是指未安装的应变片在室温、不受外力作用时测得的电阻值，也称原始阻值。应变片电阻值已趋于标准化，有 60Ω、120Ω、350Ω、600Ω 和 1000Ω 等各种阻值，其中，120Ω 最常用。电阻值越大，应变片承受电压越大，输出信号也会随之变大，但敏感栅尺寸也会增大。

（2）灵敏系数

灵敏系数是指安装于试件表面的应变片在沿轴线方向的单向应力作用下，阻值的相对变化量与应变区域的轴向应变之比，又称标称灵敏系数。应变片的电阻应变特性与金属单丝时不同，需用实验方法对应变片的灵敏系数进行测定。测定时必须符合规定的标准，如受轴向单向力（拉或压），试件材料为泊松系数 $\mu = 0.285$ 的钢等。一批产品中一般抽样 5% 进行测定，取平均值及允许公差值作为该批产品的灵敏系数。

（3）横向效应

将具有初始电阻值 R 的应变片粘贴于试件表面，当试件受力引起表面应变并传递至应变片的敏感栅时，其电阻值会产生相应的变化。在一定的应变范围内，应变片电阻的相对变化量 $\dfrac{\Delta R}{R}$ 与轴向应变 ε 的关系为

$$\frac{\Delta R}{R} = K\varepsilon \tag{2-9}$$

必须指出，应变片的灵敏系数 K 并不等于组成敏感栅的电阻应变丝的灵敏系数 K_0，一般情况下，$K < K_0$。这是因为，在受单向应力产生应变时，K 除受到敏感栅结构形状、成型工艺、粘结剂和基底性能的影响外，还会受到栅端圆弧部分横向效应的影响。

如图 2-4 所示，粘贴在被测试件上的应变片，其敏感栅由 n 条长度为 l_1 的直线段和直线段端部的 $n-1$ 个半径为 r 的半圆弧或直线组成。若该应变片受轴向应力作用产生拉应变时，各直线段电阻丝将变长变细，电阻值增大，但半圆弧段则会受到压力的作用，电阻丝将变短

变粗，电阻值减小，这会使敏感栅总的电阻增加量小于沿轴向安放的同样长度电阻丝的电阻增加量。

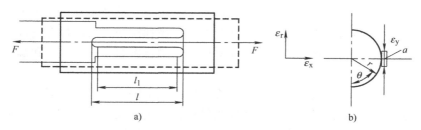

图 2-4　应变片轴向受力及横向效应

a）应变片及轴向受力　b）应变片的横向效应

综上所述，将直的电阻丝绕成敏感栅后，虽然总长度不变、应变状态相同，但由于敏感栅的圆弧段将直线段电阻变化抵消了一部分，故敏感栅的总电阻变化会减小。所以，应变片灵敏系数 K 比整段电阻丝的灵敏系数 K_0 要小，这种现象称为应变片的横向效应。横向效应造成的影响与敏感栅的构造及尺寸有关，敏感栅的直线段越窄越长、圆弧段越宽越短，则横向效应造成的影响就越小。为了减小横向效应产生的测量误差，现在一般多采用金属箔式应变片。

（4）最大工作电流

最大工作电流是指在不影响应变片工作特性的条件下，敏感栅能够承受的最大电流值。工作电流越大，输出信号也越大，灵敏度越高。但工作电流过大会使应变片过热，严重影响其工作特性，甚至会烧毁应变片。该电流值与应变片本身、试件、粘结剂和环境有关。静态测量时，金属丝式应变片允许通过的最大工作电流一般为 25mA 左右，动态测量时可取 75 ~ 100mA。金属箔式应变片散热条件好，最大工作电流可取得更大一些。

（5）绝缘电阻

绝缘电阻是指应变片引线与被测试件之间的电阻值。它是检查应变片的粘贴质量、粘接层固化程度和是否受潮的标志。通常要求阻值为 50 ~ 100MΩ。绝缘电阻过低，会造成应变片与试件之间漏电而产生测量误差。应变片绝缘电阻的大小与粘结剂、基底材料的种类以及固化工艺等有关。基底与胶层越厚，绝缘电阻越大，但会引起应变片灵敏系数减小、蠕变和滞后增加。

（6）机械滞后

机械滞后是指恒温条件下，对粘贴在试件上的应变片进行增（加载）、减（卸载）应变试验的过程中，同一输入机械应变所对应的不同输出应变量之间的最大差值。这主要是因为敏感栅基底和粘结剂材料的性能以及使用中因过载、过热等原因造成应变片产生残余变形等原因，导致应变片输出曲线的不重合。通常在室温条件下，要求机械滞后应小于 $3 ~ 10\mu\varepsilon$。为了减小机械滞后，除选用合适的粘结剂外，最好待应变片安装后，对其做 3 次以上的加、卸载循环后再正式使用。

（7）零漂和蠕变

粘贴在试件上的应变片，在温度保持恒定、不承受机械应变时，其电阻值随时间变化的特性，称为应变片的零漂。蠕变是指在一定温度下，使应变片承受恒定的机械应变，其电阻值随时间而变化的特性。这2项指标都被用来衡量应变片特性对时间的稳定性，在长时间测量中其意义更为突出。应变片制作时产生的内应力和工作中出现的剪应力，会使丝栅（敏感栅）、基底以及胶层之间产生"滑移"，这是应变片产生零漂和蠕变的重要原因。另外，丝材、粘结剂、基底等的变化也会造成应变片产生零漂和蠕变。选用弹性模量较大的粘结剂和基底材料，适当减薄胶层和基底并使之充分固化，都将有利于改善零漂和蠕变。

（8）应变极限和疲劳寿命

应变片的灵敏系数为常数的特性，只有在一定的应变限度范围内才能保持。当试件输入的真实应变超过某一极限值时，应变片的输出特性将出现非线性。在恒温条件下，使非线性误差达到10%时的真实应变值，称为应变极限 $\varepsilon_{\lim}$。应变极限是衡量应变片测量范围和过载能力的指标，通常要求应变片的应变极限 $\varepsilon_{\lim} \geqslant 8000\mu\varepsilon$。影响应变极限的主要因素及改善措施与蠕变基本相同。

对于已安装好的应变片，在一定幅值的交变应力作用下，连续工作到产生疲劳损坏时的循环次数，称为应变片的疲劳寿命。它反映了应变片对于动态应变的适应能力，疲劳寿命与应变片的取材、工艺和引线焊接、粘贴质量等因素有关，一般情况下循环次数可达 $10^5 \sim 10^7$。

（9）应变片的动态响应特性

电阻应变片在测量频率较高的动态应变时，应变是以应变波的形式在材料中传播的，它的传播速度与声波相同。应变波由试件材料表面，经粘接层、基片传播到敏感栅，所需的时间是非常短暂的，基本上可以忽略不计。但是由于应变片的敏感栅相对较长，当应变波在纵栅方向上传播时，只有待应变波通过敏感栅全部长度后才能达到最大值，所以在响应时间上会有一定的延迟。

当被测信号是按正弦规律变化的应变波时，由于应变片反映出来的应变波是应变片纵栅长度内所感受到的应变量的平均值，所以应变片所反映的波幅将低于真实应变波，从而带来一定的测量误差。显然这种误差将随应变片基长的增加而加大。

2.3 测量电桥

工程实际中，需将应变片电阻变化量转换为电压或电流的变化，以便于后续处理。通常采用直流电桥或交流电桥来实现这一功能。

2.3.1 直流电桥

1. 电桥平衡条件

目前，使用较多的是惠斯通直流电桥，电路如图2-5所示。图中，E 为电源电动势，R_1、R_2、R_3 及 R_4 为桥臂电阻，R_L 为负载电阻。

当 $R_L \to \infty$ 时，电桥输出电压为

$$U_o = E\left(\frac{R_1}{R_1 + R_2} - \frac{R_3}{R_3 + R_4} \right) \qquad (2-10)$$

若电桥平衡，$U_o = 0$，则有

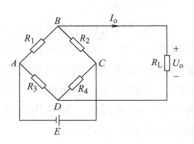

图2-5 惠斯通直流电桥

$$\frac{R_1}{R_2} = \frac{R_3}{R_4} \text{或} R_1 R_4 = R_2 R_3 \tag{2-11}$$

式（2-11）为惠斯通电桥的平衡条件，即欲使电桥平衡，其相邻两臂电阻的比值应相等，或相对两臂电阻的乘积应相等。

2. 电桥输出电压灵敏度

将初始电阻为 R_1 的应变片接入电桥中，R_2、R_3、R_4 仍为固定电阻，且满足 $R_1 R_4 = R_2 R_3$ 的平衡条件。当被测参数的变化引起应变片电阻变化 ΔR 时，其阻值变为 $R_1 + \Delta R$，则电桥平衡被破坏，产生的输出电压为

$$U_o = E\left(\frac{R_1 + \Delta R_1}{R_1 + \Delta R_1 + R_2} - \frac{R_3}{R_3 + R_4}\right) = \frac{R_1 R_4 - R_2 R_3 + R_4 \Delta R_1}{(R_1 + \Delta R_1 + R_2)(R_3 + R_4)}E \tag{2-12}$$

将 $R_1 R_4 = R_2 R_3$ 代入式（2-12），则有

$$U_o = \frac{R_4 \Delta R_1}{(R_1 + \Delta R_1 + R_2)(R_3 + R_4)}E = \frac{\dfrac{R_4}{R_3}\dfrac{\Delta R_1}{R_1}}{\left(1 + \dfrac{R_2}{R_1} + \dfrac{\Delta R_1}{R_1}\right)\left(1 + \dfrac{R_4}{R_3}\right)}E \tag{2-13}$$

设桥臂比 $R_2/R_1 = R_4/R_3 = n$，由于机械应变一般很小，其对应的电阻变化 ΔR 也很小，即 $\Delta R_1 \ll R_1$，故可略去分母中的 $\Delta R_1/R_1$，有

$$U_o \approx \frac{n}{(1+n)^2}\frac{\Delta R_1}{R_1}E \tag{2-14}$$

定义 K_v 为电桥的输出电压灵敏度，其物理意义是单位电阻相对变化量引起电桥输出电压的大小，即

$$K_v = \frac{U_o}{\Delta R_1 / R_1} \text{或} K_v = \frac{n}{(1+n)^2}E \tag{2-15}$$

K_v 值的大小由电桥电源电动势 E 和桥臂比 n 决定。由式（2-15）可知：

1）电桥电源电压越高，输出电压的灵敏度越高。但提高电源电压将使应变片和桥臂电阻功耗增加，温度误差增大。一般电源电动势取 3 ~ 6V 为宜。

2）选取合适的桥臂比 n，可获得最大的 K_v 值。令 $dK_v/dn = 0$，此时 K_v 为最大值，即

$$\frac{dK_v}{dn} = \frac{1 - n^2}{(1+n)^4} = 0 \tag{2-16}$$

显然，$n = 1$ 时，即 $R_1 = R_2 = R_3 = R_4 = R$ 时，K_v 为最大值 $\dfrac{E}{4}$。

由式（2-14）可得，此时的输出电压为

$$U_o \approx \frac{E}{4}\frac{\Delta R}{R} \tag{2-17}$$

3. 全等臂电桥

若组成电桥的 4 个电阻的阻值相等，则称此电桥为全等臂电桥，它是应变式传感器常采用的形式。下面分单臂、半桥、全桥 3 种情况讨论。

（1）单臂电路

单臂电路如图 2-6 所示，图中标有箭头的电阻为应变片，其余 3 个桥臂电阻为固定电

阻，4 个电阻的初始电阻值均为 R。

当被测件受力产生应变时，粘贴在被测件表面上的电阻应变片的电阻值发生改变，其余 3 个桥臂的电阻值不变。若电阻应变片的电阻变化为 ΔR，则电路输出电压为

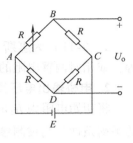

$$U_\text{o} = \frac{E(R+\Delta R)}{2R+\Delta R} - \frac{E}{2} = \frac{E}{2}\frac{\Delta R}{2R+\Delta R} = \frac{E}{2}\frac{\frac{\Delta R}{R}}{2+\frac{\Delta R}{R}} \qquad (2\text{-}18)$$

由于 $\Delta R \ll R$，所以式(2-18)可写为

图 2-6　单臂电路

$$U_\text{o} \approx \frac{E}{4}\frac{\Delta R}{R} \qquad (2\text{-}19)$$

式(2-19)即为单臂电路的输出电压表达式，其灵敏度 $K_\text{v} = \dfrac{E}{4}$。由于忽略了分母中的 $\dfrac{\Delta R}{R}$ 项，所以单臂电路存在非线性误差。

令式(2-18)中的实际输出电压为 U'_o，理想化的输出电压为 U_o，则非线性误差为

$$\gamma = \frac{U_\text{o} - U'_\text{o}}{U_\text{o}} = 1 - \frac{2}{2+\frac{\Delta R}{R}} = \frac{\frac{\Delta R}{2R}}{1+\frac{\Delta R}{2R}} \qquad (2\text{-}20)$$

对于一般应变片来说，所受应变 ε 通常在 5000μ 以下。若取金属应变片的灵敏系数 $K=2$，则 $\Delta R/R = K\varepsilon = 0.01$，代入式(2-20)中计算得到的非线性误差为 0.5%；若半导体应变片的灵敏系数 $K=130$，即使取其应变 $\varepsilon = 1000\mu$，$\Delta R/R = 0.13$，则非线性误差都将达到 6%。故当非线性误差不能满足测量要求时，必须予以消除。

（2）半桥电路

为了减小单臂电路的非线性误差，工程应用时常采用差动电路。如图 2-7 所示，在试件上安装 2 个工作应变片，1 个受拉应变，1 个受压应变，分别接入电桥相邻桥臂，另 2 个电阻为固定电阻，这种电路称为半桥电路（又称半桥差动电路），该电路输出电压为

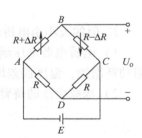

$$U_\text{o} = \frac{E(R+\Delta R)}{2R} - \frac{E}{2} = \frac{E}{2}\frac{\Delta R}{R} \qquad (2\text{-}21)$$

式(2-21)表明 U_o 与 $\dfrac{\Delta R}{R}$ 呈线性关系，半桥电路无非线性误差，

图 2-7　半桥电路

而且半桥电路灵敏度 $K_\text{v} = \dfrac{E}{2}$，是单臂电路的 2 倍。

（3）全桥电路

若将电桥四臂接入 4 片应变片，如图 2-8 所示，即 2 个受拉应变，2 个受压应变，将 2 个应变符号相同的接入相对桥臂上，就可构成全桥电路（又称全桥差动电路）。

在接入 4 片应变片时，需满足以下条件：相邻桥臂应变片应变方向应相反，相对桥臂应变片应变方向应相同。此时有

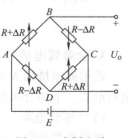

图 2-8　全桥电路

$$U_o = \frac{E(R + \Delta R)}{2R} - \frac{E(R - \Delta R)}{2R} = E\frac{\Delta R}{R} \qquad (2-22)$$

全桥电路不仅没有非线性误差，而且电压灵敏度为单片工作时的 4 倍。

例 2-2： 采用阻值为 120Ω、灵敏系数 $K = 2$ 的金属电阻应变片和阻值为 120Ω 的固定电阻组成电桥，电桥的电源电动势 $E = 4V$，并假定负载电阻无穷大。当应变片的应变为 1μ 时，试求单臂、半桥和全桥工作时的输出电压，并比较 3 种情况下的灵敏度。

解： 单臂时 $\qquad U_o = \frac{E}{4}\frac{\Delta R}{R} = \frac{EK\varepsilon}{4} = \frac{4 \times 2 \times 10^{-6}}{4}V = 2 \times 10^{-6}V$

半桥时 $\qquad U_o = \frac{E}{2}\frac{\Delta R}{R} = \frac{EK\varepsilon}{2} = \frac{4 \times 2 \times 10^{-6}}{2}V = 4 \times 10^{-6}V$

全桥时 $\qquad U_o = E\frac{\Delta R}{R} = EK\varepsilon = 4 \times 2 \times 10^{-6}V = 8 \times 10^{-6}V$

灵敏度 $\qquad K_v = \frac{U_0}{\varepsilon} = \begin{cases} \dfrac{EK}{4} = \dfrac{4 \times 2}{4} = 2 & （单臂） \\[2mm] \dfrac{EK}{2} = \dfrac{4 \times 2}{2} = 4 & （半桥） \\[2mm] EK = 4 \times 2 = 8 & （全桥） \end{cases}$

2.3.2 交流电桥

由于直流电桥输出电压较小，为方便后续处理，实际应用时一般都要加放大器。由于直流放大器易于产生零漂，所以应变式传感器的测量电桥多采用交流电桥。

图 2-9 所示为半桥差动交流电桥的一般形式，$\dot{U}$ 为交流电压源。由于供电电源为交流电源，引线分布电容使得两桥臂应变片呈现复阻抗特性，即相当于 2 只应变片各并联了一个电容。每一桥臂上的复阻抗分别为

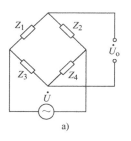
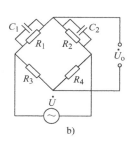

图 2-9　交流电桥

$$Z_1 = \frac{R_1}{1 + j\omega R_1 C_1}$$

$$Z_2 = \frac{R_2}{1 + j\omega R_2 C_2} \qquad (2-23)$$

$$Z_3 = R_3$$

$$Z_4 = R_4$$

式中，C_1、C_2 为应变片引线分布电容。

由交流电桥分析可得

$$\dot{U}_o = \dot{U}\frac{Z_1 Z_4 - Z_2 Z_3}{(Z_1 + Z_2)(Z_3 + Z_4)} \qquad (2-24)$$

要满足电桥平衡条件，即 $U_o = 0$，则有

$$Z_1 Z_4 = Z_2 Z_3 \qquad (2\text{-}25)$$

取 $Z_1 = Z_2 = Z_3 = Z_4$，将式(2-23) 代入式(2-25) 中，可得

$$\frac{R_1}{1 + j\omega R_1 C_1} R_4 = \frac{R_2}{1 + j\omega R_2 C_2} R_3 \qquad (2\text{-}26)$$

整理得

$$\frac{R_3}{R_1} + j\omega R_3 C_1 = \frac{R_4}{R_2} + j\omega R_4 C_2 \qquad (2\text{-}27)$$

令其实部、虚部分别相等，可得交流电桥的平衡条件为

$$\frac{R_2}{R_1} = \frac{R_4}{R_3}, \frac{R_2}{R_1} = \frac{C_1}{C_2} \qquad (2\text{-}28)$$

由式(2-28) 可知，这种交流电桥除要满足电阻平衡条件外，还必须满足电容平衡条件。为此，在桥路上除设有电阻平衡调节外，还应设有电容平衡调节。电桥平衡调节电路如图2-10 所示。

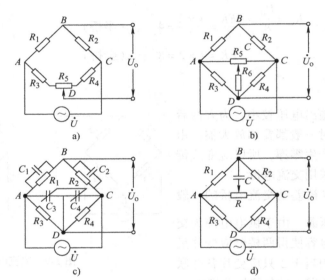

图2-10 交流电桥平衡调节电路

当被测应力变化使得 $Z_1 = Z_0 + \Delta Z$，$Z_2 = Z_0 - \Delta Z$，则半桥差动交流电桥的输出电压为

$$\dot{U}_o = \dot{U}\left(\frac{Z_0 + \Delta Z}{2Z_0} - \frac{1}{2}\right) = \frac{1}{2}\dot{U}\frac{\Delta Z}{Z_0} \qquad (2\text{-}29)$$

2.4 应变片的温度误差及补偿

1. 应变片的温度误差

由测量现场环境温度的改变而产生的附加误差，称为应变片的温度误差。实际工作时，如果温度发生变化，应变片的敏感栅由于热胀冷缩会产生相应的变形。此外，如果应变片敏感栅和被测试件的线膨胀系数不一致，则两者随温度膨胀或收缩的程度也会不同，应变片会

被动地随试件伸长或压缩，这样也会使应变片产生附加变形。上述 2 个因素会使应变片因温度变化而产生附加变形，产生温度误差。

（1）电阻温度系数的影响

敏感栅电阻丝的阻值随温度变化的关系可以表示为

$$R_t = R_0 (1 + \alpha_0 \Delta t) \tag{2-30}$$

式中，R_t 为温度为 t 时的电阻值；R_0 为温度为 t_0 时的电阻值；α_0 为温度为 t_0 时金属丝的电阻温度系数；Δt 为温度变化值，$\Delta t = t - t_0$。

当温度变化 Δt 时，电阻丝电阻的变化值为

$$\Delta R_\alpha = R_t - R_0 = R_0 \alpha_0 \Delta t \tag{2-31}$$

（2）试件与应变片敏感栅材料线膨胀系数的影响

当试件与应变片敏感栅材料的线膨胀系数相同时，无论环境温度如何变化，敏感栅的变形仍和自由状态一样，不会产生附加变形。当试件与敏感栅材料的线膨胀系数不同时，由于环境温度的变化，敏感栅会产生附加变形，从而产生附加电阻变化。

设敏感栅和试件在温度为 0℃ 时的长度均为 l_0，它们的线膨胀系数分别为 β_s 和 β_g。若两者不粘贴，则它们的长度分别为

$$\begin{cases} l_s = l_0 (1 + \beta_s \Delta t) \\ l_g = l_0 (1 + \beta_g \Delta t) \end{cases} \tag{2-32}$$

当两者粘贴在一起时，电阻丝产生的附加变形 Δl、附加应变 ε_β 和附加电阻变化 ΔR_β 分别为

$$\begin{cases} \Delta l = l_g - l_s = (\beta_g - \beta_s) l_0 \Delta t \\ \varepsilon_\beta = \dfrac{\Delta l}{l_0} = (\beta_g - \beta_s) \Delta t \\ \Delta R_\beta = K_0 R_0 \varepsilon_\beta = K_0 R_0 (\beta_g - \beta_s) \Delta t \end{cases} \tag{2-33}$$

由式（2-31）和式（2-33）可得，由于温度变化而引起的应变片总电阻相对变化量为

$$\frac{\Delta R_t}{R_0} = \frac{\Delta R_\alpha + \Delta R_\beta}{R_0} = \alpha_0 \Delta t + K_0 (\beta_g - \beta_s) \Delta t = \left[\alpha_0 + K_0 (\beta_g - \beta_s) \right] \Delta t \tag{2-34}$$

由式（2-34）可知，因环境温度变化而引起的附加电阻的相对变化量，除了与环境温度有关外，还与应变片自身的性能参数（K_0、α_0、β_s）以及被测试件线膨胀系数 β_g 有关。

2. 应变片的温度补偿方法

对于半桥和全桥电路，当温度发生变化时，同一支路上 2 个应变片电阻值的变化量相同，输出电压不会随温度变化而变化。因此，半桥和全桥电路不存在温度误差。对单臂电路而言，一般可采用线路补偿法和自补偿法来消除温度误差的影响。

（1）线路补偿法

如图 2-11 所示，工作应变片 R 粘贴在被测试件表面上，补偿应变片 R_B 粘贴在与被测试件材料完全相同的补偿块上，2 个应变片的初始电阻值相同，且仅工作应变片承受应变。当温度变化时，2 个应变片的电阻同时增大或同时减小，且电阻的变化值相同。因此，理论上无论温度如何变化，电桥输出电压始终为零。测量电路如图 2-12 所示。

应当指出，若要实现完全补偿，必须满足以下 4 个条件：

1）在应变片工作过程中，另一桥臂的 2 个电阻阻值必须相等。

2）工作应变片 R 和补偿应变片 R_B 应具有相同的电阻温度系数、线膨胀系数、应变灵敏系数和初始电阻值。

3）粘贴补偿片的补偿块和粘贴工作片的被测试件两者的线膨胀系数必须相等。

4）两应变片应处于同一温度场。

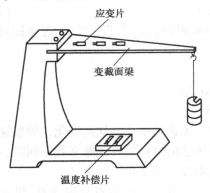

图 2-11　温度补偿示意图

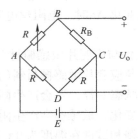

图 2-12　单臂电路温度补偿电路图

（2）自补偿法

自补偿法是利用自身具有温度补偿作用的应变片来实现补偿的。由式（2-34）可知，要实现温度自补偿，应变片总电阻相对变化量应为零，则有

$$\alpha_0 = -K_0(\beta_g - \beta_s) \tag{2-35}$$

当被测试件的线膨胀系数 β_g 已知时，如果合理选择敏感栅材料，即其电阻温度系数 α_0、灵敏系数 K_0 以及线膨胀系数 β_s 能够满足式（2-35）的要求，则无论温度如何变化，均有 $\Delta R_t = 0$，从而达到温度自补偿的目的。

2.5　应变式传感器的应用

1. 应变式传感器的接口电路

应变电桥的输出电压通常较小，无法直接处理，需使用接口电路将其放大至毫伏级甚至伏特级的电压后，才有实际使用价值。仪表放大器因其输入阻抗高、共模抑制能力强，常作为电桥的接口电路。

图 2-13 所示的仪表放大器电路由 2 部分组成，具有较好的放大效果。该电路前一部分是由 3 个运放构成的仪表放大器，运放 U_1、U_2 为同相差分输入方式，同相输入可以大幅提高电路的输入阻抗、减小电路对微弱输入信号的衰减，而差分输入可以使电路只对差模输入信号放大，对共模输入信号只起跟随作用。后一部分的反相放大器将仪表放大器的输出电压进一步放大。R_3 是应变电桥的调零电阻，当 4 个应变电阻的阻值不完全相同时，可通过调节该电阻将应变电桥调平衡。R_8 用于调节仪表放大器的放大倍数，其增益为

$$A = 1 + \frac{2R_7}{R_8} \tag{2-36}$$

R_{19}调整反相放大器的放大倍数,可在 1~11 倍之间调节。R_{17}是整个放大电路的调零电阻,可消除运放失调电压的影响。该电路的放大能力可达到千倍以上。电路中的 4 个运放 OP07,也可以用一个四运放集成电路 LM324 来替代,这大大减少了各运放由于制造工艺不同带来的器件性能差异。

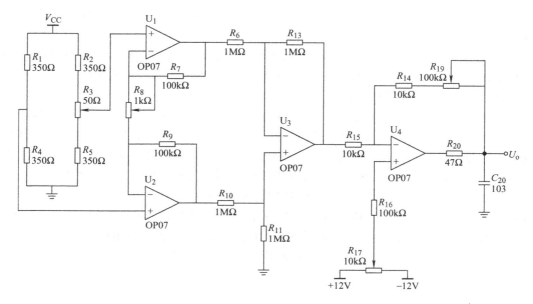

图 2-13   仪表放大器电路

图 2-14 所示为一种应变电桥供电电源电路,采用集成芯片 LM723 实现。

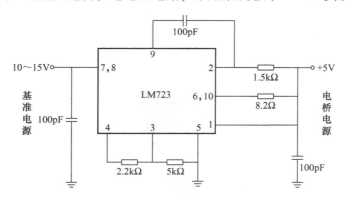

图 2-14   应变电桥供电电源电路

2. 应变式传感器的特点

电阻应变片除了直接用来测量试件的应变外,还可以和弹性元件一起构成应变式传感器。应变式传感器具有如下特点:

1)测量范围广、精度高。应变式传感器的测量范围一般为 $10^{-2} \sim 10^{7}$ N,精度可达到 0.05% FS 以上;应变式压力传感器的测量范围一般为 $10^{-1} \sim 10^{7}$ Pa,精度可达 0.1% FS。

2）性能稳定可靠、使用寿命长。采用电阻应变式称重传感器制成的电子秤、汽车衡、轨道衡等，只要传感器设计合理，粘贴、防潮、密封可靠，就能长期保持性能稳定可靠。

3）能在恶劣的环境条件下工作。如果结构设计与材料选用合理，应变式传感器可在高（低）温、高速、高压、强振动、强磁场、核辐射和化学腐蚀等恶劣的环境条件下正常工作。

4）易于实现小型化、整体化。随着大规模集成电路工艺的发展，已可将电路（甚至A－D转换）与传感器组成一个整体，传感器可直接接入计算机进行数据处理。

3. 应变式传感器的典型应用

应变式传感器按其用途可分为应变式力传感器、应变式压力传感器、应变式加速度传感器等。图 2-15 所示为典型应变式传感器实物图。其中，图 2-15a～d 为称重传感器，具有线性优良、抗侧向力好、安装方便的特点，可用于各类电子秤；图 2-15e 多应用于电子皮带称的一次转换仪表；图 2-15f 为板环拉力传感器，采用板环结构，精度高、动态效应好、安装方便，经过良好的防潮密封处理，可适应各种起重吊装的恶劣工作环境；图 2-15g 广泛运用于配料、机械制造、拉力试验机等计量与控制系统中；图 2-15h 可用于拉/压力值的测量，输出对称性好、抗偏载能力强，适用于各种配料秤、吊钩秤及各类专用秤等；图 2-15i 广泛运用于铁路信号控制、配料、机械制造等拉/压力的测量与控制系统中。

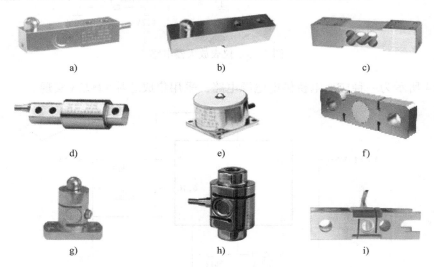

a)   b)   c)

d)   e)   f)

g)   h)   i)

图 2-15　典型应变式传感器实物图

（1）应变式力传感器

应变式力传感器的主要用途是作为各种电子秤与材料试验机的测力元件，可用于发动机的推力测试和水坝坝体承载状况的监测等。

1）圆柱式力传感器。圆柱式力传感器的弹性元件分为实心和空心 2 种，如图 2-16 所示。工作应变片粘贴在弹性体外壁应力分布均匀的中间部分，沿轴向安放一个或多个应变片，沿圆周方向可安放同样数量的温度补偿应变片。应变片接入电桥时，应考虑尽量减小载荷偏心和弯矩影响。

在外力 F 作用下，圆柱体产生的轴向应变为

$$\varepsilon = \frac{F}{SE} \tag{2-37}$$

式中，E 为弹性模量（N/m²）。

实心柱式力传感器的截面面积会随载荷的变化而发生改变，这会带来非线性误差，需对其进行补偿。空心柱（筒式）结构可使分散在端面的载荷集中到筒的表面上，改善了应力的线分布。若能同时在筒壁上开孔，还可减少偏心载荷、非均布载荷的影响，提高测量精度。

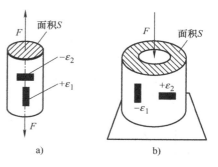

图 2-16 圆柱式力传感器的弹性元件
a）实心圆柱　b）空心圆柱

例 2-3：采用 4 片相同的金属丝应变片（$K=2$），将其粘贴在实心圆柱式力传感器的弹性元件上，如图 2-16a 所示，应变片 R_1、R_4 沿弹性元件的轴向粘贴，应变片 R_2、R_3 沿弹性元件的径向粘贴，并组成如图 2-8 所示的全桥电路。$F=9800\text{N}$，圆柱半径 $r=1\text{cm}$，弹性模量 $E=2\times10^7\text{N/cm}^2$，泊松比 $\mu=0.3$。

（1）求各应变片的应变和电阻相对变化量。

（2）若供电电压 $U=6\text{V}$，则桥路输出电压 $U_\circ$ 为多少？

（3）此种测量方式能补偿环境温度对测量的影响吗？说明原因。

解：（1） $\varepsilon_1 = \varepsilon_4 = \dfrac{F}{SE} = \dfrac{9800}{(\pi \times 1^2 \times 2 \times 10^7)} \approx 1.56 \times 10^{-4} = 156\mu\varepsilon$

$\varepsilon_2 = \varepsilon_3 = \dfrac{-\mu F}{SE} \approx -4.7 \times 10^{-5} = -47\mu\varepsilon$

$\dfrac{\Delta R_1}{R_1} = \dfrac{\Delta R_4}{R_4} = K\varepsilon_1 = 2 \times 1.56 \times 10^{-4} = 3.12 \times 10^{-4}$

$\dfrac{\Delta R_2}{R_2} = \dfrac{\Delta R_3}{R_3} = K\varepsilon_2 = -2 \times 4.7 \times 10^{-5} = -9.4 \times 10^{-5}$

（2） $U_\circ = \dfrac{U}{4}\left(\dfrac{\Delta R_1}{R_1} - \dfrac{\Delta R_2}{R_2} + \dfrac{\Delta R_4}{R_4} - \dfrac{\Delta R_3}{R_3}\right) = \dfrac{U}{2}\left(\dfrac{\Delta R_1}{R_1} - \dfrac{\Delta R_2}{R_2}\right)$

$= \dfrac{6}{2}(3.12 \times 10^{-4} + 9.4 \times 10^{-5})\,\text{V} \approx 1.22\text{mV}$

（3）此种测量方式可以补偿环境温度对测量的影响。因为 4 个相同应变电阻在同样环境条件下，感受温度变化产生的电阻相对变化量相同，在全桥电路中不影响输出电压值，即

$$\frac{\Delta R_{1t}}{R_1} = \frac{\Delta R_{2t}}{R_2} = \frac{\Delta R_{4t}}{R_4} = \frac{\Delta R_{3t}}{R_3} = \frac{\Delta R_t}{R}$$

$$\Delta U_{ot} = \frac{U}{4}\left(\frac{\Delta R_{1t}}{R_1} - \frac{\Delta R_{2t}}{R_2} + \frac{\Delta R_{4t}}{R_4} - \frac{\Delta R_{3t}}{R_3}\right) = 0$$

2）悬臂梁式力传感器。悬臂梁式力传感器是一种高精度、抗偏及抗侧性能优越的称重测力传感器，采用弹性梁及电阻应变片作为敏感转换元件。当垂直正压力或拉力作用在弹性梁上时，电阻应变片随金属弹性梁一起变形，使应变片电阻值发生变化，通过全桥电路输出与拉力（或压力）成正比的电压信号。悬臂梁式力传感器有多种形式，如图 2-17 所示。

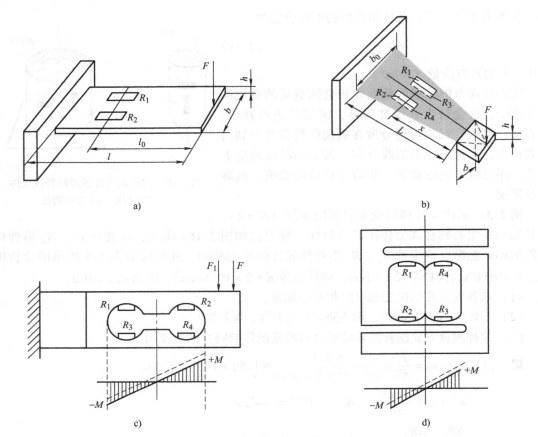

图 2-17 悬臂梁式力传感器

a）等截面梁 b）等强度梁 c）双孔梁 d）S 形弹性元件

图 2-17a 所示的等截面梁的横截面面积处处相等，当外力 F 作用在梁的自由端时，在其固定端产生的应变最大，粘贴应变片处的应变为

$$\varepsilon = \frac{\sigma}{E} = \frac{6Fl_0}{bh^2 E} \tag{2-38}$$

图 2-17b 所示的等强度梁是一种特殊形式的悬臂梁，其截面面积是变化的。这种结构使得等强度梁能均匀受力，各部分承受的应力大致相等，增加了梁的强度。F 作用于梁自由端三角形顶点上，梁内各横截面上产生的应力相等，表面上任意位置的应变也相等，其应变为

$$\varepsilon = \frac{\sigma}{E} = \frac{6Fl}{bh^2 E} \tag{2-39}$$

电阻应变片 R_1 和 R_2 粘贴在梁的上表面，受力拉伸、电阻值增大；电阻应变片 R_3 和 R_4 对应地粘贴在梁的下表面，受力压缩、电阻值减小，这样就可构成全桥电路。设计时根据最大载荷 F 和材料的允许应力 σ_b 确定梁的尺寸。用等强度梁式弹性元件制作的力传感器适于测量 5000N 以下的载荷，最小可测几克重的力。这种传感器结构简单、加工容易、灵敏度高，常用于小压力的测量。

图 2-17c 所示的双孔梁多用于制作小量程工业电子秤和商业电子秤。

图 2-17d 所示的 S 形弹性元件适用于较小载荷的测量。

（2）应变式压力传感器

1）筒式压力传感器。筒式压力传感器的弹性元件如图 2-18 所示。其一端为盲孔，另一端有法兰与被测系统连接。在薄壁筒上贴有 2 片工作应变片，实心部分贴有 2 片温度补偿应变片。

当薄壁筒内腔与被测压力相通时，圆筒部分轴向应变为

$$\varepsilon = \frac{p(2-\mu)}{E\left(\dfrac{D^2}{d^2}-1\right)} \qquad (2\text{-}40)$$

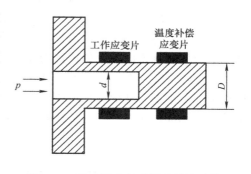

图 2-18　筒式压力传感器的弹性元件

式中，p 为被测压力；D 为圆筒外径；d 为圆筒内径。

这种传感器的结构简单、制造方便、适应性强，可测 $10^4 \sim 10^7\,\mathrm{Pa}$ 或更高的压力，在火箭、炮弹以及火炮的动态压力测量方面有广泛的应用。

2）膜片式压力传感器。膜片式压力传感器的弹性元件为周边固定的圆形金属平膜片，如图 2-19 所示。当膜片一面受压力 p 作用时，膜片的另一面（应变片粘贴面）上的切向应变 ε_t 和径向应变 ε_r 分别为

$$\varepsilon_t = \frac{3p}{8Eh^2}(1-\mu^2)(r^2-x^2) \qquad (2\text{-}41)$$

$$\varepsilon_r = \frac{3p}{8Eh^2}(1-\mu^2)(r^2-3x^2) \qquad (2\text{-}42)$$

式中，r 为平膜片工作部分半径；h 为平膜片厚度；E 为膜片的弹性模量；μ 为膜片的泊松比；x 为任意点离圆心的径向距离。

由图 2-19c 可知，膜片弹性元件受到压力 p 时，其应变曲线具有如下特点：当 $x=0$ 时，$\varepsilon_{r\max}=\varepsilon_{t\max}$；当 $x=r$ 时，$\varepsilon_t=0$、$\varepsilon_r=-2\varepsilon_{t\max}$。

根据这个特点，一般在平膜片圆心处沿切向粘贴 R_1、R_4 2 个应变片，在边缘处沿径向粘贴 R_2、R_3 2 个应变片，然后接成全桥测量电路。这样既增大了传感器的灵敏度，又起到了温度补偿作用。为了充分利用正负应变区，可将应变片设计为箔式结构，如图 2-19b 所示。其周边部分有 2 段，分别对应 R_2 和 R_3；中间部分也分为 2 段，对应 R_1 和 R_4。该类传感器一般可测 $10^5 \sim 10^6\,\mathrm{Pa}$ 的压力。

（3）应变式加速度传感器

应变式加速度传感器主要用于物体加

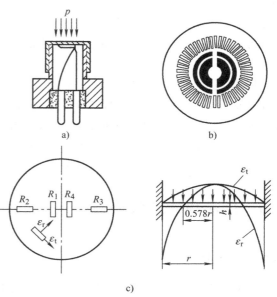

图 2-19　膜片式压力传感器

a）外形结构　b）膜片　c）膜片上应力分布

速度的测量，其结构如图 2-20 所示。图中，等强度梁的自由端安装质量块，另一端固定在壳体上，等强度梁上粘贴有 4 个电阻应变片。为了调节振动系统阻尼系数，在壳体内充满硅油。测量时，将传感器壳体与被测对象刚性连接。当被测物体以加速度 a 运动时，质量块受到一个与加速度方向相反的惯性力作用，使等强度梁产生变形。粘贴在等强度梁上的电阻应变片也会随之变形并产生应变，从而使其电阻值发生变化。电阻值的变化引起应变片组成的桥路出现不平衡，从而输出电压，得出加速度 a 值。应变式加速度传感器不宜使用在频率较高的振动和冲击场合，一般适用频率范围为 $10 \sim 60\,Hz$。

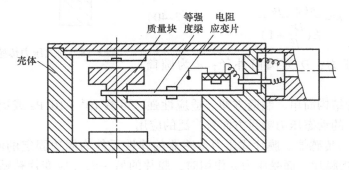

图 2-20 应变式加速度传感器的结构

（4）电阻应变仪

电阻应变仪是专门用于测量电阻应变片应变量的仪器。实际测量时，只要将应变片贴于被测点上，然后将其接入应变仪的测量桥路中，就可通过应变仪直接求得被测点的应变量。电阻应变仪有静态、动态 2 类。图 2-21 所示为 HPJY16C 型静态电阻应变测试仪实物。

图 2-21 HPJY16C 型静态电阻应变测试仪实物图

随着集成电路、数显技术的不断发展，数字式应变仪应运而生，而且功能日趋完善。测量时能定时、定点自动切换，测量数据可自动修正、存储、显示和打印记录。将其配接适当的接口，就可以将其和计算机直接连接，将测量结果转换成数字信号直接显示。

2.6 固态压阻式传感器

2.6.1 工作原理

应用半导体应变片制成的传感器，称为固态压阻式传感器。半导体材料受到应力作用时，其电阻率会发生较大变化，而几何尺寸变化很小，这种现象称为压阻效应。固态压阻式传感器就是基于半导体材料的压阻效应而制成的。半导体的压阻效应不仅与掺杂浓度、温度和材料类型有关，还与晶向有关（即对晶体的不同方向上施加力时，其电阻的变化大小不同）。目前，使用最多的是单晶硅半导体。

压阻效应的微观理论建立在半导体的能带理论基础之上。本节只对固态压阻式传感器做简单介绍，对能带理论不详细讨论。从宏观上分析金属电阻应变效应的公式也同样适用于半导体电阻材料。对于半导体材料来说，有 $\dfrac{\Delta\rho}{\rho}\gg(1+2\mu)\varepsilon$。这表明，受到应力作用后，电阻的变化主要是由 $\dfrac{\Delta\rho}{\rho}$ 引起的，因机械变形引起的电阻变化可以忽略，则有

$$\frac{\Delta R}{R}=(1+2\mu)\varepsilon+\frac{\Delta\rho}{\rho}\approx\frac{\Delta\rho}{\rho} \tag{2-43}$$

因此，半导体电阻材料的电阻随应力的变化主要取决于电阻率的变化，而金属应变片的电阻变化则主要取决于几何尺寸的变化。又由半导体理论可知

$$\frac{\Delta\rho}{\rho}=\pi_{\mathrm{L}}E\varepsilon=\pi_{\mathrm{L}}\sigma \tag{2-44}$$

式中，π_{L} 为半导体单晶的纵向的压阻系数（与晶向有关）；σ 为沿某晶向的应力；E 为半导体材料的弹性模量。

因此，半导体材料的灵敏系数为

$$K_{\mathrm{B}}=\frac{\dfrac{\Delta R}{R}}{\varepsilon}=(1+2\mu)+\pi_{\mathrm{L}}E\approx\pi_{\mathrm{L}}E \tag{2-45}$$

例如，半导体硅，$\pi_{\mathrm{L}}=(40\sim80)\times10^{-11}\,\mathrm{m^2/N}$，$E=1.67\times10^{11}\,\mathrm{N/m^2}$，则 $K_{\mathrm{B}}=\pi_{\mathrm{L}}E=67\sim134$。

显然半导体电阻材料的灵敏系数比金属丝的要高很多倍。用于制作半导体应变片的半导体材料主要有硅、锗、锑化铟、砷化镓等。其中，最常用的是硅和锗。在硅和锗中掺杂元素硼、铝、镓、钢等杂质，可以形成 P 型半导体；若掺杂磷、锑、砷等杂质，则形成 N 型半导体。掺入杂质的浓度越大，则半导体材料的电阻率就越低。半导体单晶的灵敏系数的符号随单晶材料的导电类型而异，一般 P 型为正（伸长形变时电阻增大），N 型为负（伸长形变时电阻减小）。而金属应变片的灵敏系数均为正值。

2.6.2 半导体应变片的结构

半导体应变片有 2 种类型：一种是利用半导体条粘贴在基底上，形成体型半导体应变片；另一种是在半导体材料基片上，用集成电路工艺制成扩散电阻，构成敏感元件，称为扩散型半导体应变片。

1. 体型半导体应变片

体型半导体应变片是将单晶锭按一定晶轴方向切成薄片，进行研磨加工后再切成细条，经过光刻腐蚀工序后安装内引线，并粘贴于贴有接头的基底上。敏感栅的形状可做成条形，也可做成 U 形或 W 形，如图 2-22 所示。敏感栅的长度一般为 $1\sim9\mathrm{mm}$。

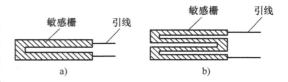

图 2-22　体型半导体应变片敏感栅形状
a）U 形　b）W 形

2. 扩散型半导体应变片

扩散型半导体应变片是在半导体材料表面沿一定晶向用扩散或离子注入的方法形成压敏电阻。常用的半导体材料是单晶硅膜片，硅膜片作为弹性元件，压敏电阻（或称压阻元件）与弹性元件为一个整体。这种结构免除了粘贴，没有机械滞后和蠕变的影响，大大提高了传感器的性能。图 2-23 所示为 MPS－2100－006G 压阻式压力传感器的实物图和等效电路图。该传感器常用于无腐蚀性气/液体介质压力检测，如人体血压的检测、环境监测等。

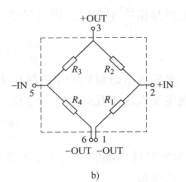

图 2-23　MPS－2100－006G 压阻式压力传感器

a）实物图　b）等效电路图

2.6.3　压阻式压力传感器的接口电路实例

1. FPM－05G 压阻式压力传感器电路

压阻式压力传感器 FPM－05G 采用塑料封装，无补偿无放大，其电路如图 2-24 所示。

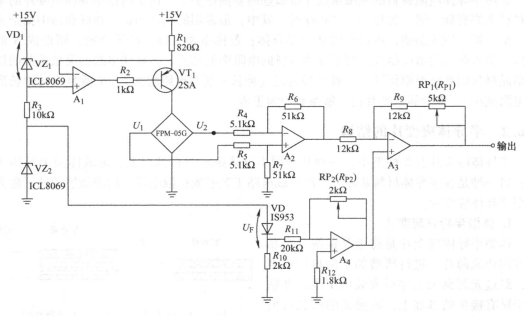

图 2-24　FPM－05G 压阻式压力传感器电路

整个电路由 FPM - 05G 的驱动电路、放大电路及二极管温度补偿电路构成。在标准大气压时，输出为 0V，灵敏度为 10mV/mmHg。驱动电路采用恒流源，A_1、VZ_1、VT_1 和 R_1 构成电流源电路，VZ_1 的输出电压 U_{D1} 加在 R_1 上，所以恒定电流 $I = U_{D1}/R_1$。因 ICL8069 的 $U_{D1} = 1.2V$，故 $I = 1.5mA$。由于 U_{D1} 和 R_1 的离散性，恒定电流会偏离设计值，可用后级的电路增益调整电位器 RP_1 进行调整。加载 1.5mA 的电流，桥路输出约为 0.17mV/mmHg，要达到满刻度输出，则其放大倍数约为 60。

桥路输出电压经 A_2 后放大 10 倍，A_2 的输出为

$$U_{A2} = R_6 \left(\frac{U_1}{R_5} - \frac{U_2}{R_4} \right) = 10(U_1 - U_2) \tag{2-46}$$

放大器 A_4 对二级管 VD 的正向电压降 U_F 进行调整，A_4 的输出可表示为

$$U_{A4} = -\frac{R_{P2}}{R_{11}}(U_{D2} - U_F) \tag{2-47}$$

式中，R_{P2} 为电位器 RP_2 在电路中的阻值；U_{D2} 为稳压二极管 VZ_2 的稳压值。二极管 VD_3 的温度特性为 $-2.5 \sim -2.0mV/℃$，经过 A_4 后，输出为 U_{O4}，维持负的温度系数，其大小可调整 RP_2 确定。

该传感器桥路的零点温度特性为 $+0.25mV/℃$，此电压由 A_2 放大 10 倍，变为 $-2.5mV/℃$ 送给放大器 A_3。A_3 对 A_2 和 A_4 的输出进行差分放大，其输出可表示为

$$U_{A3} = \frac{R_9 + R_{P1}}{R_8} \times 10(U_2 - U_1) - \left(1 + \frac{R_9 + R_{P1}}{R_8}\right)\frac{R_{P2}}{R_{11}}(U_{D2} - U_F) \tag{2-48}$$

可以利用二极管 VD 的正向电压降 U_F 对放大器 A_3 进行温度补偿。

这种压力传感器（包括接口电路）的输出可以直接接到数字电压表上，可方便地构成数字式压力计。

2. P3000 - 410G 压阻式压力传感器电路设计

P3000 - 410G 压阻式压力传感器电路如图 2-25 所示。

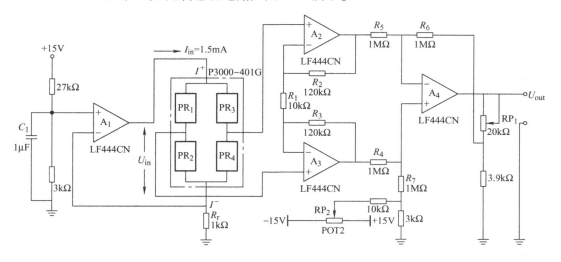

图 2-25 P3000 - 410G 压阻式压力传感器电路

I^+ 与 I^- 输入端流经 1.5mA 电流，压阻传感器电桥采用恒流激励方式。如果运放 A_1 的同相输入端加 1.5V 电压，反相输入端接电阻 $R_r = 1k\Omega$，则传感器中的电流为 $I_{in} = U_R/R_r = 1.5V/1k\Omega = 1.5mA$。压阻传感器输入阻抗很高，虽只有 1.5mA 的电流，但输入电压 U_{in} 很大，P3000 - 410G 的桥路输入电阻为 4.7kΩ，最大为 6.6kΩ，因此，最大输入电压 $U_{in} = 1.5mA \times 6.6k\Omega = 9.9V$。考虑 R_r 上电压 $U_R = 1.5V$（$1k\Omega \times 1.5mA = 1.5V$），再加上因温度影响桥路电阻变化所产生的电压，则 A_1 输出电压必须大于 12V。为此，采用 ±15V 的电源。

P3000 - 410G 压阻式压力传感器电流为 1.5mA，当压力为 0.4MPa 时，输出电压 U_{out} 为（70 ± 50）mV，即最低为 20mV，最高为 120mV，偏差较大，可用多圈电位器 RP_1 调整。P3000 - 410G 的额定压力为 0.4MPa，在较大压力范围内甚至到负压力都可以测量。半导体压力传感器的应变片都是桥式连接的，因此，传感器的放大电路一般采用差动放大电路。由于传感器阻抗高达 4.7kΩ，所以，差动放大器必要的增益范围为 25 ~ 150。（压力为 0.4MPa 时，$U_{out} = 3V$）。电路中 A_2 与 A_3 的增益设为 25，A_4 的增益在 1 ~ 6 之间可变。电位器 RP_1 由于调整增益，因调整范围较大，要采用 10 圈电位器。电位器 RP_2 用于调整失调电压。

2.6.4 压阻式压力传感器的应用

压阻式压力传感器具有如下优点：

1）灵敏度非常高，有时传感器的输出不需放大可直接用于测量。

2）分辨率高，例如测量压力时可测出 10 ~ 20Pa 的微压。

3）测量元件的有效面积可做得很小，故频率响应高。

4）可测量低频加速度和直线加速度。

其最大的缺点是温度误差大，故需温度补偿或在恒温条件下使用。

由于压阻式压力传感器具有上述优点，所以它是目前发展较为迅速和应用广泛的一种压力传感器。图 2-26 所示为一种压阻式压力传感器的结构示意图。压阻芯片采用周边固定的硅杯结构，封装在外壳内。在一块圆形的单晶硅膜片上，布置 4 片扩散电阻，2 片位于受压应力区，另外 2 片位于受拉应力区，它们组成一个全桥测量电路。硅膜片用一个圆形硅杯固定，两边有 2 个压力腔，一个是和被测压力相连接的高压腔，另一个是低压腔，接参考压力，通常和大气相通。当存在压差时，膜片产生变形，使两对电阻的阻值发生变化，电桥失去平衡，其输出电压就反映膜片两边承受的压差大小。

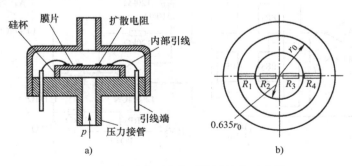

图 2-26 压阻式压力传感器的结构示意图

a）内部结构 b）硅膜片示意图

图 2-27 所示为一种可以插入心血管的微型压阻式压力传感器。图中，金属插片 5 的作用是对上下两个硅片梁进行加固，硅片梁与金属插片用绝缘胶黏合，为了导入方便，在传感器端部加一塑料壳。被测压力作用于弹性膜片（金属波纹膜片）7，将压力转换为集中力，在力的作用下，硅片梁将产生变形，其上的半导体应变片电阻发生变化。微型压阻式压力传感器的主要优点是体积小、结构比较简单、动态响应好、灵敏度高，能测出十几帕斯卡的微压。这种传感器可用于测量心血管、颅内、尿道、眼球内等的压力。

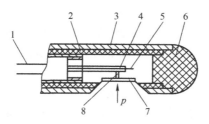

图 2-27　微型压阻式压力传感器

1—引线　2—硅橡胶导管　3—圆形金属外壳　4—硅片梁

5—金属插片　6—塑料壳　7—弹性膜片（金属波纹膜片）　8—推杆

压阻式压力传感器在航空领域可用于飞行器风洞试验和飞行试验等多种过载与振动参数的测试；在工业领域可用于发动机试车台各段振动参数的测试，特别是对于从 0Hz 开始的低频振动；在建筑行业，也可用压阻式压力传感器来监测高层建筑在风力作用下顶端的晃动，以及大跨度桥梁的摆动。

2.7　实验指导

2.7.1　CSY 系列传感器与检测技术实验台概述

CSY 系列传感器与检测技术实验台主要用于各高校开设的"传感器原理与应用""自动化检测技术""传感器检测技术"等课程的实验教学。该实验台上配置的大部分传感器采用透明结构，便于教学。

1. 结构与组成

CSY 系列传感器与检测技术实验台由主机箱、温度源、转动源、振动源、传感器、相应的实验模板、数据采集卡及处理软件、实验台桌等组成，如图 2-28 所示。

（1）主机箱

提供高稳定的 ±15V、±5V、5V、±2 ~ ±10V（步进可调）、2 ~ 24V（连续可调）直流稳压电源，音频信号源为 1 ~ 10kHz（连续可调），低频信号源为 1 ~ 30Hz（连续可调），气压源为 0 ~ 20kPa（可调），温度（转速）智能调节仪，计算机通信口。主机箱面板上

图 2-28　CSY 系列传感器与检测技术实验台

装有电压、频率转速、气压、计时器数显表和剩余电流断路器等。

（2）三源板

振动源：振动台振动频率为 1～30Hz 可调（谐振频率为 9Hz 左右）。转动源：手动控制 0～2400r/min，自动控制 300～2400r/min。温度源：常温～180℃。

（3）各类传感器

基本型有电阻应变式传感器、扩散硅压力传感器、差动变压器式传感器（简称差动变压器）、电容式位移传感器、霍尔式位移传感器、霍尔式转速传感器、磁电转速传感器、压电式传感器、电涡流传感器、光纤位移传感器、光电转速传感器、集成温度（AD590）传感器、K 型热电偶、E 型热电偶、Pt100 铂电阻、Cu50 铜电阻、湿敏传感器、气敏传感器共 18 个。

（4）实验模板

提供电阻应变式、压力、差动变压器、电容式、霍尔、压电式、电涡流位移、光纤位移、温度、气敏、湿敏等传感器模板以及移相/相敏检波/低通滤波共 12 块模板，如图 2-29 所示。

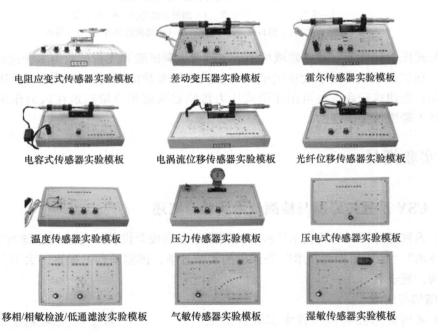

电阻应变式传感器实验模板　　　　差动变压器实验模板　　　　霍尔传感器实验模板

电容式传感器实验模板　　　电涡流位移传感器实验模板　　　光纤位移传感器实验模板

温度传感器实验模板　　　　压力传感器实验模板　　　　压电式传感器实验模板

移相/相敏检波/低通滤波实验模板　　气敏传感器实验模板　　　湿敏传感器实验模板

图 2-29　主要传感器实验模板

（5）数据采集卡

数据采集卡采用 12 位 A－D 转换，采样速度 10000 点/s，采样速度可以选择，既可单步采样也能连续采样。标准 RS－232 接口与计算机串行工作。提供的处理软件有良好的计算机显示界面，可以进行实验项目选择与编辑、数据采集、特性曲线的分析与比较、文件存取打印等。

2. 传感器的特性参数

CSY 系列传感器与检测技术实验台配置的主要教学型传感器的特性参数见表 2-1。

表 2-1　主要教学型传感器的特性参数表

序　号	传感器名称	实验模板	量　程	线性误差	备　注
1	电阻应变式传感器	电阻应变式实验模板	$0 \sim 200g$	$\pm 0.5\%$	全桥
2	扩散硅压力传感器	压力传感器实验模板	$20kPa$	$\pm 1\%$	
3	差动变压器	差动变压器实验模板	$\pm 50mm$	$\pm 1\%$	
4	电容式传感器	电容式传感器实验模板	$\pm 20mm$	$\pm 2\%$	
5	霍尔位移传感器	霍尔传感器实验模板	$\pm 20mm$	$\pm 2\%$	
6	霍尔转速传感器		$200 \sim 2400r/min$	$\pm 0.5\%$	
7	磁电式传感器		$200 \sim 2400r/min$	$\pm 1\%$	
8	压电式传感器	压电式传感器实验模板	$20pC/g$		
9	电涡流位移传感器	电涡流位移传感器实验模板	$20mm$	$\pm 2\%$	
10	光纤位移传感器	光纤位移传感器实验模板	$20mm$	$\pm 3\%$	
11	光电转速传感器		$200 \sim 2400r/min$	$\pm 0.5\%$	
12	集成温度传感器		常温 $\sim 150℃$	$\pm 3\%$	
13	Pt100 铂电阻		常温	$\pm 3\%$	三线制
14	Cu50 铜电阻	温度传感器实验模板	常温 $\sim 150℃$	$\pm 3\%$	
15	K 型热电偶		常温 $\sim 150℃$	$\pm 2\%$	
16	E 型热电偶		常温 $\sim 150℃$	$\pm 2\%$	
17	气敏传感器	气敏传感器实验模板	$(50 \sim 2000) \times 10^{-6}$	$\pm 3\%$	对酒精敏感
18	湿敏传感器	湿敏传感器实验模板	$RH10\% \sim 95\%$	$\pm 3\%$	
19	相敏检波器	移相/相敏检波/低通滤波实验模板	$0 \sim 180°$		
	低通滤波器		$f_{\mathrm{r}} \leqslant 35Hz$		
	移相器		$\Delta\varphi \pm 40°$		

2.7.2　应变式传感器测量电桥性能分析实验

1. 实验目的

1）理解金属箔式应变片的应变效应。

2）能根据实验结果分析单臂、半桥与全桥测量电路的不同性能及其特点。

3）能对实验数据进行有效处理，对单臂、半桥与全桥输出时的灵敏度和非线性误差进行评价，并得出有效结论。

2. 实验设备

CSY 系列传感器与检测技术实验台，包含电阻应变式传感器实验模板、应变式传感器、砝码、数显表、$\pm 15V$ 电源、$\pm 4V$ 电源、万用表。

3. 实验步骤

1）电阻应变式传感器已装于电阻应变式传感器实验模板上，如图 2-30 所示。传感器中各应变片已接入模板左上方的 R_1、R_2、R_3、R_4。加热丝也接于模板上，可用万用表进行测量判断，$R_1 = R_2 = R_3 = R_4 = 350\Omega$，加热丝阻值为 50Ω 左右。

2）接入模板电源 $\pm 15V$（从主控箱引入），检查无误后，接通主控电源开关，将实验模

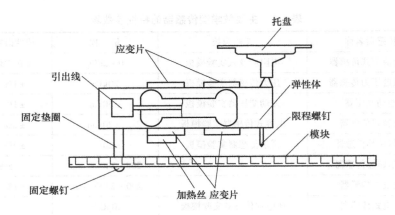

图 2-30　电阻应变式传感器安装示意图

板调节增益电位器 RP_3 顺时针调节到中间位置，然后进行差动放大器调零（方法：将差放的正、负输入端与地短接，输出端与主控箱面板上数显表电压输入端 V_i 相连，调节试验模板上调零电位器 RP_4，使数显表显示为零），关闭主控箱电源。

　　3）单臂电路实验接线如图 2-31 所示。将应变式传感器的其中一个应变片 R_1（即模板左上方的 R_1）接入电桥作为一个桥臂与 R_5、R_6、R_7 接成直流电桥（R_5、R_6、R_7 模块内已连接好），接好电桥调零电位器 RP_1，接上桥路电源 ±4V（从主控箱引入）。检查接线无误后，合上主控箱电源开关。调节 RP_1，使数显表显示为零。

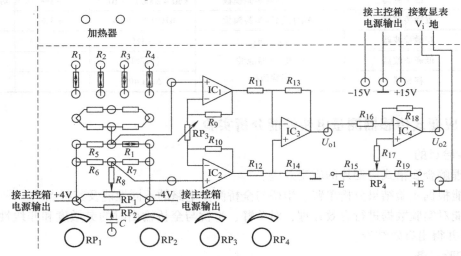

图 2-31　电阻应变式传感器单臂电路实验接线图

　　4）在托盘上放置一只砝码，读取数显表数值，依次增加砝码和读取相应的数显表值，直到 200g（或 500g）砝码加完。将实验结果填入表 2-2，关闭电源。

表 2-2　单臂测量时输出电压与加负载重量值

重量/g	0	20	40	60	80	100	120	140	160	180	200
U/mV											

5）根据表2-2，计算系统灵敏度 S_1 和非线性误差 δ_1。

6）半桥电路实验接线如图2-32所示。R_1、R_2 为实验模板左上方的应变片，注意 R_1 应和 R_2 受力状态相反，即将传感器中2片受力相反（1片受拉，1片受压）的电阻应变片作为电桥的相邻边。此电路即为半桥。接入 ±4V 桥路电源，调节电桥调零电位器 RP_1 进行桥路调零，重复实验步骤4）、5），将实验数据记入表2-3，计算灵敏度 S_2 和非线性误差 δ_2。若实验时无数值显示，则说明 R_1 和 R_2 为相同受力状态应变片，应更换另一个应变片。

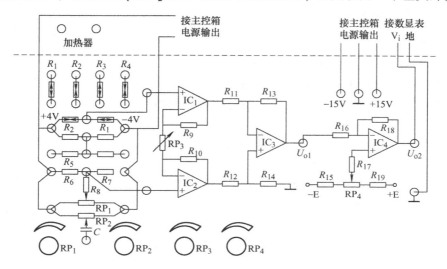

图2-32　电阻应变式传感器半桥电路实验接线图

表2-3　半桥测量时输出电压与加负载重量值

重量/g	0	20	40	60	80	100	120	140	160	180	200
U/mV											

7）在图2-32基础上，再接入 R_3、R_4，就可构成全桥电路，如图2-33所示。接入 ±4V 桥路电源，调节电桥调零电位器 RP_1 进行桥路调零，重复实验步骤4）、5），将实验数据记入表2-4，计算灵敏度 S_3 和非线性误差 δ_3。

表2-4　全桥测量时输出电压与加负载重量值

重量/g	0	20	40	60	80	100	120	140	160	180	200
U/mV											

8）对实验数据进行处理，画出相应特性曲线，得到单臂、半桥和全桥输出时的灵敏度和非线性误差。

9）需要提醒的是，实验开始时，应先将差动放大器调零，再调节电桥平衡。实验过程中，放大器增益必须相同。

4. 实验思考

1）单臂测量时，电阻应变片应选用正（受拉）应变片还是负（受压）应变片，或是正负应变片都可以？

2）半桥测量时，2片不同受力状态的电阻应变片接入电桥时，应放在对边还是邻边？

3）全桥测量中，当两组（R_1、R_3为对边）电阻的电阻值相同（即$R_1 = R_3$、$R_2 = R_4$），而$R_1 \neq R_2$时，是否可以组成全桥？

2.7.3 数字式电子秤设计实验

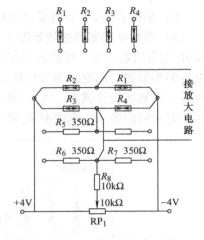

图 2-33　电阻应变式传感器
全桥电路实验接线图

1. 实验目的

1）了解可以用于测量物体重量的各种传感器。

2）掌握数字式电子秤的设计原理及方法，能用现有元器件实现数字式电子秤的初步设计，满足相应的测量要求。

3）通过系统设计、元器件选择、安装调试等训练，培养解决本专业领域复杂工程问题的能力。

4）能对实验数据进行有效处理，对测量系统的灵敏度和非线性误差进行评价，并得出有效结论，提出进一步改进方案。

2. 设计目标

利用现有传感器设备设计数字式电子秤，由数显式仪表显示未知小物体（0～200g）的重量。

3. 实验基本内容及要求

1）要求学生选用合适的传感器（如应变片式传感器、电涡流传感器、霍尔传感器等）及相应的实验电路模板来完成测量。

2）要求学生能对所得数据进行拟合，计算其灵敏度及线性度，在此基础上设计简易电子秤。

3）学生自己设计实验方案，并完成实验（实验方案必须于实验前完成，并经指导教师审阅）。

习题与思考题

2-1　什么叫应变效应？利用应变效应解释金属应变片的工作原理。什么是压阻效应？利用压阻效应解释半导体应变片的工作原理。

2-2　什么叫应变片的横向效应？试解释其产生的原因。

2-3　应变片的惠斯通电桥按不同的桥臂工作方式，可分为哪几种？各自的输出电压如何计算？

2-4　拟在等强度梁上粘贴4个完全相同的电阻应变片，并组成差动全桥电路，试问：

（1）4个应变片应怎样粘贴在悬臂梁上？

（2）画出相应的电桥电路。

2-5　图2-34所示为一直流应变电桥电路，图中，$E = 4V$，$R_1 = R_2 = R_3 = R_4 = 120\Omega$，试求：

（1）R_1 为金属应变片，其余为外接电阻，当 R_1 的增量 $\Delta R_1 = 1.2\Omega$ 时，电桥输出电压 U_O 为多少？

（2）R_1、R_2 都是应变片，且批号相同，感受应变的极性和大小都相同，其余为外接电阻，电桥输出电压 U_O 为多少？

（3）题（2）中，如果 R_1 与 R_2 感受应变的极性相反，且 $\Delta R_1 = \Delta R_2 = 1.2\Omega$ 时，电桥输出电压 U_O 为多少？

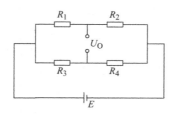

图 2-34　题 2-5 图

2-6　如果将 100Ω 电阻应变片贴在弹性试件上，若试件受力横截面面积 $S = 0.5 \times 10^{-4} m^2$，弹性模量 $E = 2.0 \times 10^{11} N/m^2$。若 $F = 5 \times 10^4 N$ 的拉力引起应变电阻的变化为 1Ω。试求该应变片的灵敏系数。

2-7　已知某钢材的弹性模量 $E = 2.0 \times 10^{11} N/m^2$，采用该钢材制作的螺栓长度为 500mm，紧固后长度变为 500.10mm，试求螺栓产生的应变和应力。

2-8　有一圆杆件，直径 $D = 1.6cm$，长度 $l = 2m$，外施拉力 $F = 2t$，杆件绝对伸长 $\Delta l = 0.1cm$，求材料的弹性模量。若材料的泊松比 $\mu = 0.3$，求杆件的横向应变及拉伸后的直径是多少？

2-9　若将 2 片灵敏系数 $K = 2.0$、初始电阻值为 120Ω 的金属应变片贴在 2-8 题所给的杆件上，其中 R_1 沿轴向粘贴，R_2 沿圆周方向粘贴。试求在该题拉伸条件下，R_1 和 R_2 的电阻值各为多少？

2-10　完成以下自测题。

（1）电阻应变片的线路温度补偿方法有（　　）。

A. 差动电桥补偿法　　　　　　　　　　B. 补偿块粘贴补偿应变片电桥补偿法

C. 补偿线圈补偿法　　　　　　　　　　D. 恒流源温度补偿电路法

（2）影响压阻式电阻传感器的应变灵敏系数的主要因素是（　　）。

A. 材料几何尺寸的变化　　　　　　　　B. 材料电阻率的变化

C. 材料物理性质的变化　　　　　　　　D. 材料化学性质的变化

（3）由（　　）、应变片以及一些附件（补偿元件、保护罩等）组成的装置称为应变式电阻传感器。

A. 弹性元件　　　　　　　　　　　　　B. 调理电路

C. 信号采集电路　　　　　　　　　　　D. 敏感元件

（4）将电阻应变片粘贴到各种弹性敏感元件上，可构成测量各种参数的电阻应变式传感器，这些参数包括（　　）。

A. 位移　　　　　　　B. 加速度　　　　　　C. 力　　　　　　D. 力矩

（5）全桥差动电路的电压灵敏度是单臂工作时的（　　　）。

A. 不变　　　　　　　　　　　　　　　B. 2 倍

C. 4 倍　　　　　　　　　　　　　　　D. 6 倍

（6）影响应变式传感器的应变灵敏系数 K 的主要因素是（　　　）。

A. 导电材料几何尺寸的变化　　　　　　B. 导电材料电阻率的变化

C. 导电材料物理性质的变化　　　　　　D. 导电材料化学性质的变化

（7）若 2 个应变完全相同的应变片接入测量电桥的相对桥臂，则电桥的输出将（　　　）。

A. 增大　　　　　　　　　　　　　　　B. 减小

C. 不变　　　　　　　　　　　　　　　D. 可能增大，也可能减小

（8）电桥测量电路的作用是把传感器的参数变化转为（　　　）输出。

A. 电阻　　　　　　　　　　　　　　　B. 电容

C. 电压　　　　　　　　　　　　　　　D. 电荷

（9）将一直电阻丝（灵敏系数为 K_0），制成丝式应变片（灵敏系数为 K），则有（　　　）。

A. $K > K_0$　　　　　　　　　　　　　B. $K < K_0$

C. $K = K_0$　　　　　　　　　　　　　D. 以上三种情况都有可能

（10）当温度发生变化时，与应变片的电阻相对变化量无关的是（　　　）。

A. 敏感栅材料的电阻温度系数　　　　　B. 试件的膨胀系数

C. 敏感栅材料的膨胀系数　　　　　　　D. 试件的电阻温度系数

（11）应变片中，实现应变-电阻转换的敏感元件是（　　　）。

A. 敏感栅　　　　　　　　　　　　　　B. 基底

C. 盖层　　　　　　　　　　　　　　　D. 粘结剂

（12）下列关于应变片灵敏系数，描述不正确的有（　　　）。

A. 应变片灵敏系数必须用实验方法进行测定

B. 测定时，试件只能受轴向单向力作用

C. 测定时，试件材料可选泊松比为 0.285 的钢，一批产品抽 5% 来测定

D. 由于横向效应，应变片灵敏系数大于电阻丝的灵敏系数

第 3 章

电感式传感器

电感式传感器是利用电磁感应原理把被测物理量（如位移、压力、流量、振动等）转换成线圈自感系数 L 或互感系数 M 的变化，再由测量电路转换为电压或电流的变化量输出，实现非电量的电测量。电感式传感器具有结构简单、工作可靠、寿命长、灵敏度及分辨率高、线性度及重复性好、输出阻抗小、输出功率大、抗干扰能力强等优点。电感式传感器自身频率响应低，不适用于快速动态信号的测量，对传感器线圈供电电源的频率、相振幅稳定度要求较高。电感式传感器主要有自感式、差动变压器式、电涡流式 3 类。

3.1 自感式传感器

3.1.1 工作原理

1. 基本原理

自感式传感器由线圈、铁心和衔铁组成，结构如图 3-1 所示。铁心和衔铁由导磁材料（如硅钢片或坡莫合金）制成，铁心上绕有线圈。在铁心和衔铁之间保持一定的空气隙（厚度为 δ），被测物体与衔铁相连。当被测物体产生位移时，衔铁随之移动，引起磁路磁阻发生变化，进而改变线圈的电感值。当传感器线圈接入测量电路后，电感值的变化进一步转换成电压、电流或频率的变化，实现非电量到电量的转换。这种传感器又被称为变磁阻式传感器。

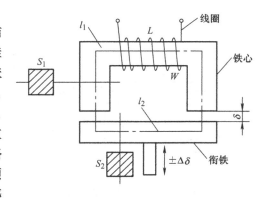

图 3-1　自感式传感器结构

2. 工作方式

根据电感定义，线圈中电感量为

$$L = \frac{\psi}{I} = \frac{W\Phi}{I} \tag{3-1}$$

式中，ψ 为线圈总磁链；I 为通过线圈的电流；W 为线圈的匝数；Φ 为通过线圈的磁通。

由磁路欧姆定律，得

$$\Phi = \frac{IW}{R_{\mathrm{m}}} \tag{3-2}$$

式中，R_{m} 为磁路总磁阻。

自感式传感器的气隙通常较小（一般为 $0.1 \sim 1\mathrm{mm}$），所以，可认为气隙磁场是均匀的。若忽略磁路磁损，则磁路总磁阻为

$$R_{\mathrm{m}} = \frac{l_1}{\mu_1 S_1} + \frac{l_2}{\mu_2 S_2} + \frac{2\delta}{\mu_0 S_0} \tag{3-3}$$

式中，μ_1 为铁心材料的磁导率；μ_2 为衔铁材料的磁导率；l_1 为磁通通过铁心的长度；l_2 为磁通通过衔铁的长度；S_1 为铁心的截面面积；S_2 为衔铁的截面面积；μ_0 为空气的磁导率；S_0 为气隙的截面面积；δ 为气隙的厚度。

由于自感式传感器的铁心和衔铁为铁磁材料，且一般工作于非饱和状态，其磁导率远大于空气的磁导率。所以，铁心磁阻远小于气隙磁阻，则式(3-3) 可写为

$$R_{\mathrm{m}} = \frac{2\delta}{\mu_0 S_0} \tag{3-4}$$

联立式(3-1)、式(3-2) 和式(3-4)，可得

$$L = \frac{W^2}{R_{\mathrm{m}}} = \frac{W^2 \mu_0 S_0}{2\delta} \tag{3-5}$$

式(3-5) 表明，自感式传感器的电感量 L 是气隙厚度 δ 和截面面积 S_0 的函数。

如果 S_0 保持不变，则 L 是 δ 的单值函数，据此可构成变气隙式自感传感器，结构如图 3-2 所示；若保持 δ 不变，使 S_0 随位移变化，则可构成变面积式自感传感器，如图 3-3 所示。

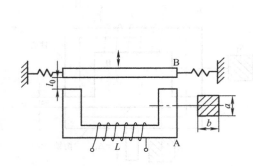

图 3-2　变气隙式自感传感器结构

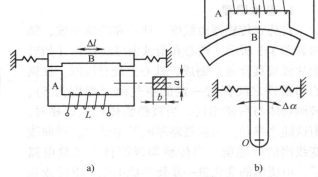

图 3-3　变面积式自感传感器结构
a) 线位移式　b) 角位移式

3.1.2　特性分析

变面积式自感传感器的电感量 L 与截面面积 S_0 呈线性关系，而变气隙式自感传感器的电感量 L 与气隙厚度 δ 之间是非线性关系，特性曲线如图 3-4 所示。下面主要对变气隙式自感传感器的输出特性进行分析。

设自感传感器初始气隙厚度为 δ_0，初始电感量为 L_0，衔铁位移引起的气隙变化量为 $\Delta\delta$。当衔铁处于初始位置时，初始电感量为

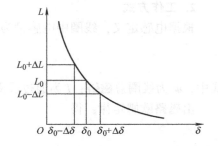

图 3-4　变气隙式自感传感器特性曲线

$$L_0 = \frac{\mu_0 S_0 W^2}{2\delta_0} \qquad (3\text{-}6)$$

当衔铁上移 $\Delta\delta$ 时，传感器气隙减小，即 $\delta = \delta_0 - \Delta\delta$。此时，输出电感 $L = L_0 + \Delta L$。代入式 (3-5) 并整理，得

$$L = L_0 + \Delta L = \frac{W^2 \mu_0 S_0}{2(\delta_0 - \Delta\delta)} = \frac{L_0}{1 - \dfrac{\Delta\delta}{\delta_0}} \qquad (3\text{-}7)$$

当 $\dfrac{\Delta\delta}{\delta_0} \leqslant 1$ 时，可将式(3-7) 用泰勒级数展开成级数形式

$$L = L_0 + \Delta L = L_0 \left[1 + \frac{\Delta\delta}{\delta_0} + \left(\frac{\Delta\delta}{\delta_0} \right)^2 + \left(\frac{\Delta\delta}{\delta_0} \right)^3 + \cdots \right] \qquad (3\text{-}8)$$

由此可求得电感增量 ΔL 和相对增量 $\dfrac{\Delta L}{L_0}$ 的表达式，即

$$\Delta L = L_0 \frac{\Delta\delta}{\delta_0} \left[1 + \frac{\Delta\delta}{\delta_0} + \left(\frac{\Delta\delta}{\delta_0} \right)^2 + \cdots \right] \qquad (3\text{-}9)$$

$$\frac{\Delta L}{L_0} = \frac{\Delta\delta}{\delta_0} \left[1 + \frac{\Delta\delta}{\delta_0} + \left(\frac{\Delta\delta}{\delta_0} \right)^2 + \cdots \right] \qquad (3\text{-}10)$$

同理，当衔铁随被测体的初始位置向下移动 $\Delta\delta$ 时，有

$$\Delta L = L_0 \frac{\Delta\delta}{\delta_0} \left[1 - \frac{\Delta\delta}{\delta_0} + \left(\frac{\Delta\delta}{\delta_0} \right)^2 - \left(\frac{\Delta\delta}{\delta_0} \right)^3 + \cdots \right] \qquad (3\text{-}11)$$

$$\frac{\Delta L}{L_0} = \frac{\Delta\delta}{\delta_0} \left[1 - \frac{\Delta\delta}{\delta_0} + \left(\frac{\Delta\delta}{\delta_0} \right)^2 - \left(\frac{\Delta\delta}{\delta_0} \right)^3 + \cdots \right] \qquad (3\text{-}12)$$

式(3-12) 忽略高次项后，可得变气隙式自感传感器的灵敏度和非线性误差分别为

$$K_L = \frac{\dfrac{\Delta L}{L_0}}{\Delta\delta} = \frac{1}{\delta_0} \qquad (3\text{-}13)$$

$$\gamma_L = \frac{\Delta\delta}{\delta_0} \times 100\% \qquad (3\text{-}14)$$

由式(3-13) 可见，欲提高变气隙式自感传感器的灵敏度，需减小初始气隙厚度。但由式(3-14) 分析可知，减小气隙厚度会增加非线性误差，而且会受到工艺和结构的限制。因此，变气隙式自感传感器的测量范围、灵敏度及线性度三者之间相互制约。故变气隙式自感式传感器一般仅适用于测量微小位移的场合。

为了改善自感式传感器的灵敏度和线性度，往往采用差动式结构。图 3-5 所示为差动自感式传感器的结构图。图 3-5a 为变面积型，图 3-5b 为变气隙型。差动自感式传感器由 2 个相同的电感线圈和相应磁路组成。测量时，衔铁通过导杆与被测物体相连，

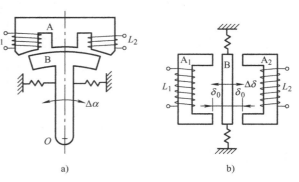

图 3-5　差动自感式传感器结构

a）变面积型　b）变气隙型

当被测物体移动时，导杆带动衔铁也相应移动，使 2 个磁路中的磁阻产生大小相等、方向相反的变化，导致一个线圈的电感量增加，而另一个线圈的电感量同步减小，形成差动形式。

以变气隙型差动自感式传感器为例进行分析。如图 3-5b 所示，当衔铁往左（或右）移动 $\Delta\delta$ 时，根据式（3-9）和式（3-11）可分别得到 2 个线圈的电感变化量 ΔL_1 和 ΔL_2，则电感总变化量 $\Delta L = \Delta L_1 + \Delta L_2$，即

$$\Delta L = \Delta L_1 + \Delta L_2 = 2L_0 \frac{\Delta\delta}{\delta_0} \left[1 + \left(\frac{\Delta\delta}{\delta_0}\right)^2 + \left(\frac{\Delta\delta}{\delta_0}\right)^4 + \cdots \right] \tag{3-15}$$

式（3-15）忽略高次项，可得

$$\frac{\Delta L}{L_0} = 2\frac{\Delta\delta}{\delta_0} \tag{3-16}$$

传感器的灵敏度 K_0 为

$$K_0 = \frac{\dfrac{\Delta L}{L_0}}{\Delta\delta} = \frac{2}{\delta_0} \tag{3-17}$$

比较式（3-13）和式（3-17），可以得到如下结论：变气隙型差动自感式传感器的灵敏度是单线圈式的 2 倍，即在相同的衔铁位移下，输出信号增大了 1 倍；变气隙型差动自感式的非线性项等于单线圈式的非线性项乘以 $\frac{\Delta\delta}{\delta_0}$，而 $\frac{\Delta\delta}{\delta_0} \leqslant 1$，显然，变气隙型差动自感式传感器的线性度得到明显改善。

例：如图 3-2 所示的变气隙式自感传感器，假设衔铁和铁心的截面面积相等，且其截面面积 $S_0 = 5\text{mm} \times 5\text{mm}$，气隙厚度 $\delta_0 = 0.4\text{mm}$，衔铁最大位移 $\Delta\delta = \pm 0.06\text{mm}$，励磁线圈匝数 $W = 2000$ 匝，导线直径 $d = 0.06\text{mm}$，电阻率 $\rho = 1.75 \times 10^{-6}\,\Omega \cdot \text{cm}$，磁导率 $\mu_0 = 4\pi \times 10^{-7}$ H/m，当励磁电源频率 $f = 5000\text{Hz}$ 时，忽略漏磁及铁损，求：

（1）传感器的电感值。

（2）传感器电感的最大变化量。

解：（1）$L_0 = \dfrac{\mu_0 S_0 W^2}{2\delta_0} = \dfrac{4\pi \times 10^{-7} \times 5 \times 5 \times 10^{-6} \times 2000^2}{2 \times 0.4 \times 10^{-3}}\text{H} = 157\text{mH}$

衔铁向下移动 $\Delta\delta = 0.06\text{mm}$ 时，传感器的电感值为

$$L_1 = \frac{\mu_0 S_0 W^2}{2\,(\delta_0 + \Delta\delta)} = \frac{4\pi \times 10^{-7} \times 5 \times 5 \times 10^{-6} \times 2000^2}{2 \times \,(0.4 + 0.06)\, \times 10^{-3}}\text{H} \approx 137\text{mH}$$

衔铁向下移动 $\Delta\delta = 0.06\text{mm}$ 时，传感器的电感值为

$$L_1 = \frac{\mu_0 S_0 W^2}{2\,(\delta_0 - \Delta\delta)} = \frac{4\pi \times 10^{-7} \times 5 \times 5 \times 10^{-6} \times 2000^2}{2 \times \,(0.4 - 0.06)\, \times 10^{-3}}\text{H} \approx 185\text{mH}$$

（2）传感器电感最大变化量为

$$\Delta L = L_2 - L_1 = 185\text{mH} - 137\text{mH} = 48\text{mH}$$

3.1.3　测量电路

自感式传感器的线圈并非是纯电感，该电感由有功分量和无功分量 2 部分组成：

1）有功分量：线圈中存在铜耗电阻，此外，由于传感器中的铁磁材料在交变磁场中除

了被磁化外，还会以各种方式消耗能量而产生涡流损耗电阻和磁滞损耗电阻。这些都可折合成为有功电阻，其总电阻可用 R 来表示。

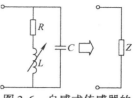

2）无功分量：包括线圈的自感 L、绕线间的分布电容和引线电缆的分布电容。为简便起见，可视为集中参数，用 C 来表示。

因此，自感式传感器的等效电路如图 3-6 所示。

图 3-6　自感式传感器的等效电路

对于有并联电容 C 的线圈，其阻抗为

$$Z_\mathrm{p} = \frac{(R + j\omega L)\frac{1}{j\omega c}}{R + j\omega L + \frac{1}{j\omega c}} = \frac{R}{(1 - \omega^2 LC)^2 + \left(\frac{\omega^2 LC}{Q}\right)^2} + \frac{j\omega L\left(1 - \omega^2 LC - \frac{\omega^2 LC}{Q^2}\right)}{(1 - \omega^2 LC)^2 + \left(\frac{\omega^2 LC}{Q}\right)^2} \qquad (3\text{-}18)$$

式中，R 为折合有功电阻的总电阻；C 为并联寄生电容；L 为线圈的自感；Q 为品质因数，$Q = \omega L / R$。

当线圈品质因数 Q 较高时，$Q^2 \gg 1$，则式（3-18）可写为

$$Z_\mathrm{p} = \frac{R}{(1 - \omega^2 LC)^2} + j\omega \frac{L}{(1 - \omega^2 LC)^2} = R_\mathrm{p} + j\omega L_\mathrm{p} \qquad (3\text{-}19)$$

式中，R_p 为等效损耗电阻，$R_\mathrm{p} = \dfrac{R}{(1 - \omega^2 LC)^2}$；$L_\mathrm{p}$ 为等效电感，$L_\mathrm{p} = \dfrac{L}{(1 - \omega^2 LC)^2}$。

从以上分析可以看出，由于并联寄生电容 C 的影响，使得自感式传感器的等效电感和等效电阻都增加。因此，在使用自感式传感器时，不能随便改变引线电缆的长度，否则会带来测量误差。如果在特殊情况下需要改变引线电缆长度，则必须重新校正传感器。

将自感式传感器接入不同的测量电路，可将电感量的变化转换为电压（或电流）的幅值、频率或相位的变化。实际中，经常使用的有交流电桥测量电路、变压器式交流电桥电路、紧耦合电桥电路、谐振电路和相敏检波电路等，下文主要介绍交流电桥测量电路和变压器式交流电桥电路。

（1）交流电桥测量电路

交流电桥测量电路是自感式传感器的主要测量电路。为了提高灵敏度、改善线性度，电感线圈一般接成差动式，如图 3-7 所示。

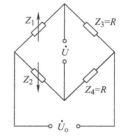

把传感器的 2 个线圈作为电桥的 2 个桥臂 Z_1 和 Z_2，另外 2 个相邻的桥臂用纯电阻 R 代替。设 $Z_1 = Z + \Delta Z_1$、$Z_2 = Z - \Delta Z_2$，Z 是衔铁在中间位置时单个线圈的复阻抗，ΔZ_1、ΔZ_2 分别是衔铁偏离中心位置时 2 个线圈阻抗的变化量。对于高 Q 值的差动式电感传感器，有 $\Delta Z_1 + \Delta Z_2 \approx j\omega$（$\Delta L_1 + \Delta L_2$），则电桥输出电压为

图 3-7　交流电桥测量电路

$$\dot{U}_\mathrm{o} = \frac{\Delta Z_1 + \Delta Z_2}{2(Z_1 + Z_2)} \dot{U} \propto (\Delta L_1 + \Delta L_2) \qquad (3\text{-}20)$$

对于变气隙型差动自感式传感器，将式（3-16）代入式（3-20），得

$$\dot{U}_\mathrm{o} \propto 2L_0 \frac{\Delta\delta}{\delta_0} \qquad (3\text{-}21)$$

即电桥输出电压与 $\Delta\delta$ 成正比关系。

（2）变压器式交流电桥电路

变压器式交流电桥电路如图 3-8 所示，图中，Z_1、Z_2 为差动自感式传感器的两线圈阻抗，另两臂为交流变压器二次绕组的 1/2 阻抗。

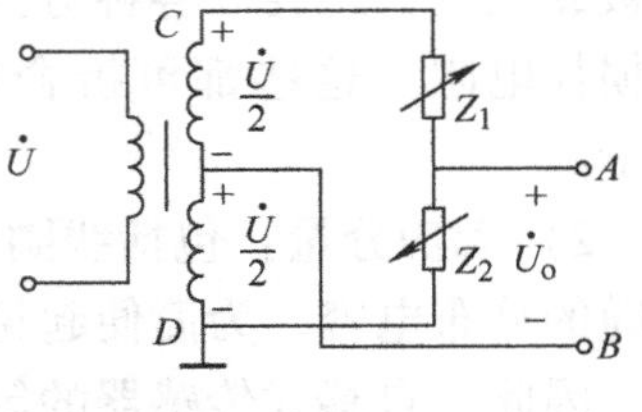

当负载阻抗为无穷大时，桥路输出电压为

$$\dot{U}_o = \frac{Z_2}{Z_1 + Z_2} \dot{U} - \frac{1}{2} \dot{U} = \frac{Z_2 - Z_1}{Z_1 + Z_2} \frac{\dot{U}}{2} \qquad (3\text{-}22)$$

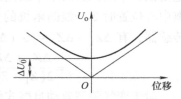

图 3-8　变压器式交流电桥电路

当传感器的衔铁处于中间位置时，电桥处于平衡状态，即 $Z_1 = Z_2 = Z$，此时有 $\dot{U}_o = 0$。当传感器衔铁偏离中间位置向一侧偏移时，有 $Z_1 = Z + \Delta Z$、$Z_2 = Z - \Delta Z$（或 $Z_1 = Z - \Delta Z$、$Z_2 = Z + \Delta Z$），电桥输出电压为

$$\dot{U}_o = -\frac{\Delta Z}{Z} \frac{\dot{U}}{2} = -\frac{\Delta L}{L} \frac{\dot{U}}{2} \text{ 或 } \dot{U}_o = \frac{\Delta Z}{Z} \frac{\dot{U}}{2} = \frac{\Delta L}{L} \frac{\dot{U}}{2} \qquad (3\text{-}23)$$

由式（3-23）可知，当衔铁沿不同方向移动相同的距离时，输出电压的大小相等但方向相反，即相差 180°。这表明变压器电桥电路输出电压不仅能反映衔铁移动的大小，而且能反映衔铁移动的方向。当然，由于 $\dot{U}$ 是交流电压，仅靠输出电压值还无法判断位移方向，必须配合相敏检波电路实现。

3.1.4　误差分析

影响自感式传感器精度的因素有很多，主要分为 2 个方面：一是传感器本身特性所固有的影响，如线圈电感与衔铁位移之间的非线性、交流零位电压的存在等；二是外界工作环境条件的影响，如温度变化、电源电压和频率的波动等。

1. 非线性特性的影响

对变气隙式自感传感器，传感器的线圈电感 L 与气隙厚度 δ 之间为非线性特性，这是产生非线性误差的主要原因。为了改善传感器的输出特性，除了采用差动式结构之外，还必须限制衔铁的最大位移量。

2. 输出电压与电源电压之间的相位差

输出电压与电源电压之间存在有相差 90°的正交分量，这会使波形失真。消除或抑制正交分量的方法是采用相敏检波电路，或者传感器应有较高的线圈品质因数 Q，一般不低于 3 ~ 4。

3. 零点残余电压

差动式自感传感器的衔铁或铁心处于中间位置时，测量电桥仍然会存在微小输出电压（理想条件下该输出电压应为零），即零位误差，又称为零点残余电压。电桥输出电压与衔铁位移之间的关系曲线如图 3-9 所示，图中虚线为理论特性曲线，实线为实际特性曲线，ΔU_0 即为零点残余电压。

零点残余电压产生的原因如下：

1）传感器 2 个电感线圈的电气参数及导磁体的几何尺寸不完全对称。

图 3-9　电桥输出电压与衔铁位移
之间的关系曲线

2）激励电源电压中含有高次谐波。

3）传感器具有铁心损耗及铁心磁化曲线的非线性。

4）线圈具有寄生电容，线圈与外壳、铁心之间还有分布电容。

零点残余电压的危害很大，它会使传感器的线性度变差、灵敏度下降、分辨率降低，影响测量精度，还会使后接的放大器末级过于饱和，影响电路正常工作。

为减小自感式传感器的零点残余电压，可采取以下措施：

1）从设计和工艺上，尽量保证结构的对称性，力求做到磁路对称、铁心材料均匀，通过热处理除去机械应力和改善磁性，两线圈绕制均匀，力求几何尺寸与电气特性保持一致。

2）减小电源电压中的高次谐波成分。

3）减小线圈激励电流，使其工作在磁化曲线的线性段。

4）采用合适的测量线路。例如，采用差动整流电桥电路，接入调零电阻，当电桥有起始不平衡电压输出时，可以反复调节电位器，使电桥达到平衡条件，消除零位误差。又如，采用相敏检波电路，不仅可以鉴别衔铁位移方向，而且可以消除衔铁在中间位置时因高次谐波引起的零点残余电压。

4. 激励电源电压和频率的影响

激励电源电压的波动会直接影响传感器的输出电压。同时，还会引起传感器铁心磁感应强度和磁导率的波动，从而使铁心磁阻发生变化。因此，铁心磁感应强度的工作点一定要选在磁化曲线的线性段，以免在电源电压波动时，因磁感应强度值进入饱和区导致磁导率发生较大波动。电源电压的波动一般允许为 5% ~ 10% 。

电源频率的波动会使线圈感抗发生变化。当然，电源频率的波动一般较小，而且对于差动式自感传感器，严格对称的交流电桥能够补偿频率波动的影响。

5. 温度变化的影响

环境温度的变化会引起自感式传感器零部件尺寸的变化。同时，温度变化还会引起线圈电阻和铁心磁导率的变化，从而使线圈磁场发生变化。为了补偿温度误差，在结构设计时要合理选择零件材料，注意各种材料之间热胀系数的配合；在制造和装配工艺上应使传感器电感线圈的电气参数（电感、电阻、匝数等）和几何尺寸尽可能一致。

3.1.5 自感式传感器的应用

自感式传感器一般用于接触测量，可用于静态测量和动态测量，也可以用来测量位移、振动、压力、荷重、流量、液位等参数。下面是自感式传感器应用的一些实例。

1. 自感式圆度仪

自感式圆度仪的工作原理如图 3-10 所示。传感器与精密主轴一起转动，主轴精度很高，在理想情况下可认为它回转运动的轨迹是"真圆"。当被测件有圆度误差时，必定相对于"真圆"产生径向偏差，该偏差值被传感器感受并转换成电信号。载有被测件半径偏差信息的电信号，经放大、相敏检波、滤波、A－D 转换后送入计算机处理，最后显示出圆度误差，也可以用记录仪器记录下被测件的轮廓图形（径向偏差）。

2. 变气隙自感式压力传感器

变气隙自感式压力传感器的结构如图 3-11 所示，它由膜盒、铁心、衔铁及线圈等组成，衔铁与膜盒的上端连在一起。

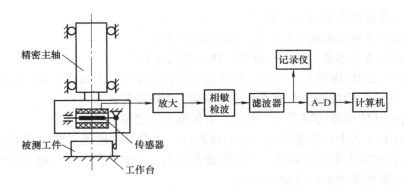

图 3-10　自感式圆度仪原理图

　　膜盒顶端在压力 p 的作用下产生位移，使得衔铁随之相应移动，从而使气隙产生变化，流过线圈的电流也会发生相应的变化，通过电流表指示值反映被测压力的大小。

　　为了提高传感器的灵敏度，常采用差动式结构。图 3-12 所示为变气隙式差动自感压力传感器。它主要由 C 形弹簧管、衔铁、铁心和线圈等组成。

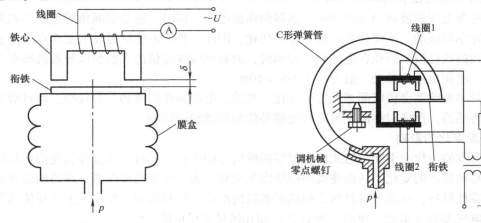

图 3-11　变气隙自感式压力传感器结构图　　　图 3-12　变气隙式差动自感压力传感器

　　当被测压力进入 C 形弹簧管时，C 形弹簧管产生变形，其自由端发生位移，带动与自由端连接成一体的衔铁运动，使线圈 1 和线圈 2 中的电感发生大小相等、符号相反的变化，即一个电感量增大，另一个电感量减小。电感的这种变化通过电桥电路转换成电压输出。由于输出电压与被测压力之间呈比例关系，所以只要用检测仪表测量出输出电压，即可得知被测压力的大小。

3.2　差动变压器式传感器

3.2.1　工作原理

　　将被测的非电量变化转换为电感线圈互感变化的传感器称为互感式传感器，它本质上是一个变压器，其原理如图 3-13 所示。

在磁心上绕有 2 个线圈 W_1、W_2（匝数分别为 W_1、W_2），当匝数为 W_1 的一次绕组通过激励电流 $\dot{I}_1$ 时，将产生磁通 $\dot{\Phi}_{11}$，其中有一部分磁通 $\dot{\Phi}_{12}$ 将穿过匝数为 W_2 的二次绕组，从而在线圈 W_2 中产生互感电动势，其表达式为

$$\dot{E} = \frac{\mathrm{d}\dot{\psi}_{12}}{\mathrm{d}t} = \frac{M\mathrm{d}\dot{I}_1}{\mathrm{d}t} \qquad (3\text{-}24)$$

式中，$\dot{\psi}_{12}$ 为穿过 W_2 的磁链，$\dot{\psi}_{12} = W_2\dot{\Phi}_{12}$；$M$ 为互感系数或比例系数，它表明了 2 个绕组之间的耦合程度，其大小与两个绕组相对位置及周围介质的导磁能力等因素有关。

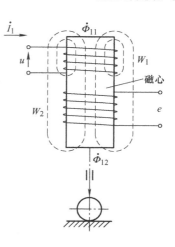

图 3-13　互感原理图

在一次绕组输入稳定交流电流情况下，当被测参数的改变使比例系数 M 发生变化时，二次绕组输出电压也会相应发生变化。利用这一原理，互感式传感器可以将被测量转化为绕组互感的变化，并通过测量二次绕组输出电压的大小来确定被测参数变化的大小。一般这种传感器的二次绕组有 2 个，接线方式又是差动的，故常称之为差动变压器式传感器，简称差动变压器。

差动变压器有变气隙式、变面积式和螺管式 3 种类型，应用最广泛的是螺管式差动变压器。差动变压器的结构如图 3-14 所示。图 3-14a~b 为变气隙式差动变压器，其特点是灵敏度较高，但测量范围小，一般用于测量几微米到几百微米的位移；图 3-14c~d 为螺管式差动变压器，可测量几毫米到 1 米的位移，具有测量精度高、灵敏度高、结构简单、性能可靠等优点；图 3-14e~f 为变面积式差动变压器。

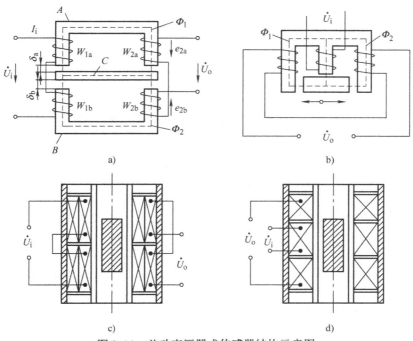

图 3-14　差动变压器式传感器结构示意图

a)、b) 变气隙式差动变压器　c)、d) 螺管式差动变压器

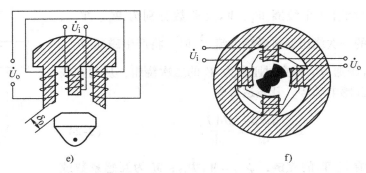

图 3-14　差动变压器式传感器结构示意图（续）

e）、f）变面积式差动变压器

图 3-15 所示为 TD 系列差动变压器式位移传感器，主要用于汽轮机汽缸膨胀、阀位开度的位移测量，其技术参数见表 3-1。

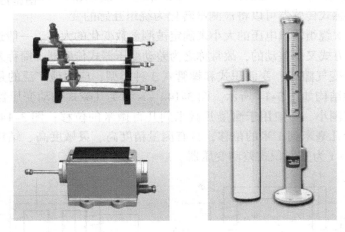

图 3-15　TD 系列差动变压器式位移传感器

表 3-1　TD 系列差动变压器式位移传感器技术参数

行程范围	TDZ－1 阀位传感器：0～20mm、35mm		
	TD－1 次阀位传感器：0～20mm、35mm、50mm、100mm、150mm、200mm、250mm、300mm、350mm、400mm、500mm、600mm		
	TD－2 热膨胀传感器：0～25mm、35mm、50mm		
励磁	1500Hz，AC10～20V	线性阻抗	250Ω±50Ω（1500Hz）
线性度	有效全量程的 ±1.5%	使用温度	－10～100℃
相对湿度	≤90%（非冷凝）		

3.2.2　螺管式差动变压器

1. 结构形式

螺管式差动变压器按绕组排列方式不同可分为一节式、二节式、三节式、四节式和五节式等类型，如图 3-16 所示。一节式灵敏度高，三节式零点残余电压较小，二节式比三节式灵敏度高、线性范围大，四节式和五节式可以改善传感器的特性。

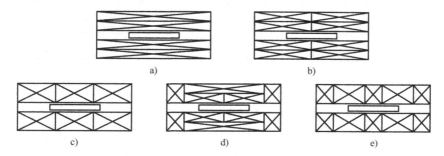

图 3-16　螺管式差动变压器类型
a) 一节式　b) 二节式　c) 三节式　d) 四节式　e) 五节式

在众多的结构形式中，使用最多的是三节式螺管差动变压器，其结构如图 3-17 所示。它由 1 个一次绕组、2 个二次绕组、骨架和插入绕组中央的圆柱形铁心等组成。一次绕组、二次绕组绕于骨架上，骨架由塑料制成。圆柱形铁心为可动部分，又被称为活动衔铁，由导磁材料制成，与被测对象相连接。

2. 工作原理

差动变压器的 2 个二次绕组反相串联，在忽略铁损、导磁体磁阻和绕组分布电容的理想条件下，其等效电路如图 3-18 所示。设差动变压器中一次绕组的匝数为 W_1，2 个二次绕组的匝数分别为 W_{2a}、W_{2b}。当一次绕组加上一定的交变电压时，根据电磁感应原理，在 2 个二次绕组中便会产生相应的感应电势 $\dot{E}_{2a}$ 和 $\dot{E}_{2b}$，其大小与活动衔铁在螺管中所处位置有关。

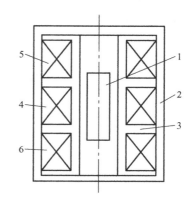

图 3-17　三节式螺管差动变压器结构
1—活动衔铁　2—导磁外壳　3—骨架
4——一次绕组　5—二次绕组　6—二次绕组

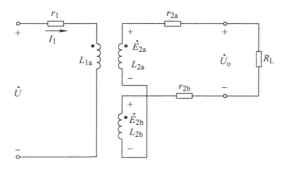

图 3-18　差动式变压器等效电路

由于变压器 2 个二次绕组反相串联，因而输出电压 $\dot{U}_o = \dot{E}_{2a} - \dot{E}_{2b}$。如果工艺上保证变压器结构完全对称，则当活动衔铁位于绕组中心位置时，必然会使两互感系数 $M_1 = M_2$，从

而有 $\dot{E}_{2a} = \dot{E}_{2b}$，则差动变压器输出电压为零。

假设当活动衔铁向上移动时，互感系数的变化为 $M_1 > M_2$，引起 $\dot{E}_{2a}$ 增加、$\dot{E}_{2b}$ 减小。反之，$\dot{E}_{2b}$ 增加、$\dot{E}_{2a}$ 减小。因为输出电压 $\dot{U}_o = \dot{E}_{2a} - \dot{E}_{2b}$，所以 $\dot{E}_{2a}$、$\dot{E}_{2b}$ 随着衔铁位移 Δx 变化时，输出电压 $\dot{U}_o$ 也必将随 Δx 而变化。输出特性曲线如图3-19所示，图中实线为理论特性曲线，虚线为实际特性曲线。由图3-19可以看出，与自感式传感器相似，差动变压器式传感器也存在零点残余电压，使得传感器的特性曲线不通过原点，实际特性曲线不同于理想特性曲线。

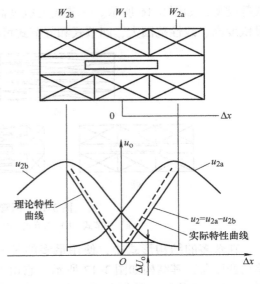

图3-19　差动变压器输出电压的特性曲线

3. 基本特性

如图3-18所示，当二次侧开路时，有

$$I_1 = \frac{\dot{U}}{r_1 + j\omega L_1} \tag{3-25}$$

$$\dot{E}_{2a} = -j\omega M_1 I_1 \tag{3-26}$$

$$\dot{E}_{2b} = -j\omega M_2 I_1 \tag{3-27}$$

$$\dot{U}_o = \dot{E}_{2a} - \dot{E}_{2b} = -\frac{j\omega(M_1 - M_2)\dot{U}}{r_1 + j\omega L_1} \tag{3-28}$$

式中，$\dot{U}$ 为一次绕组激励电压；ω 为激励电压 $\dot{U}$ 的角频率；I_1 为一次绕组激励电流；r_1、L_1 为一次绕组直流电阻和电感；M_1、M_2 为一次绕组与2个二次绕组的互感系数。

由上述关系可得输出电压的有效值为

$$U_o = \frac{\omega(M_1 - M_2)U}{\sqrt{r_1{}^2 + (\omega L_1)^2}} \tag{3-29}$$

式(3-29)表明，当激励电压的幅值 U 和角频率 ω、一次绕组的直流电阻 r_1 及电感 L_1 为定值时，差动变压器输出电压仅仅是一次绕组与2个二次绕组之间互感之差的函数。因此，只要求出互感系数 M_1 和 M_2 与活动衔铁位移 Δx 之间的关系式，再代入式(3-29)即可得到螺管式差动变压器的基本特性表达式。

下面分3种情况进行讨论：

1）当活动衔铁处于中间平衡位置时，有 $M_1 = M_2 = M$，则 $U_o = 0$。

2）当活动衔铁向上移动时，有 $M_1 = M + \Delta M$，$M_2 = M - \Delta M$，则有

$$U_o = \frac{2\omega \Delta M U}{\sqrt{r_1{}^2 + (\omega L_1)^2}} \tag{3-30}$$

此时输出电压与 $\dot{E}_{2a}$ 同极性。

3）当活动衔铁向下移动时，有 $M_1 = M - \Delta M$，$M_2 = M + \Delta M$，则有

$$U_o = -\frac{2\omega \Delta M U}{\sqrt{r_1{}^2 + (\omega L_1)^2}}$$ (3-31)

此时输出电压与 $\dot{E}_{2b}$ 同极性。

根据上述分析可知，差动变压器的主要参数与特性有灵敏度和频率特性。

（1）灵敏度 K

差动变压器的灵敏度 K，是指在单位电压激励下，差动变压器铁心移动单位距离时所产生的输出电压的变化量，即

$$K = \frac{U_o}{\Delta M U} = \frac{2\omega}{\sqrt{r_1{}^2 + (\omega L_1)^2}} = \frac{2}{L_1}\frac{1}{\sqrt{1 + \frac{1}{Q^2}}}$$ (3-32)

一般差动变压器的灵敏度 $K > 50$。为进一步提高差动变压器的灵敏度，可以采取以下几种途径：

1）提高线圈 Q 值。但提高 Q 值，就需要增大 L_1，这会导致差动变压器体积增大，制造困难，且 Q 值过大，灵敏度反而会下降。

2）选择较高的激励电源频率。

3）增大铁心直径，使之接近线圈骨架内径，减小磁路损失；或者采用磁导率高、铁损小、涡流损耗小的铁心材料，如硅钢、软铁、坡莫合金等。

4）适当提高导线线径，使 r_1 减小，Q 增加；或者在一次线圈不过热的前提下，适当提高激励电压。

（2）频率特性

由式 $U_o = -\dfrac{2\omega \Delta M U}{\sqrt{r_1{}^2 + (\omega L_1)^2}}$ 或 $K = \dfrac{2\omega}{\sqrt{r_1{}^2 + (\omega L_1)^2}}$ 可知，当 ω 很小时，$\omega L_1 \ll r_1$，则有

$$U_o \approx \frac{2\omega \Delta M}{r_1}U = \frac{2\Delta M}{r_1}\omega$$ (3-33)

此时，$K \approx 2\omega/r_1$，输出电压 U_o 与灵敏度 K 均比较小，但它们都与激励频率 ω 呈线性增加关系。

当 ω 较大时，$\omega L_1 \gg r_1$，则有

$$U_o \approx \frac{2\Delta K}{L_1}U \qquad K \approx \frac{2}{L_1}$$ (3-34)

此时，输出电压 U_o、灵敏度 K 都与激励频率 ω 无关。

当 ω 很大时，由于趋肤效应，使导线有效阻抗增加，Q 值减小，且高频使铁损和耦合电容的影响增加，从而使输出电压和灵敏度均下降。

综上，可以得到差动变压器的频率特性曲线，如图 3-20 所示。差动变压器的激励频率一般以 50Hz～10kHz较为合适。

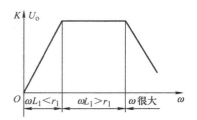

图 3-20　差动变压器的频率特性曲线

3.2.3 测量电路

差动变压器输出的是交流电压，测量值中还包含有零点残余电压，若用模拟电压表进行测量，只能检测衔铁位移的大小，不能反映出其移动方向。实际使用时，为了能辨别衔铁移动方向并消除零点残余电压，常常采用差动整流电路和相敏检波电路。

1. 差动整流电路

差动整流电路是把差动变压器的 2 个二次输出电压分别进行整流后，以整流的电压或电流的差值作为输出，可以减小二次电压相位差和零点残余电压的影响。典型电路形式如图 3-21 所示，其中，图 3-21a、c 适用于交流阻抗负载，图 3-21b、d 适用于低阻抗负载，电阻 R_0 用于调整零点残余电压。

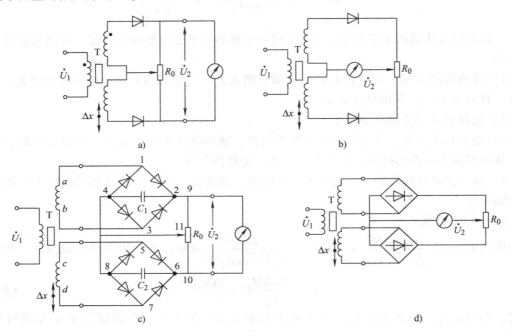

图 3-21 差动整流电路

a）半波电压输出 b）半波电流输出 c）全波电压输出 d）全波电流输出

现以全波电压输出型差动整流电路（简称全波整流电路）为例说明其工作原理。如图 3-21c 所示，无论 2 个二次线圈的输出瞬时电压极性如何，流经电容 C_1 的电流方向总是从 2 到 4，流经电容 C_2 的电流方向总是从 6 到 8，故整流电路的输出电压 $\dot{U}_2 = \dot{U}_{24} - \dot{U}_{68}$。当衔铁处于中间平衡位置（即在零位）时，因为 $\dot{U}_{24} = \dot{U}_{68}$，所以 $\dot{U}_2 = 0$；当衔铁上移时，因为 $\dot{U}_{24} > \dot{U}_{68}$，所以 $\dot{U}_2 > 0$；而当衔铁下移时，则有 $\dot{U}_{24} < \dot{U}_{68}$，故 $\dot{U}_2 < 0$。$\dot{U}_2$ 的正负表示衔铁位移的方向。全波整流电路的输出波形如图 3-22 所示。

差动整流电路结构简单，不需要考虑相位调整和零点残余电压的影响，对感应和分布电容影响不敏感，经差动整流后变成直流输出，更有利于远距离传输，因而获得了广泛应用。

2. 相敏检波电路

相敏检波电路如图 3-23 所示。图中 $VD_1 \sim VD_4$ 为 4 个性能相同的二极管，以同一方向串联接成一个闭合回路，形成环形电桥。差动变压器输入电压 u_2 通过变压器 T_1 加载到环形电桥的一个对角线上。参考电压 u_s 通过变压器 T_2 加载到环形电桥的另一个对角线上。为有效控制 4 个二极管的导通状态，u_s 的幅值一般为输入信号 u_2 幅值的 3～5 倍，且和差动变压器激励电压 u_1 由同一振荡器供电，保证二者同频同相（或反相）。u_o 为输出信号，从变压器 T_1 和 T_2 的中心抽头引出。平衡电阻 R 为限流电阻，以避免二极管导通时变压器 T_2 的二次电流过大。R_L 为负载电阻。

被测物体位移（衔铁移动）Δx、传感器激励电压以及与位移对应的各部分输出电压的波形如图 3-24 所示。

由图 3-24a、c、d 可知，当位移 $\Delta x > 0$ 时，u_2 与 u_s 同频同相；反之，u_2 与 u_s 同频反相。当 $\Delta x > 0$ 且当 u_2 与 u_s 均为正半周时，环形电桥中二极管 VD_1、VD_4 截止，VD_2、VD_3 导通，此时的等效电路如图 3-23b 所示。根据变压器工作原理，有

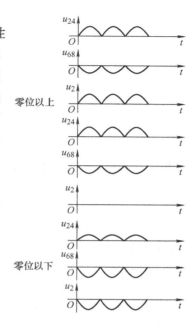

零位以上

零位以下

图 3-22　全波整流电路的输出波形

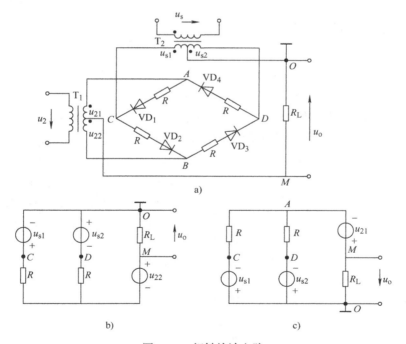

图 3-23　相敏检波电路

a）相敏检波电路原理图　b）正半周时等效电路　c）负半周时等效电路

$$u_{s1} = u_{s2} = \frac{u_s}{2n_2}, u_{21} = u_{22} = \frac{u_2}{2n_1} \qquad (3-35)$$

式中，n_1、n_2 为变压器 T_1、T_2 的电压比。

此时，等效电路的输出电压 u_o 为

$$u_o = \frac{R_L u_{22}}{\frac{R}{2} + R_L} = \frac{R_L u_2}{n_1(R + 2R_L)} \qquad (3-36)$$

同理，当 u_2 与 u_s 均为负半周时，二极管 VD_2、VD_3 截止，VD_1、VD_4 导通，等效电路如图 3-23c 所示，输出电压的 u_o 表达式与式(3-36) 相同。

采用上述相同的分析方法可以得到，当 $\Delta x < 0$ 时，无论 u_2 与 u_s 是正半周还是负半周，负载电阻两端得到的输出电压 u_o 为

$$u_o = -\frac{R_L u_2}{n_1(R + 2R_L)} \qquad (3-37)$$

综上可知，相敏检波电路输出电压 u_o 的变化规律充分反映了被测位移量的变化规律，即 u_o 的数值反映位移 Δx 的大小，而 u_o 的极性则反映了位移 Δx 的方向。

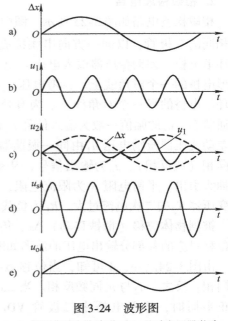

图 3-24　波形图

a）被测位移变化波形　b）差动变压器激励电压波形　c）差动变压器输出电压波形　d）相敏检波解调电压波形　e）相敏检波输出电压波形

3.2.4　差动变压器的应用

1. 压力测量

YST-1 型差动变压器式压力传感器的结构及测量电路如图 3-25、图 3-26 所示。它主要用于各种生产流程中的液体、水蒸气及气体压力的测量。当被测压力未导入膜盒时，膜盒无位移，衔铁在差动线圈的中间位置，输出电压为零。当被测压力从输入口导入膜盒时，膜盒中心产生位移，带动衔铁向上移动，差动变压器产生电压输出。测量电路中，220V 交流电通过变压、整流、滤波、稳压后，被晶体管 VT_1、VT_2 组成的振荡器转变为 6V、1000Hz 的稳定交流电压，作为该传感器的激励电压。差动变压器输出电压通过半波差动整流电路和滤波电路后，接入二次仪表加以显示。电路中 RP_1 是调零电位器，RP_2 是调量程电位器。二次仪表一般可选 XCZ-103 型动圈式毫伏计，或选用自动电子电位差计。输出电压也可以进一步进行电压/电流变换，输出与压力成正比的电流信号，用于后续处理。

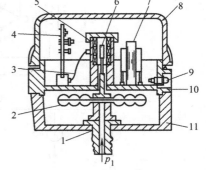

图 3-25　YST-1 型差动变压器式压力传感器结构示意图

1—压力输入接头　2—膜盒　3—导线　4—印制电路板　5—差动线圈　6—衔铁　7—变压器　8—罩壳　9—指示灯　10—安装座　11—底座

2. 轴承间隙检测

磁悬浮轴承的工作原理是利用电磁力将转轴悬浮在轴套中。由于转轴与轴套无接触，在高速转动时转轴不存在磨损和振动，无须润滑、冷却和

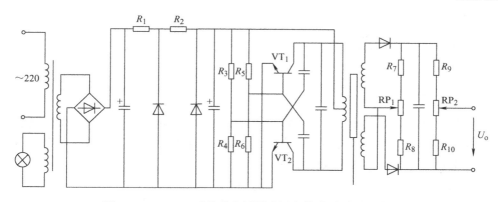

图 3-26　YST－1 型差动变压器式压力传感器测量电路图

密封，具有微米级定心精度和很高的稳定性。差动变压器具有输出电压幅值较高、与位移变化的关系明确且线性度好、能根据电压相位判断转轴的偏移方向等优势，在工程中经常被用来测量转轴和轴套之间的间隙，实现实时监测。检测电路如图 3-27 所示。使用 SF5520 专用芯片配合差动变压器组成位移检测电路，可大大简化差动变压器与单片机的接口，并且能保证差动变压器的测试精度达到 1%，线性度优于 0.2%，温漂小于 0.05%。

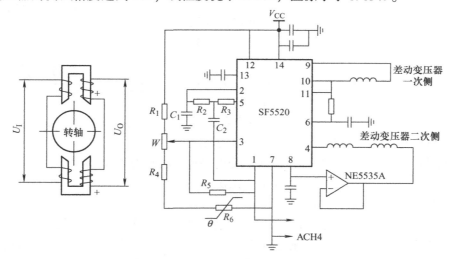

图 3-27　轴承间隙检测电路

3. 差动变压器式加速度传感器

差动变压器式加速度传感器的结构如图 3-28 所示。差动变压器用于测定振动物体的频率和振幅时，其激振频率必须是振动频率的 10 倍以上，这样才可以得到精确的测量结果。该传感器可测量的振幅范围为 0.1～5mm，振动频率一般为 0～150Hz。

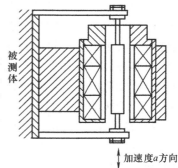

图 3-28　差动变压器式加速度
传感器的结构

3.3 电涡流式传感器

3.3.1 工作原理

根据法拉第电磁感应定律，块状金属导体置于变化的磁场中或在磁场中做切割磁力线运动时，导体内将产生呈涡流状的感应电流（电涡流），这种现象称为电涡流效应。根据电涡流效应制成的传感器称为电涡流式传感器。

电涡流式传感器实质上是由传感器激励线圈和被测金属导体组成的线圈-导体系统，原理如图 3-29 所示。当传感器线圈通以正弦交变电流 $\dot{I}_1$ 时，在线圈周围必然产生交变磁场 $\dot{H}_1$，使置于此磁场内的金属导体中感应出电涡流 $\dot{I}_2$，$\dot{I}_2$ 又产生新的交变磁场 $\dot{H}_2$。根据楞次定律，$\dot{H}_2$ 的作用将反抗原磁场 $\dot{H}_1$。由于磁场 $\dot{H}_2$ 的作用，涡流要消耗一部分能量，导致传感器激励线圈的等效阻抗、等效电感或品质因数发生变化。

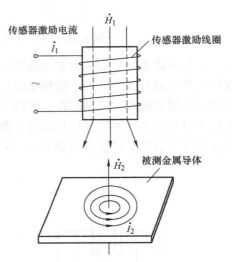

图 3-29 电涡流式传感器原理图

由此可知，线圈阻抗的变化取决于被测金属导体的电涡流效应。电涡流效应既与被测金属导体的电阻率 ρ、磁导率 μ 以及几何形状有关，还与线圈的几何参数、线圈中励磁电流频率 f 有关，同时还与线圈与导体间的距离 x 有关。传感器激励线圈受电涡流影响时的等效阻抗 Z 的函数关系式为

$$Z = F(\rho, \mu, r, f, x) \tag{3-38}$$

式中，r 为线圈与被测金属导体的尺寸因子。

如果只改变式(3-38)中的一个参数，而保持其他参数不变，则传感器激励线圈阻抗 Z 仅仅是这个参数的单值函数。通过测量电路测出阻抗 Z 的变化量，即可实现对该参数的测量。

被测金属导体的材料、形状、大小和安装对传感器灵敏度产生的影响主要有以下几点：

1）被测金属导体材料的影响。一般来说，被测金属导体的电阻率越高，传感器灵敏度也越高。由于磁性材料的磁导率效果与涡流损耗效果成相反作用，故测量磁性材料被测金属导体与非磁性材料相比，传感器灵敏度较低。另外，若被测金属导体材质或其表面层不均匀，也可能造成被测金属导体不同区域的电阻率与磁导率不同，导致传感器灵敏度波动，产生一定的干扰信号。

2）被测金属导体形状和大小的影响。当被测金属导体面积比传感器激励线圈面积大很多时，灵敏度一般不发生变化；当被测金属导体面积是传感器激励线圈面积的 1/2 时，其灵敏度减小一半，面积越小，灵敏度会显著下降。此外，被测金属导体不能太薄，通常当厚度超过 0.2mm 时，测量结果不会受到太大影响。

3）传感器安装对灵敏度的影响。传感器激励线圈与测量现场其他金属物接近，也能产

生电涡流，这会干扰线圈-导体之间的磁场，从而产生线圈的附加损耗，导致传感器灵敏度降低和线性范围减小。因此，电涡流式传感器在使用过程中，一定采取隔离屏蔽措施。

3.3.2 结构形式

电涡流式传感器主要由框架和安置在框架上的线圈组成，目前使用比较普遍的是矩形截面的扁平线圈。线圈的导线应选用电阻率小的材料，一般选用高强度漆包线。对线圈材料的要求是损耗小、电性能好、热膨胀系数小，一般可选用聚四氟乙烯、高频陶瓷、环氧玻璃纤维等材料。在选择线圈与框架端面胶接材料时，一般可以选用粘贴应变片的胶水。图3-30所示为国产CZF-1型电涡流式传感器结构图。

图3-31所示为DWQZ型电涡流式传感器的实物图，此类传感器主要由探头、延伸电缆、前置器3部分组成。探头由电感、保护罩、不锈钢壳体、高频电缆、高频接头等组成，根据不同的测量范围，可以选用不同直径规格（如8mm、11mm、25mm等）的探头。根据不同的安装要求，可以选用不同安装方式（如正装、反装、无螺纹）和不同电缆长度（0.5m或1m）的探头。DWQZ系列电涡流式传感器的主要技术参数见表3-2。

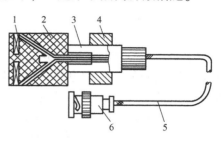

图3-30 CZF-1型电涡流式传感器结构图
1—线圈 2—框架 3—框架衬套
4—支架 5—电缆 6—插头

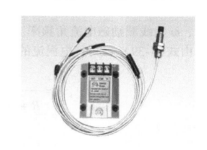

图3-31 DWQZ型电涡流式
传感器的实物图

表3-2 DWQZ系列电涡流式传感器主要技术参数

传感器型号	DWQZΦ8mm	DWQZΦ11mm	DWQZΦ25mm
探头直径/mm	8	11	25
静态线性范围/mm	2	4	12.7
静态灵敏度/(V/mm)	8	4	0.8
静态幅值线性度	±2.0%		±5.0%
动态幅值线性度	±10%		
静态零值误差	0.5%		
静态幅值稳定度	0.5%		
动态参考灵敏度误差	3.0%		
静态幅值重复性	1.0%		
频率响应	0~5kHz（0.5dB）		
系统温漂	0.1%		
电源电压/V	-20~26V（DC）		
标定时环境温度	(20±5)℃		

3.3.3　基本特性

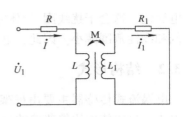

图 3-32　电涡流式传感器的等效电路

一般把被测金属导体上形成的电涡流等效成一个短路环，这样线圈与被测金属导体便可等效为 2 个相互耦合的线圈，其等效电路如图 3-32 所示。图中，R、L 为传感器激励线圈的电阻和电感，短路环可以认为是一个短路线圈，其电阻为 R_1、电感为 L_1；线圈与导体间存在一个互感 M，它随线圈与导体 x 的减小而增大。

根据基尔霍夫第二定律，有

$$\begin{cases} R\dot{I} + j\omega L\dot{I} - j\omega M\dot{I}_1 = \dot{U}_1 \\ -j\omega M\dot{I} + R_1\dot{I}_1 + j\omega L_1\dot{I}_1 = 0 \end{cases} \tag{3-39}$$

式中，ω 为线圈励磁电流角频率。

由式（3-39）可得，电涡流的表达式为

$$\dot{I} = \frac{\dot{U}_1}{R + j\omega L - j\omega M \dfrac{j\omega M}{R_1 + j\omega L_1}}$$

$$= \frac{\dot{U}_1}{\left[R + \dfrac{\omega^2 M^2}{R_1{}^2 + (\omega L_1)^2} R_1 \right] + j\omega \left[L - \dfrac{\omega^2 M^2}{R_1{}^2 + (\omega L_1)^2} L_1 \right]} \tag{3-40}$$

当线圈与被测金属导体靠近时，考虑到涡流的反作用，线圈的等效阻抗为

$$Z = \frac{\dot{U}_1}{\dot{I}} = \left[R + \frac{\omega^2 M^2}{R_1{}^2 + (\omega L_1)^2} R_1 \right] + j\omega \left[L - \frac{\omega^2 M^2}{R_1{}^2 + (\omega L_1)^2} L_1 \right] \tag{3-41}$$

线圈的等效电阻和电感分别为

$$R_{eq} = R + \frac{\omega^2 M^2}{R_1{}^2 + (\omega L_1)^2} R_1 , L_{eq} = L - \frac{\omega^2 M^2}{R_1{}^2 + (\omega L_1)^2} L_1 \tag{3-42}$$

线圈的等效品质因数 Q 值为

$$Q_{eq} = \frac{\omega L_{eq}}{R_{eq}} \tag{3-43}$$

综上所述，根据电涡流式传感器的等效电路，可以用等效阻抗 Z 和等效品质因数 Q 来表征电涡流式传感器的基本特性。

3.3.4　测量电路

用于电涡流式传感器的测量电路主要有交流电桥、调频式、调幅式 3 种。交流电桥测量电路主要用于 2 个电涡流线圈组成的差动传感器，工作原理与前述相同，此处不再赘述。下面主要介绍调频式和调幅式测量电路。

1. 调频式测量电路

调频式测量电路原理如图 3-33a 所示。传感器线圈接入 LC 振荡回路，当传感器与被测

金属导体距离 x 改变时，在电涡流的影响下，传感器电感的变化将导致振荡频率产生变化，用数字频率计直接测量出频率或者通过 $f-U$ 变换测量出对应的电压，就可以测得 x。振荡电路如图 3-33b 所示。它由三点式振荡器（C_2、C_3、L、C 和 VT_1）以及射极输出电路 2 部分组成。振荡器的频率为

$$f = \frac{1}{2\pi \sqrt{L(x)C}} \tag{3-44}$$

为了避免输出电缆中分布电容的影响，通常将 L、C 装在传感器内。此时电缆分布电容并联在大电容 C_2、C_3 上，因而对振荡频率 f 的影响将大大减小。

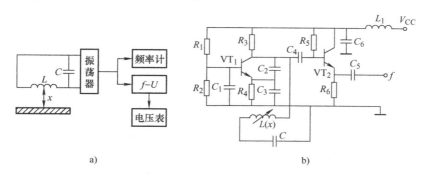

图 3-33 调频式测量电路

a）测量电路原理图 b）振荡电路

2. 调幅式测量电路

调幅式测量电路如图 3-34 所示。该电路主要由传感器线圈 L、电容器 C 和由石英晶体组成的石英晶体振荡电路组成。石英晶体振荡器起恒流源的作用，给谐振回路提供一个频率稳定的激励电流 i_o。当金属导体远离或去掉时，LC 并联谐振回路的谐振频率即为石英振荡频率，回路的阻抗最大，谐振回路上的输出电压也最大；当金属导体靠近传感器线圈时，线圈的等效电感发生变化，导致回路失谐，从而使输出电压降低，L 的数值随距离 x 的变化而变化。因此，输出电压也随 x 而变化，输出电压经放大、检波后，由指示仪表直接显示出 x 的值。

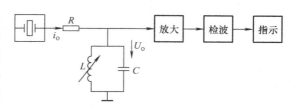

图 3-34 调幅式测量电路

3.3.5 电涡流式传感器的应用

电涡流式传感器不仅结构简单、频率响应宽、灵敏度高、抗干扰能力强、测量线性范围大，而且还具有非接触测量的优点，可以测量位移、振动、厚度、转速、温度等参数，并且还可以进行无损探伤和制作接近开关，在工业生产和科学研究等领域得到了广泛应用。

1. 电涡流式转速计

电涡流式转速计工作原理如图 3-35 所示。在转轴（或飞轮）上开 1 个键槽，靠近轴表面安装电涡流式传感器。当轴转动时，通过测量传感器与轴表面之间间隙的变化，得到对应键槽的脉冲信号，经放大、整形后获得脉冲方波信号，利用频率计计数就可以获

得频率值，从而得到轴的转速。为了提高转速测量的分辨率，可采用细分法，即在轴四周增加键槽数。开1个键槽，转1周输出1个脉冲；开4个键槽，转1周可输出4个脉冲，依次类推。用同样的方法可将电涡流式传感器安装在金属产品输送线上，对金属产品进行计数，如图3-36所示。

图 3-35　电涡流式转速计工作原理　　　　　图 3-36　电涡流式零件计数器

2. 电涡流式接近开关

电涡流式接近开关由高频振荡、检波、放大、电压比较电路及输出部分组成，其电路框图如图3-37所示。将绝缘励磁线圈作为 LC 振荡电路的一部分，若振荡器有效阻抗变化，振荡器的振荡频率将会随之发生变化，经过检波器转换成的电压与比较器提供的电压比较，若两者不相等，则产生1个计数脉冲。如果计数累加超过某一上限，则驱动执行机构改变状态，或者产生报警信号。

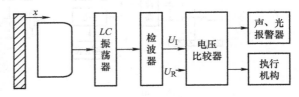

图 3-37　电涡流式接近开关电路框图

电涡流式接近开关在公路交通系统中的应用原理如图3-38所示。为了使公路交通系统正常运行，常需检测汽车流量，依据流量控制交通信号。传感器的主要部件是埋在公路表面下几厘米深处的环状绝缘线圈。电感线圈通上励磁电流，公路表面上就会有如图3-38中虚线所示的磁场产生。当汽车进入这一区域时，产生涡流损耗，励磁线圈的有效阻抗就发生变化，通过后续电路的处理，就可以测出一定时间内通过的汽车数量。

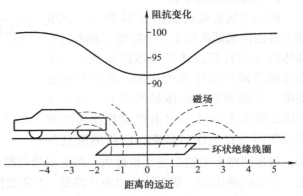

图 3-38　电涡流式接近开关在公路交通系统中的应用原理图

3.4　实验指导

3.4.1　差动变压器输出特性分析实验

1. 实验目的

1）掌握差动变压器的工作原理，能对传感器输出特性进行分析和评价。

2）了解差动变压器零点残余电压产生的原因，能分析零点残余电压对输出特性造成的影响。

3）掌握差动变压器零点残余电压的补偿方法，根据补偿原理设计合理的补偿电路，并对补偿效果进行验证。

2. 实验设备

CSY 系列传感器与检测技术实验台，包含差动变压器实验模板、测微头、双线示波器、差动变压器、音频信号源（音频振荡器）、直流电源、万用表等。

3. 实验步骤

1）如图 3-39 所示，将差动变压器安装在实验模板上。

2）在实验模板上按图 3-40 接线。

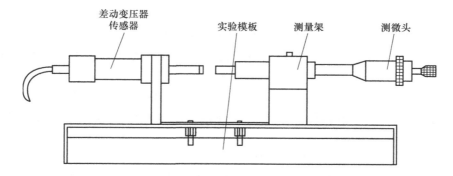

图 3-39　差动变压器安装示意图

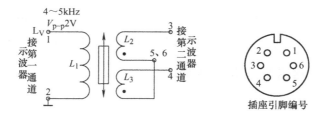

图 3-40　差动变压器实验接线图

3）旋动测微头，使示波器第二通道显示波形的峰-峰值 V_{p-p} 为最小。这时可以左右转动测微头，假设其中一个方向为正位移，则另一个方向为负位移。从 V_{p-p} 最小位置开始旋动测微头，每隔 0.2mm 从示波器上读出波形峰-峰值 V_{p-p} 值，填入表 3-3。再从 V_{p-p} 最小值处反向移动，进行相应实验。实验过程中，注意左、右位移时，初、次级波形的相位关系。

表 3-3　差动变压器位移 *x* 值与波形峰-峰值 V_{p-p} 数据表

x/mm					←	0mm					
U/mV						V_{p-p}最小					

4）实验过程中，需记录差动变压器输出的最小值，该值即为差动变压器的零点残余电压。

5）根据表3-3的数据，画出输出特性曲线，计算没有进行零点残余电压补偿时的灵敏度和非线性误差。

6）按图3-41接线，音频信号源从 L_V 插口输出，实验模板中的 R_1、C_1 为电桥单元中调节平衡网络。

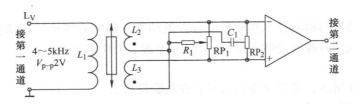

图3-41　零点残余电压补偿电路

7）利用示波器调整音频振荡器，使其输出峰-峰值为2V。

8）调整测微头，使差动放大器输出电压最小。然后再依次调整 RP_1、RP_2，使输出电压降至最小。

9）将第二通道的灵敏度提高，从示波器上观察零点残余电压的波形，注意与激励电压相比较。记录此时的差动变压器的零点残余电压值（峰-峰值）（注：这时的零点残余电压是经放大后的零点残余电压）。

10）按步骤3）进行测量，得到不同位移下的波形峰-峰值，记录于表3-4，计算经过零点残余电压补偿后的灵敏度和非线性误差，分析两次实验得到的灵敏度和非线性误差，得出相关结论。

4. 思考题

1）经过零点残余电压补偿后，差动变压器的输出特性有什么变化？

2）分析经过补偿后的零点残余电压的波形。造成零点残余电压的主要原因是什么？

3.4.2　电涡流式传感器特性分析实验

1. 实验目的

1）理解电涡流式传感器的工作原理。

2）能够根据电涡流式传感器的工作原理，设计相应的实验方案。

3）能够根据实验结果，分析被测物体材料、形状和尺寸对电涡流式传感器性能的影响，并得出有效结论。

2. 实验设备

CSY系列传感器与检测技术实验台，包含电涡流式传感器实验模板、电涡流式传感器、直流电源、数显单元、测微头、铁圆片、铜圆片、铝圆片、不同面积的铝被测体。

3. 实验步骤

1）根据图3-42安装电涡流式传感器。将电涡流式传感器输出线接入实验模板上标有L的两端插孔中，作为振荡器的一个元件（传感器屏蔽层接地）。在测微头端部装上铁质金属圆片，作为电涡流式传感器的被测体。

2）将实验模板输出端 V_o 与数显单元输入端 V_i 相接。数显表量程切换开关选择电压20V

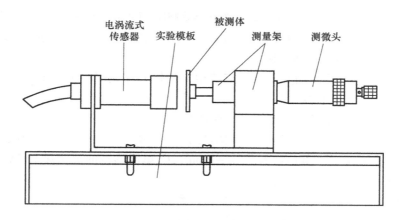

图 3-42　电涡流式传感器安装示意图

档。用连接导线将主控台的 +15V 直流电源接入模板上标有 +15V 的插孔中。

3）使测微头与传感器线圈端部接触，开启主控箱开关，记录读数，然后每隔 0.2mm 读一个数，直到输出几乎不变为止。数据列入表 3-4 中。

4）将铁圆片分别换成铝圆片和铜圆片，重复实验步骤 1）~3）。

5）测微头上分别用 2 种不同的被测铝（小圆盘和小圆柱），重复实验步骤 1）~3），进行电涡流位移特性实验。

表 3-4　电涡流传感器位移 x 与输出电压 U 数据表

x/mm	0	0.2	0.4	0.6	0.8	1	1.2	1.4	1.6	1.8
U/V										

6）根据表 3-4 数据，画出 U-x 曲线，根据曲线找出线性区域及进行正负位移测量时的最佳工作点。

4. 思考题

1）电涡流式传感器的量程与哪些因素有关？

2）用电涡流式传感器进行非接触位移测量时，如何根据量程选用传感器？

习题与思考题

3-1　提高自感式传感器的灵敏度可以采用哪些措施？采用这些措施会有什么影响？

3-2　何谓零点残余电压？它产生的原因有哪些？如何减小零点残余电压的影响？

3-3　如图 3-43 所示的电路，请问：

（1）点画线框内的电路是什么电路？

（2）其余部分的电路是什么电路？

（3）简述该系统工作原理。它最大的特点是什么？

3-4　已知变气隙式自感传感器的铁心截面面积

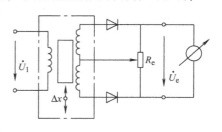

图 3-43　题 3-3 图

$S = 1.5 \text{cm}^2$，磁路长度 $L = 20 \text{cm}$，相对磁导率 $\mu_1 = 5000$，气隙 $\delta_0 = 0.5 \text{cm}$，$\Delta \delta = \pm 0.1 \text{mm}$，真空磁导率 $\mu_0 = 4\pi \times 10^{-7} \text{H/m}$，线圈匝数 $W = 3000$，求单线圈式传感器的灵敏度 $\Delta L / \Delta \delta$。若将其做成差动式结构，灵敏度将如何变化？

3-5 具体分析螺管式差动变压器（三节型）的铁心在线圈中上、下移动时，其输出电压如何变化？画出其输出特性曲线。

3-6 简述相敏检波电路的工作原理，保证其可靠工作的条件是什么？

3-7 某线性差动变压器式传感器用频率为 1kHz、峰-峰值为 6V 的电源激励，设衔铁的运动为 100Hz 的正弦运动，其位移幅值为 $\pm 2 \text{mm}$，已知传感器的灵敏度为 2V/mm，试画出激励电压、输入位移和输出电压的波形。

3-8 什么叫电涡流效应？什么叫线圈–导体系统？

3-9 简述电涡流传感器 3 种测量电路的工作原理。

3-10 完成以下自测题。

（1）电涡流式传感器是利用交变磁场在（　　　）表面作用产生的电涡流效应原理工作的。

A. 金属导体　　　　　B. 半导体　　　　　C. 非金属　　　　　D. 空间

（2）螺管式差动变压器，采用最多的结构形式是（　　　）。

A. 两节式　　　　　B. 三节式　　　　　C. 四节式　　　　　D. 五节式

（3）自感式传感器中，为判断衔铁的位移方向，在后续电路需配置（　　　）。

A. 调零电路　　　B. 交流放大器　　　C. 调频电路　　　D. 全波整流电路

（4）差动式自感传感器与单线圈相比，具有的优点是（　　　）。

A. 测量范围增大　　　　　　　　　B. 易于实现互换

C. 装配、调试方便　　　　　　　　D. 线性好，灵敏度提高

（5）下列关于零点残余电压描述错误的是（　　　）。

A. 造成零点残余电压的原因，总地来说是两电感线圈不对称

B. 只有自感式传感器存在零点残余电压，而差动变压器不存在零点残余电压

C. 可以在后续电路中加串联或并联电阻来减小零点残余电压

D. 测量信号经过相敏检波后，零点残余电压可得到很大的抑制

（6）关于电感式传感器，下列说法正确的是（　　　）。

A. 差动式自感传式感器与单线圈相比，测量范围增大了

B. 造成零点残余电压的原因，总地来说是两电感线圈不对称

C. 螺管式差动变压器一般采用四节式

D. 自感式传感器中，调频电路用得最多，而调幅、调相电路较少使用

▶ 第 4 章

电容式传感器

电容式传感器是以各种类型的电容器作为传感元件，将被测非电量转换为电量变化的一种传感器。电容式传感器具有结构简单、体积小、零漂小、动态响应快、灵敏度高、易实现非接触测量、本身发热影响小等优点，能够测量位移、振动、角度、压力、液位、成分含量等多种参量，在工业生产的自动检测中得到了广泛应用。

4.1 工作原理

用 2 块金属平板作为电极，以空气为介质，即可构成最简单的电容器，如图 4-1 所示。忽略电容器边缘效应，其电容量为

$$C = \frac{\varepsilon A}{d} = \frac{\varepsilon_r \varepsilon_0 A}{d} \qquad (4-1)$$

式中，C 为电容量；A 为两极板所覆盖的面积；d 为两极板之间的距离；ε 为两极板间介质的介电常数，$\varepsilon = \varepsilon_r \varepsilon_0$；$\varepsilon_0$ 为真空介电常数（若未有特殊说明，空气介电常数也用此值），$\varepsilon_0 = 8.85 \times 10^{-12} \, \text{F/m}$；$\varepsilon_r$ 为两极板间介质的相对介电常数。

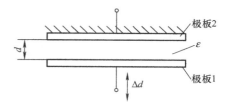

图 4-1　平板电容器

由式(4-1) 可知，当 d、A 和 ε（或 ε_r）发生变化时，电容量 C 也随之变化。如果保持其中 2 个参数不变而仅改变 1 个参数，就可以把该参数的变化转换成电容量的变化，通过测量电路就可转换为电量输出。这就是电容式传感器的基本工作原理。

4.2 结构类型

实际应用中，电容式传感器一般可分为 3 种基本类型，即改变两极板间距离（d）的变极距型、改变极板间覆盖面积（A）的变面积型和改变极板间介质（ε）的变介电常数型。它们的电极形状有平板形、圆柱形和球形 3 种。

常用电容器的结构形式如图 4-2 所示。图 4-2a、b 为变极距型，图 4-2c ~ h 为变面积型，而图 4-2i ~ l 则为变介电常数型。变极距型一般用来测量微小位移（0.01 ~ 100μm）；变面积型一般用于测量角位移（1° ~ 100°）或较大的线位移；变介电常数型常用于物位测量及介质温度、密度测量等。其他物理量需转换成电容器的 d、A 或 ε 的变化再进行测量。

图 4-3 所示为典型电容式传感器的实物图。图 4-3a 为用于测量压力的 JP312 型陶瓷电容

式压力传感器，图 4-3b 为用于测量料位、液位的 ER 型电容式传感器，图 4-3c 为用来测量加速度的 SH105 - A620 型电容式加速度传感器，图 4-3d 为用来测量湿度的 HS1101 型电容式湿度传感器。

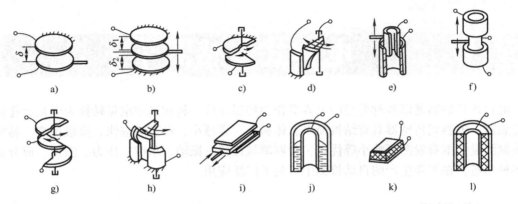

图 4-2　电容式传感器的各种结构形式

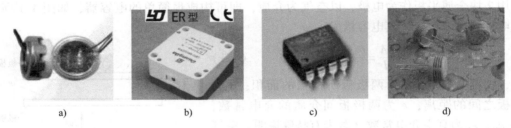

图 4-3　典型电容式传感器实物图
a）JP312 型陶瓷电容式压力传感器　b）ER 型电容式传感器
c）SH105 - A620 型电容式加速度传感器　d）HS1101 型电容式湿度传感器

4.3　输出特性

4.3.1　变极距型电容传感器

变极距型电容传感器的结构如图 4-1 所示，极板 2 为定极板，极板 1 为与被测体相连的动极板。当极板 1 因被测参数改变而引起移动时，两极板间的距离 d 发生变化，使得两极板间的电容量 C 随之变化。

令初始极距为 d_0，传感器初始电容量 C_0 为

$$C_0 = \frac{\varepsilon_0 \varepsilon_r A}{d_0} \tag{4-2}$$

若电容器极板间距离减小 Δd，则电容量增大 ΔC，即

$$C = C_0 + \Delta C = \frac{\varepsilon_0 \varepsilon_r A}{d_0 - \Delta d} = \frac{C_0}{1 - \frac{\Delta d}{d_0}} \tag{4-3}$$

由式(4-3) 可知，传感器的输出特性是非线性曲线，如图4-4 所示。

在式(4-3) 中，若 $\Delta d \ll d_0$，则式(4-3) 可用泰勒级数展开，得

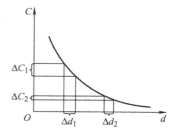

$$C = C_0 + \Delta C = C_0 \left[1 + \frac{\Delta d}{d_0} + \left(\frac{\Delta d}{d_0}\right)^2 + \left(\frac{\Delta d}{d_0}\right)^3 + \cdots \right] \tag{4-4}$$

$$\frac{\Delta C}{C_0} = \frac{\Delta d}{d_0} \left[1 + \frac{\Delta d}{d_0} + \left(\frac{\Delta d}{d_0}\right)^2 + \cdots \right]$$

略去高次项，得到近似线性关系式

$$\frac{\Delta C}{C_0} \approx \frac{\Delta d}{d_0} \tag{4-5}$$

图 4-4　传感器的输出特性曲线

所以变极距型电容传感器的灵敏度为

$$K = \frac{\dfrac{\Delta C}{C_0}}{\Delta d} = \frac{1}{d_0} \tag{4-6}$$

由式(4-6) 可知，灵敏度 K 与初始间距 d_0 成反比。要提高灵敏度，应减小 d_0 值，但 d_0 过小，容易引起电容器击穿或短路，也会造成非线性误差增大。因此，可在极板间放置云母片或其他高介电常数的材料加以改善，如图4-5 所示。云母片的相对介电常数是空气的 7 倍，其击穿电压不小于 1000kV/mm，而空气仅为 3kV/mm。加放云母片后，极板间初始间距可大大减小。

在实际应用中，为了提高灵敏度、减小非线性，大都采用差动式结构。图4-6 所示为差动式变极距型平板电容传感器的结构示意图，中间为动极板，上下为定极板。

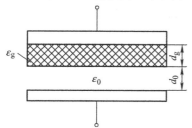

图 4-5　放置云母片的电容器

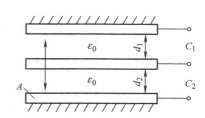

图 4-6　差动式变极距型平板电容传感器

当动极板上移 Δd 时，电容器 C_1 的间隙 d_1 变为 $d_0 - \Delta d$，电容器 C_2 的间隙 d_2 变为 $d_0 + \Delta d$，则有

$$C_1 = C_0 \frac{1}{1 - \dfrac{\Delta d}{d_0}}, \quad C_2 = C_0 \frac{1}{1 + \dfrac{\Delta d}{d_0}} \tag{4-7}$$

若 $\dfrac{\Delta d}{d_0} \ll 1$，将式(4-7) 按泰勒级数展开，得

$$\begin{cases} C_1 = C_0 \left[1 + \dfrac{\Delta d}{d_0} + \left(\dfrac{\Delta d}{d_0}\right)^2 + \left(\dfrac{\Delta d}{d_0}\right)^3 + \cdots \right] \\ C_2 = C_0 \left[1 - \dfrac{\Delta d}{d_0} + \left(\dfrac{\Delta d}{d_0}\right)^2 - \left(\dfrac{\Delta d}{d_0}\right)^3 + \cdots \right] \end{cases} \tag{4-8}$$

电容值总的变化为

$$\Delta C = C_1 - C_2 = 2C_0 \left[\frac{\Delta d}{d_0} + \left(\frac{\Delta d}{d_0} \right)^3 + \left(\frac{\Delta d}{d_0} \right)^5 + \cdots \right] \tag{4-9}$$

电容的相对变化为

$$\frac{\Delta C}{C_0} = 2 \frac{\Delta d}{d_0} \left[1 + \left(\frac{\Delta d}{d_0} \right)^2 + \left(\frac{\Delta d}{d_0} \right)^4 + \cdots \right] \tag{4-10}$$

式(4-10) 略去高次项，则有

$$\frac{\Delta C}{C_0} = 2 \frac{\Delta d}{d_0} \tag{4-11}$$

此时，传感器的灵敏度 K 为

$$K = \frac{\frac{\Delta C}{C_0}}{\Delta d} = \frac{2}{d_0} \tag{4-12}$$

显然，差动式变极距型平板电容传感器比单个电容传感器的灵敏度提高了 1 倍，且非线性误差大大降低了。与此同时，差动式结构还能减小静电引力的影响，有效地改善了由于环境影响所造成的误差。

例 4-1：有一电容测微仪，其传感器的圆形极板半径 $r = 4\text{mm}$，初始间隙 $d_0 = 0.3\text{mm}$，空气相对介电常数为 1F/m，工作时，如果传感器与工件的间隙缩小 $1\mu\text{m}$，电容变化量是多少？

解：空气相对介电常数 $\varepsilon_r = 1\text{F/m}$，则有

$$\Delta C = \frac{\varepsilon_r \varepsilon_0 \pi r^2}{d_0^{\ 2}} \Delta d = \frac{1 \times 8.85 \times 10^{-12} \times \pi \times (0.004)^2}{(0.3 \times 10^{-3})^2} \times 1 \times 10^{-6} \text{F}$$
$$\approx 4.94 \times 10^{-15} \text{F} = 4.94 \times 10^{-3} \text{pF}$$

4.3.2　变面积型电容传感器

1. 线位移式变面积型电容传感器

线位移式变面积型电容传感器的结构如图 4-7 所示。被测量通过动极板移动引起两极板有效覆盖面积 A 改变，从而得到电容量的变化。

当动极板相对于定极板沿长度方向平移 Δx 时，在忽略边缘效应的条件下，改变后的电容量为

$$C' = \frac{\varepsilon_0 \varepsilon_r b (a - \Delta x)}{d} \tag{4-13}$$

式中，a 为极板的宽度；b 为极板的长度。

电容相对变化量为

$$\frac{\Delta C}{C_0} = -\frac{\Delta x}{a} \tag{4-14}$$

灵敏度 K 为

$$K = -\frac{\Delta C}{\Delta x} = \frac{\varepsilon_0 \varepsilon_r b}{d} \tag{4-15}$$

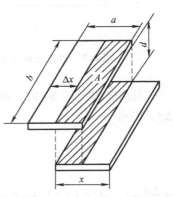

图 4-7　线位移式变面积型电容传感器

由式（4-15）可知，线位移式变面积型电容传感器的输出特性是线性的，灵敏度为常数。增大极板长度 b、减小间距 d 都可以提高灵敏度。但极板宽度 a 不宜过小，否则会因为边缘效应的增加而影响其线性特性。

例 4-2：一个以空气为介质的线位移式变面积型电容传感器结构如图 4-7 所示，其中，极板宽度 $a = 10\text{mm}$，极板长度 $b = 18\text{mm}$，两极板间距 $d = 1\text{mm}$。测量时，若上极板在原始位置向左平移了 3mm（即 $\Delta x = 3\text{mm}$），求该传感器的电容变化量、电容相对变化量、位移灵敏度（空气的相对介电常数 $\varepsilon_r = 1\text{F/m}$，真空时的介电常数 $\varepsilon_0 = 8.854 \times 10^{-12}\text{F/m}$）。

解：电容变化量为

$$\Delta C = -\frac{\Delta x}{a}C_0 = -\frac{\varepsilon_0 \varepsilon_r \Delta x b}{d} \approx -\frac{1 \times 8.854 \times 10^{-12} \times 3 \times 10^{-3} \times 18 \times 10^{-3}}{1 \times 10^{-3}}\text{F} = -4.78 \times 10^{-13}\text{F}$$

即该传感器的电容量减小了 $4.78 \times 10^{-13}\text{F}$。

电容相对变化量为

$$\frac{\Delta C}{C_0} = -\frac{\Delta x}{a} = -\frac{3 \times 10^{-3}}{10 \times 10^{-3}} = -0.3$$

位移灵敏度为

$$K = -\frac{\Delta C}{\Delta x} = \frac{\varepsilon_0 \varepsilon_r b}{d} = \frac{1 \times 8.854 \times 10^{-12} \times 18 \times 10^{-3}}{1 \times 10^{-3}} = 1.593 \times 10^{-10}$$

2. 角位移式变面积型电容传感器

角位移式变面积型电容传感器的结构如图 4-8 所示。当动极板有一个角位移 θ 时，与定极板间的有效覆盖面积就发生变化，从而改变了两极板间的电容量。

当 $\theta = 0$ 时，两半圆极板重合。当 $\theta \neq 0$ 时，电容量为

$$C = \frac{\varepsilon_0 \varepsilon_r A_0 \left(1 - \dfrac{\theta}{\pi}\right)}{d_0} = C_0 \left(1 - \frac{\theta}{\pi}\right) \qquad (4\text{-}16)$$

电容的变化量为

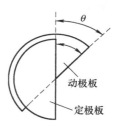

图 4-8　角位移式变面积型电容传感器

$$\Delta C = C - C_0 = -C_0 \frac{\theta}{\pi} \qquad (4\text{-}17)$$

灵敏度 K 为

$$K = -\frac{\Delta C}{\theta} = \frac{C_0}{\pi} \qquad (4\text{-}18)$$

显然，角位移式变面积型电容传感器的输出特性是线性的，灵敏度为常数。

4.3.3　变介质型电容传感器

当电容器极板之间的介电常数发生变化时，电容量也随之改变，根据这个原理可制成变介质型电容传感器。

变介质型电容传感器的类型很多，其中有介质本身介电常数变化的电容传感器，利用这类传感器可以测量粮食、纺织品、木材、煤或泥料等非导电固体物质的湿度；还有极板之间的介质成分发生变化，即由一种介质变为两种或两种以上介质，引起电容量变化，利用这类传感器可以测量纸张、绝缘薄膜的厚度或测量位移。

1. 介质本身介电常数变化的电容传感器

当极板间只有一种介质时，变介质型电容传感器的输出特性是线性的，灵敏度为常数。下面仅分析含有被测介质和空气这两种介质时的情况，如测粮食的湿度时，粮食不可能完全占据两极板之间的空间（粮食颗粒之间存在有空气），如图4-9所示。

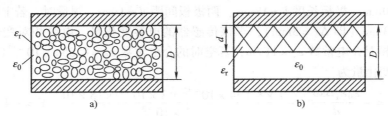

图4-9　含有两种介质的变介质型电容传感器
a）实际情况　b）等效情况

令 ε_0 为空气的介电常数，ε_r 为被测粮食的相对介电常数。此时相当于2个电容器串联，其初始电容量为

$$C_0 = \frac{A}{\dfrac{D-d}{\varepsilon_0} + \dfrac{d}{\varepsilon_0 \varepsilon_r}} = \frac{\varepsilon_0 A}{D - d + \dfrac{d}{\varepsilon_r}} \tag{4-19}$$

如果被测介质的相对介电常数变化为 $\varepsilon_r + \Delta\varepsilon_r$，则改变后的电容量为

$$C = C_0 + \Delta C = \frac{\varepsilon_0 A}{D - d + \dfrac{d}{\varepsilon_r + \Delta\varepsilon_r}} \tag{4-20}$$

令 $N_2 = \dfrac{1}{1 + \dfrac{\varepsilon_r (D-d)}{d}}$，$N_3 = \dfrac{1}{1 + \dfrac{d}{\varepsilon_r (D-d)}}$，则电容的相对变化量为

$$\frac{\Delta C}{C_0} = \frac{\Delta\varepsilon_r}{\varepsilon_r} N_2 \frac{1}{1 + \dfrac{\Delta\varepsilon_r}{\varepsilon_r} N_3} \tag{4-21}$$

当 $\dfrac{\Delta\varepsilon_r}{\varepsilon_r} \ll 1$ 时，式（4-21）用泰勒级数展开，有

$$\frac{\Delta C}{C_0} = \frac{\Delta\varepsilon_r}{\varepsilon_r} N_2 \left[1 - \frac{\Delta\varepsilon_r}{\varepsilon_r} N_3 + \left(\frac{\Delta\varepsilon_r}{\varepsilon_r} N_3\right)^2 - \left(\frac{\Delta\varepsilon_r}{\varepsilon_r} N_3\right)^3 + \cdots \right] \tag{4-22}$$

式（4-22）略去高次项后，可得

$$\frac{\Delta C}{C_0} \approx \frac{\Delta\varepsilon_r}{\varepsilon_r} N_2 \tag{4-23}$$

则灵敏度为

$$K = \frac{\Delta C}{\Delta\varepsilon_r} = \frac{C_0}{\varepsilon_r} N_2 \tag{4-24}$$

将式（4-22）略去二次方以上各项，则得非线性误差为

$$\delta = N_3 \frac{\Delta\varepsilon_r}{\varepsilon_r} \times 100\% \tag{4-25}$$

综上所述，灵敏度因子 N_2 和非线性因子 N_3 均与间隙比 $\dfrac{d}{D-d}$ 有关，即与空气气隙厚度

$(D-d)$ 有关。当空气气隙越小时，则灵敏度因子 N_2 越大，说明灵敏度越高；同时，非线性因子 N_3 越小，说明非线性误差越小。另外，N_2 与 N_3 均与被测介质的相对介电常数 ε_r 有关。ε_r 越小，灵敏度越高。因此，在使用这种传感器时，要求被测介质的初始介电常数越小越好。

2. 改变工作介质的电容传感器

图 4-10 所示为一种用于测量容器中液位高低的变极板间介质电容式液位传感器的结构图。在被测介质中放入 2 个同心圆筒形极板，当被测液体的液面在传感器的两同心圆筒之间变化时，引起极板间不同介电常数介质的高度发生变化，因而导致电容变化。

设空气和被测介质的相对介电常数分别为 ε_0 和 ε_r，液面高度为 h，传感器总高度为 H，内筒外径为 d，外筒内径为 D，此时传感器电容值为

$$C = \frac{2\pi\varepsilon_r h}{\ln\dfrac{D}{d}} + \frac{2\pi\varepsilon_0(H-h)}{\ln\dfrac{D}{d}} = \frac{2\pi\varepsilon_0 H}{\ln\dfrac{D}{d}} + \frac{2\pi h(\varepsilon_r-\varepsilon_0)}{\ln\dfrac{D}{d}} = C_0 + \frac{2\pi h(\varepsilon_r-\varepsilon_0)}{\ln\dfrac{D}{d}} \quad (4\text{-}26)$$

由式（4-26）可见，此传感器的电容量与被测液位高度呈线性关系。

例 4-3：某电容式液位传感器由直径为 40mm 和 8mm 的 2 个同心圆筒组成，如图 4-10 所示。存储罐是圆柱形的，直径为 50cm，高为 1.2m。被储存液体的相对介电常数 $\varepsilon_r = 2.1\text{F/m}$。计算传感器的最小电容和最大电容。

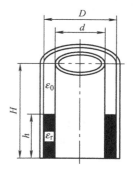

解：$C_{\min} = \dfrac{2\pi\varepsilon_0 h}{\ln\dfrac{D}{d}} = \dfrac{2\pi \times 8.85 \times 10^{-12} \times 1.2}{\ln 5}\text{F} \approx 41.46\text{pF}$

$$C_{\max} = \frac{2\pi\varepsilon_0\varepsilon_r h}{\ln\dfrac{D}{d}} = 41.46 \times 2.1\text{pF} \approx 87.07\text{pF}$$

图 4-10　电容式液位
传感器结构

4.4　测量电路

1. 等效电路

电容式传感器的等效电路如图 4-11 所示。R_P 为并联损耗电阻，它代表极板间的泄漏电阻和介质损耗，反映电容器在低频时的损耗。随着供电电源频率的增高，容抗减小，其影响也就减弱，电源频率高至几兆赫时，R_P 可以忽略。R_s 为串联损耗电阻，即代表引线电阻、电容器支架和极板电阻的损耗。R_s 在低频时是极小的，随着频率的增高，由于电流的趋肤效应，R_s 的值增大，当工作频率很高时就需要考虑 R_s 的影响了。电感 L 由电容器本身的电感和外部引线电感组成，它与电容器的结构和引线的长度有关。

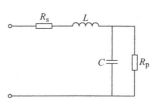

由等效电路可知，电容式传感器存在有几十兆赫的谐振频率，当工作频率等于或接近谐振频率时，谐振频率就会破坏传感器的正常作用。因此，电容式传感器的工作频率只有低于谐

图 4-11　电容式传感器的
等效电路

振频率（通常为谐振频率的 $1/3 \sim 1/2$）时，才能正常工作。

为了计算方便，忽略 R_P 和 R_s 的影响，则电容式传感器的有效电容 C_e 为

$$C_e = \frac{C}{1 - \omega^2 LC} \tag{4-27}$$

当传感器的电容发生改变时，其电容的变化量和实际相对变化量分别为

$$\Delta C_e = \frac{\Delta C}{1 - \omega^2 LC} + \frac{\omega^2 LC \Delta C}{(1 - \omega^2 LC)^2} = \frac{\Delta C}{(1 - \omega^2 LC)^2}, \frac{\Delta C_e}{C_e} = \frac{\dfrac{\Delta C}{C}}{1 - \omega^2 LC} \tag{4-28}$$

式（4-28）表明，电容式传感器的电容实际相对变化量与传感器的固有电感（包括引线电感）有关。因此，在实际应用时必须与标定时的条件相同（供电电源频率和连接电缆长度等），否则将会引入测量误差。

2. 交流电桥电路

交流电桥电路的工作臂由电容式传感器组成，平衡臂有纯电阻或阻抗 2 种形式。与直流电桥相似，也有单臂、半桥、全桥 3 种工作形式。一般交流电桥电路如图 4-12 所示。

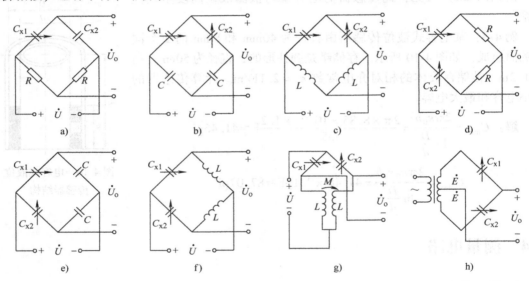

图 4-12　电容式传感器交流电桥电路

从电桥灵敏度考虑，图 4-12a ~ f 中，以图 4-12f 形式为最高，图 4-12d 次之。在设计和选择电桥形式时，除了考虑其灵敏度外，还应考虑输出电压是否稳定、输出电压与电源电压间的相移大小、电源与元件所允许的功率以及结构上是否容易实现等。在实际电桥电路中，还应附加有零点平衡调节、灵敏度调节等环节。图 4-12g 所示的电桥为差动式电容式传感器配用的紧耦合电桥电路，其结构是将电容式传感器接入交流电桥，作为电桥的一个臂或两个相邻臂，另两个桥臂是紧耦合电感臂，构成紧耦合电感臂电桥。此类电桥的特点是具有较高的灵敏度和稳定性，且寄生电容影响极小，大大简化了电桥的屏蔽和接地，非常适合高频工作。图 4-12h 所示的电桥为变压器式电桥，图中 C_1 和 C_2 是差动电容传感器的 2 个电容，分别作为电桥的 2 个桥臂，电桥的另 2 个桥臂为变压器的 2 个二次线圈，这 2 个线圈应严格对

称。变压器式电桥的输出特性在第 3 章已经详细介绍，此处不再赘述。

3. 运算放大器式电路

图 4-13 所示为运算放大器式电路的原理图，C_x 为电容式传感器，它跨接在高增益运算放大器的输入端与输出端之间；C 为固定电容；$\dot{U}_i$ 是交流电源电压；$\dot{U}_o$ 是输出信号电压；Σ 是虚地点。由于运算放大器的放大倍数非常大，而且输入阻抗 Z_i 很高，故输入电流 $\dot{I}_\Sigma = 0$，运算放大器的这一特点可以作为电容式传感器比较理想的测量电路。

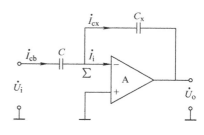

图 4-13　运算放大器式电路原理图

由运算放大器工作原理可得

$$\dot{U}_o = -\frac{C}{C_x}\dot{U}_i \tag{4-29}$$

对于平板电容器，$C_x = \varepsilon A/d$，则有

$$\dot{U}_o = -\dot{U}_i\frac{C_0}{\varepsilon A}d \tag{4-30}$$

式 (4-30) 中，负号表示输出电压 $\dot{U}_o$ 的相位与电源电压反相。运算放大器的输出电压 $\dot{U}_o$ 与极板间距呈线性关系，这就从原理上解决了单个变间隙式电容传感器输出特性的非线性问题。假设放大器增益 $K = \infty$，输入阻抗 $Z_i = \infty$，则电容式传感器仍然存在一定的非线性误差，但在 K 和 Z_i 足够大时，这种误差会很小。

例 4-4：变间隙电容传感器的测量电路为运算放大电路，如图 4-13 所示。$C = 200\text{pF}$，电容式传感器 C_x 的起始电容量为 $C_{x0} = 20\text{pF}$，两极板距离 $d_0 = 1.5\text{mm}$，运算放大器为理想放大器（即 $K = \infty$，$Z_i = \infty$），输入电压 $\dot{U}_i = 5\sin\omega t\text{V}$。求当电容动极板上输入一位移量 $\Delta x = 0.15\text{mm}$ 使极板间距减小时，电路输出电压 U_o 为多少？

解：由测量电路可得

$$\dot{U}_o = -\frac{C}{C_x}\dot{U}_i = -\frac{C}{\dfrac{C_{x0}d_0}{d_0 - \Delta x}}\dot{U}_i = \frac{200}{\dfrac{20 \times 1.5}{1.5 - 0.15}} \times 5\sin\omega t\text{V} = 45\sin\omega t\text{V}$$

4. 二极管双 T 形交流电桥

二极管双 T 形交流电桥又称为二极管双 T 形网络，它是利用电容器充放电原理组成的电路，如图 4-14a 所示。高频电源 e 提供幅值为 U 的对称方波，VD_1、VD_2 为特性完全相同的 2 只二极管，C_1、C_2 为传感器初始电容值相等的 2 个差动电容，R_1、R_2 为阻值相等的固定电阻，R_L 为负载电阻。

当电源 e 为正半周时，二极管 VD_1 导通、VD_2 截止，其等效电路如图 4-14b 所示。此时电容 C_1 快速充电至 U，电源 e 经 R_1 以电流 I_1 向负载 R_L 供电；同时，电容 C_2 经 R_2 和 R_L 放电，放电电流为 $I_2(t)$。流经 R_L 的电流 $I_L(t)$ 是 I_1 和 $I_2(t)$ 之和。当 e 为负半周时，VD_2 导通而 VD_1 截止，其等效电路如图 4-17c 所示。此时，C_2 快速充电至电压 U，流经 R_L 的电流 $I'_L(t)$ 是由电源 e 供给的电流 I'_2 和电容 C_1 的放电电流 $I'_1(t)$ 之和。由于流经 R_L 的电流 $I_L(t)$ 和

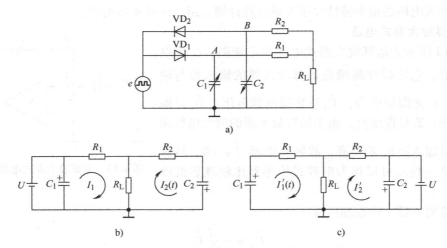

图 4-14 二极管双 T 形交流电桥

a) 原理图 b)、c) 等效电路

$I'_L(t)$ 的平均值大小相等、极性相反，所以，在 1 个周期内流过 R_L 的平均电流为零。

若传感器输入不为零，则 $C_1 \neq C_2$，此时在 1 个周期内通过 R_L 上的平均电流不为零，因此产生输出电压，输出电压在 1 个周期内的平均值为

$$U_o = I_L R_L = \frac{1}{T} \int_0^T [I_L(t) - I'_L(t)] \mathrm{d}t R_L \approx \frac{R(R+2R_L)}{(R+R_L)^2} R_L U f(C_1 - C_2) \quad (4\text{-}31)$$

式中，f 为电源频率。

当 R_L 已知，式(4-31) 中，有

$$\left[\frac{R(R+2R_L)}{(R+R_L)^2} \right] \cdot R_L = M(常数) \quad (4\text{-}32)$$

则式(4-32) 可改写为

$$U_o = U f M(C_1 - C_2) \quad (4\text{-}33)$$

由式(4-33) 可知，输出电压 U_o 不仅与电源电压的幅值和频率有关，而且与双 T 形网络中的电容 C_1 和 C_2 的差值也有关。

综上所述，该电路具有如下特点：

1）电路的灵敏度与电源幅值和频率有关，因此输入电源要求稳定，需要采取稳压、稳频措施。

2）输出电压较高。例如当电源频率为 1.3MHz、电压为 46V 时，电容从 $-7 \sim 7\mathrm{pF}$ 变化，可以在 1MΩ 负载上得到 $-5 \sim 5$V 的直流输出电压。

3）电路的输出阻抗与电容 C_1 和 C_2 无关，而仅与 R_1、R_2 及 R_L 有关，其值为 $1 \sim 100$kΩ。

4）工作电平很高，可使二极管 VD_1、VD_2 工作在特性曲线的线性区域时，测量的非线性误差很小。

5）输出信号的上升沿时间取决于负载电阻。对于 1kΩ 的负载电阻，上升时间为 20μs 左右，故可用来测量高速的机械运动。

4.5 误差分析及其补偿

前面对各类电容式传感器结构和原理的分析以及各种测量电路的讨论，都是在理想条件下进行的，没有考虑温度、电场边缘效应、寄生与分布电容等因素的影响。实际上，由于这些影响因素的存在，使电容式传感器的特性不稳定，影响电容式传感器的精度。因此，在设计和应用电容式传感器时必须予以考虑，设法采取改进措施。

1. 减小环境温度和湿度等变化所产生的误差

环境温度的变化会引起电容式传感器各零部件几何尺寸、相互间几何位置以及某些介质的介电常数发生变化，从而改变传感器的电容量，产生温度附加误差。湿度也会影响某些介质的介电常数和绝缘电阻值。因此，必须从选材、结构和加工工艺等方面来减小温度和湿度等引起的误差，并保证绝缘材料具有高的绝缘性能。

电容式传感器的金属电极材料一般选用温度系数小且稳定的铁镍合金。极板也可直接在陶瓷、石英等绝缘材料上蒸镀一层金属薄膜来代替，这样的电极可以做得极薄，对减小边缘效应极为有利。由于传感器内电极表面不便清洗，应加以密封起到防尘、防潮效果。若在电极表面镀以极薄的惰性金属层，则可代替密封件起到保护作用。电容式传感器电极的支架要有一定的机械强度及稳定性。电极支架一般选用温度系数小、几何尺寸长期稳定性好、绝缘电阻大、吸潮性低和表面电阻大的材料，如云母、石英、人造宝石及各种陶瓷等。电容式传感器的电介质应尽量采用空气或云母等介电常数的温度系数近似为零的电介质。在可能的情况下，电容式传感器尽量采用差动对称结构，这样可通过某些测量电路（如电桥）减小温度等误差。

2. 消除和减小边缘效应

在理想情况下，平板电容器两极板间的电场是均匀分布的。实际上，当极板厚度与极距（极板间距）之比相对较大时，边缘效应就不能忽略了。边缘效应不仅使电容式传感器灵敏度降低，而且还会产生非线性。为了消除边缘效应的影响，可以采取的主要措施如下：

1）增大初始电容值，即增大极板面积、减小极板间距，使极径与极距比很大，但易产生击穿并有可能限制测量范围。

2）将电极做得极薄，使之与极距相比很小，这样可减小边缘电场的影响。

3）通过增设等位环的方法减小边缘效应，如图4-15所示。在极板1和2之外，增加与极板2处于同一平面上的等位环3。等位环3与原定极板2同心，电气绝缘且间隙较小，使其始终保持等电位。这样能使电极2的边缘电力线平直，保证极板2与1之间的电场处处均匀，而发散的边缘电场发生在等位环3的外沿，从而克服了边缘效应的影响。

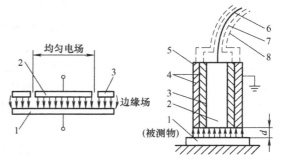

图4-15 带有等位环的平板电容式传感器原理图

1、2—电极 3—等位环 4—绝缘层

5—套筒 6—芯线 7、8—内外屏蔽层

3. 消除和减小泄漏电容

泄漏电容主要由电容式传感器的极板与

其周围导体构成的寄生电容以及引线电容（电缆电容）组成。电容式传感器的电容量及其工作时的电容变化量都很小，往往小于泄漏电容，且这些泄漏电容与传感器电容并联，严重影响传感器的输出特性，会引起较大的测量误差，必须消除或减小它。主要措施如下：

1）增加原始电容值。可以采用减小极片或极筒间的间距、增加工作面积或工作长度来增加原始电容值，但这受加工及装配工艺、精度、示值范围、击穿电压、结构等的限制。

2）采用接地屏蔽措施。接地屏蔽时必须注意避免电极移动过程中，高电位极板与屏蔽层间电容的变化，以防造成虚假的输出信号。图 4-16 所示为圆筒形电容式传感器的接地屏蔽示意图。可动极筒与连杆固定在一起随被测量移动，并与传感器的屏蔽壳同为地。当可动极筒移动时，它与屏蔽壳之间的电容值将保持不变，这样就能够消除由此产生的虚假信号，同时也解决了可动电极的绝缘处理问题。

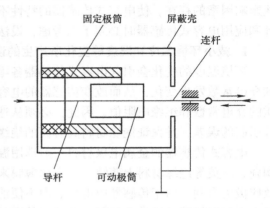

图 4-16　圆筒形电容式传感器的接地屏蔽

3）采用驱动电缆技术。当电容式传感器的电容值很小，且因某些原因（如环境温度较高），测量电路只能与传感器分开时，电缆寄生电容的影响会对测量精度造成影响。这时可用驱动电缆技术加以补偿。驱动电缆技术实际上是一种等电位屏蔽法，其电路原理如图 4-17 所示。这种方法是将传输电缆的芯线与内层屏蔽线等电位，以消除芯线与内层屏蔽的容性漏电，从而消除电缆电容的影响。此时屏蔽层的等电位是由驱动放大器供给的，这样其内、外层屏蔽之间的电容变成了电缆驱动放大器的负载。因此，要选用输入电容为零、输入阻抗很高、相移为零、具有容性负载、放大倍数为 1 的同相放大器。

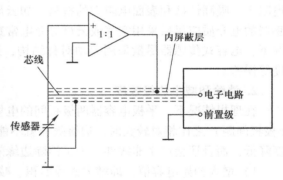

图 4-17　驱动电缆技术电路原理图

4）采用运算放大器法。这种方法是利用运算放大器的虚地来减少引线电缆寄生电容的影响。在使用运算放大器作为测量电路的电容式传感器中，将其一个电极经引线电缆芯线接运算放大器的虚地，电缆屏蔽层接传感器的地，这时与传感器电容相并联的寄生电容很小，因而大大减小了电缆电容的影响。外界干扰因屏蔽层接传感器的地而对芯线不起作用。传感器的另一电极经传感器外壳（最外面的屏蔽层）接地，可以防止外电场的干扰。尽管仍存在分布电容的影响，但只要运算放大器的增益足够大，就可得到所需要的测量精度。

5）采用整体屏蔽法。这种方法是将电容式传感器和所采用的转换电路、传输电缆以及供桥电源等整体用同一个屏蔽壳屏蔽起来。这种方法的关键在于正确选取接地点，以消除寄生电容的影响和防止外界的干扰。

4.6 电容式传感器的实际应用

1. 电容式压力传感器

电容式压力传感器实质上是位移传感器，在结构上有单端式和差动式 2 种形式，因为差动式的灵敏度高、非线性误差较小，从而得到了广泛应用。图 4-18 所示为一种小型差动式电容压力传感器结构示意图，金属弹性膜片为动极板，镀金凹型玻璃圆片为定极板。当被测压力通过过滤器进入空腔时，如果弹性膜片的两侧压力 p_1、p_2 相等，则膜片处于中间位置，2 个电容相等，没有信号输出。当

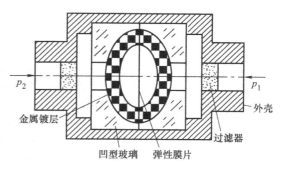

图 4-18　小型差动式电容压力传感器结构

p_1、p_2 不相等时，弹性膜片两侧存在压力差，弹性膜片向一侧产生位移，该位移使 2 个电容一增一减。电容量的变化经测量电路转换成与压力或压力差相对应的电流或电压的变化输出。

2. 电容式油量表

电容式油量表的工作原理如图 4-19 所示。当油箱中无油时，圆柱形电容器的电容量为 C_{x0}，调节匹配电容使 $C_0 = C_{x0}$，并使电位器 RP 滑动臂位于零点，即电阻值为 0。此时，电桥满足平衡条件，输出为零，伺服电动机不转动，油量表指针偏转角为零。当油箱中注满油时，液位上升至 h 处，电容量发生变化，即电容量 $C_x = C_{x0} + \Delta C$，此时电桥失去平衡。电桥的输出电压放大器后驱动伺服电动机，经减速器后带动指针偏转，同时带动 RP 的滑动臂移动，使其阻值增大。当 RP 阻值达到一定值时，电桥又能达到新的平衡状态，伺服电动机停转，指针停留在转角 θ 处。由于伺服电动机同时带动指针及 RP 的滑动臂，因此，RP 的阻值与转角 θ 存在着确定的对应关系，即 θ 正比于 RP 的阻值，而该阻值又正比于液位高度，因此可直接从刻度盘上读得液位高度。

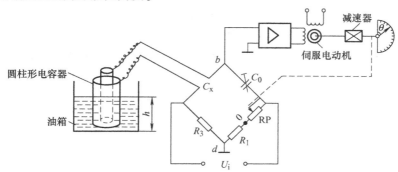

图 4-19　电容式油量表的工作原理

3. 电容式气体浓度仪

图 4-20 所示为用来检测气体浓度的电容式气体浓度仪检测系统示意图。用 2 个几何尺寸、形状和物理参数完全相同的镍铬合金丝制成红外线光源，其发射出的红外光经调制片形

成 1.25Hz 的光束。其中一束光经参比滤波室进入检测器下室,另一束光经工作室、滤波室进入检测器上室。由金属铝膜片和固定极板组成的薄膜电容器装在检测器内,膜片将上、下两室隔开,检测器内充有一定浓度的待测气体。

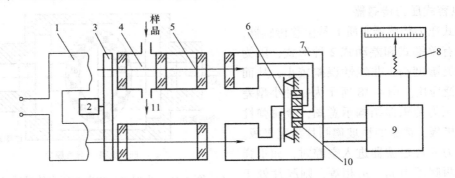

图 4-20　电容式气体浓度仪检测系统示意图

1—红外光源(镍铬合金丝)　2—同步电动机　3—调制片　4—工作室　5—滤波室　6—金属铝膜片
7—检测器　8—记录仪　9—测量和放大电路　10—电容器固定极板　11—参比滤波室

当检测器上、下两室受红外线光照射时,红外线光的能量被里面所充待测气体吸收,导致气体温度上升,产生热膨胀。由于工作室中有待测气体流通,上边的红外光能量在进入检测器上室前,会被此工作室的待测气体吸收一部分,被吸收程度与被测气体浓度成正比,从而使进入检测器上、下两室里的红外辐射能量存在差异。在检测室的上、下两室里也有一定的待测气体,其所吸收红外光能量不同,故产生热膨胀也有差异,这就使检测器里电容器膜片(金属铝膜片)产生一个位移,电容量随之发生相应的变化,再经测量和放大电路转换为电压(或电流)信号并放大,可直接从记录仪上读出待测气体的浓度。

4. 电容式湿度传感器

电容式湿度传感器主要用来测量环境的相对湿度。通常在传感器基片上涂覆感湿材料形成感湿膜,空气中的水蒸气吸附在感湿材料上时,湿度传感器的阻抗、介电常数等发生变化而输出电信号。图 4-21 所示为一种湿敏电容的测量电路,施密特触发器 F_1、R_1 和 C_1 构成振荡器,振荡频率主要由 R_1、C_1 决定。振荡输出信号加到湿敏电容上作为湿敏传感器的交流驱动信号。当湿度在 0 ~ 100% 之间发生变化时,湿敏电容的电容量发生变化,该变化经 F_1 整形,R_3、C_2 积分后输出 1.2 ~ 1.35V 的直流电压。

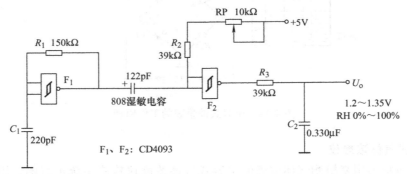

图 4-21　湿敏电容的测量电路

5. 电容式接近开关

电容式接近开关是根据变极距型电容式传感器原理设计的，主要用于定位及开关报警控制等场合，尤其适用于自动化生产线和检测线的自动限位、定位等控制系统，以及一些对人体安全影响较大的机械设备（如切纸机、压模机、锻压机等）的行程和保护控制系统。图 4-22 所示为一种人体电容式接近开关电路图，C_1 与 L_1 构成并联谐振电路，L_2 和 VT 形成共基极接法，C_4 是反馈电容，C_5 是耦合电容，R_3 与 C_3 形成去耦电路，R_1 和 R_2 是偏置电阻（与 C_2 形成选频网络），电位器 RP 用于调节接近距离。VD_1 与 VD_2 构成检波电路，C_6 是检波电容，C_0 是人体与金属棒形成的

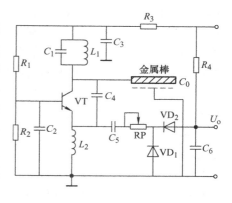

图 4-22　人体电容式接近开关电路图

电容。若人体接近金属棒，C_0 变大，与 C_4 并联后使反馈电容增加，从而使振荡减弱，经 VD_1、VD_2 检波后，输出的电压为低电平。反之，振荡器正常振荡，输出高电平。

6. 容栅式传感器

容栅式传感器是在变面积式电容传感器的基础上发展起来的一种新型传感器。将变面积式电容传感器中的电容极板刻成一定形状和尺寸的栅片，再配以相应的测量电路就构成了容栅式传感器。容栅式传感器特有的栅状电容极板和闭环反馈式测量电路，起到了减小寄生电容的影响、提高抗干扰能力、提高测量精度、极大地扩展了量程等作用，适宜进行大位移测量。容栅式传感器的结构形式主要有反射式、投射式和倾斜式等。

图 4-23 所示为反射式容栅传感器的结构形式和安装示意图。图中，动栅上排列一系列尺寸相同、宽度为 l_0 的小发射电极片 1～8，定栅上排列着一系列尺寸相同、宽度和间隙各

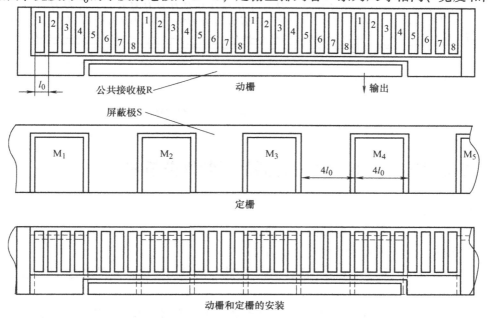

图 4-23　反射式容栅传感器结构形式和安装示意图

为 $4l_0$ 的反射电极片 M_1、M_2、$\cdots$，以及屏蔽极 S，R 为公共接收极。电极片之间相互绝缘，动栅和定栅的电极片相对且平行安装。当发射电极片 1~8 分别加 8 个波形相同、相位依次相差 45°的激励电压时，通过电容耦合在反射电极片上产生电荷，再通过电容在公共接收极上产生电荷输出。采用不同的激励电压和相应的测量电路，就可得到幅值或相位与被测位移呈比例关系的调幅信号或调相信号。反射式结构形式简单、使用方便，但移动过程中，导轨的误差对测量精度影响较大。

图 4-24 所示为透射式容栅传感器的结构形式。它由一个开有均匀间隔矩形窗口的金属带和测量装置组成。公共接收电极和一个与图 4-23 中一样的有一系列发射电极片的极板分别固定在测量装置的两侧，金属带则在测量装置的中间通过并随被测位移一起移动。发射电极通过金属带上的矩形窗口与接收电极形成耦合电容，而金属带则代替图 4-23 中的屏蔽极起屏蔽作用。投射式结构测量调整方便，安装误差和运行误差大为降低，但制造、安装较困难。

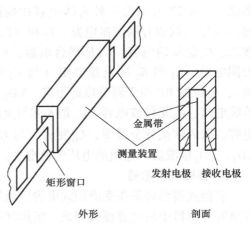

图 4-24 透射式容栅传感器结构图

若将图 4-23 中的一系列小发射电极均倾斜一个角度 d，其他电极栅片不变，就可构成倾斜式容栅传感器。图 4-25 是其动栅形状，这种结构可以消除测量系统在改变小电极片组的接线时，由于小发射极片间隙与接收电极片边缘不理想所产生的突变误差，因此对加工精度要求不高。

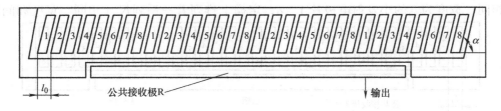

图 4-25 倾斜式容栅传感器动栅形状图

4.7 实验指导——电容式传感器静态特性分析实验

1. 实验目的
1）理解变面积式电容传感器的工作原理。
2）了解电容式传感器的结构及其特点。
3）能够根据实验结果分析变面积式电容传感器的输出特性，并得出有效结论。

2. 实验设备
CSY 系列传感器与检测技术实验台，包含电容式传感器、电容式传感器实验模板、测微头、相敏检波、滤波模板，数显单元、直流稳压源。

3. 实验步骤

1）按图4-26所示将电容式传感器装于实验模板上。

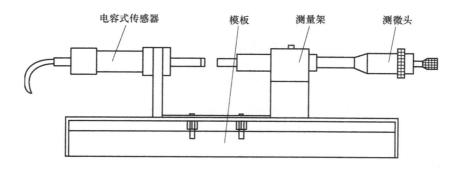

图4-26　电容式传感器安装示意图

2）将电容式传感器连线插入电容式传感器实验模板，实验接线如图4-27所示。

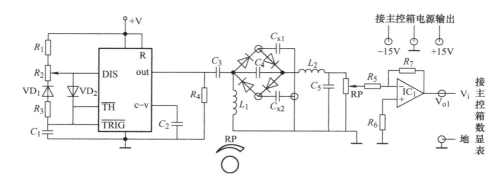

图4-27　电容式传感器接线示意图

3）将电容式传感器实验模板的输出端 V_{o1} 与数显单元 V_i 相连（插入主控箱 V_i 孔），RP调节到中间位置。

4）接入 ±15V 电源，旋动测微头，推近电容式传感器动极板位置，每间隔0.2mm记下位移 x 与输出电压值，填入表4-1。

表4-1　电容传感器位移与输出电压值

x/mm	0	0.2	0.4	0.6	0.8	1.0	1.2	1.4	1.6	1.8
U/mV										

5）根据表4-1数据计算电容式传感器的灵敏度和非线性误差。

4. 思考题

1）根据实验结果，分析引起传感器非线性的原因，并说明怎样提高其线性度。

2）为进一步提高传感器的灵敏度，本实验用的传感器可做何改进？如何设计？

习题与思考题

4-1 简述电容式传感器的优缺点。

4-2 为减小变极距型电容式传感器的非线性，可以采用何种方法？

4-3 何谓驱动电缆技术？采用该技术的目的是什么？画出其原理图。

4-4 某圆形平板电容式传感器，其极板直径为 8mm，工作初始间隙为 0.3mm，空气介质，所采用的测量电路灵敏度为 100mV/pF，读数仪表灵敏度为 5 格/mV，如果工作时，传感器的间隙产生 2μm 的变化量，试求：

（1）电容的变化量。

（2）读数仪表的指示值变化多少格？

4-5 如图 4-28 所示，请问：

（1）该电路是什么电路？电容 C 和 C_x 分别是什么电容？

（2）该电路有何特点？

（3）证明你的结论。

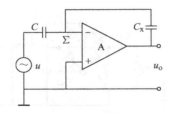

图 4-28 题 4-5 图

4-6 如何减小和消除电容式传感器的边缘效应？

4-7 如图 4-29 所示，该装置可以用于何种参数的测量？请简述其工作原理。

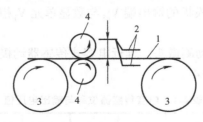

图 4-29 题 4-7 图

1—金属带材 2—电容极板 3—传动轮 4—轧辊

4-8 完成以下自测题。

（1）如果将变面积型电容式传感器接成差动形式，其灵敏度将（　　）。

A. 保持不变　　　　　B. 增大 1 倍　　　　　C. 减小 1/2　　　　　D. 增大 2 倍

（2）当变极距型电容式传感器两极板间的初始距离 d 增大时，将引起传感器的（　　）。

A. 灵敏度增大　　　　　　　　　　B. 灵敏度减小

C. 非线性误差增大　　　　　　　　D. 非线性误差不变

（3）用电容式传感器测量固体或不导电的液体物位时，应该选用（　　）。

A. 变极距型　　　　　　　　　　　B. 变面积型

C. 变介电常数型　　　　　　　　　D. 空气介质变隙型

（4）电容式传感器中输入量与输出量的关系为线性的有（　　）。

A. 变面积型电容式传感器　　　　　B. 变介电常数型电容式传感器

C. 变电荷型电容式传感器　　　　　D. 变极距型电容式传感器

（5）差动变面积式电容传感器测量位移时，按其信号改变原理分类，属（　　）传感器。

A. 物性型　　　　　B. 结构型　　　　　C. 开关量型　　　　　D. 数字型

（6）电容式传感器的主要类型有（　　）。

A. 变极距型　　　　　B. 变面积型　　　　　C. 变介电常数型　　　　　D. 变电阻型

（7）有关电容式传感器，下列说法正确的是（　　）。

A. 变面积型电容式传感器和变极距型电容式传感器的输入-输出特性是线性关系

B. 对变极距型电容式传感器，采用差动结构，灵敏度提高 1 倍

C. 电容式传感器的温度稳定性较好，抗干扰能力较强

D. 二极管双 T 形电路的输出阻抗与电容有关

（8）下列方法不能减小或消除寄生电容影响的是（　　）。

A. 增加原始电容值　　　　　　　　B. 采用驱动电缆技术

C. 保证绝缘材料的绝缘性　　　　　D. 采用运算放大器法

（9）电容式传感器具有的优点是（　　）。

A. 不易受干扰　　　　　　　　　　B. 不受电缆的分布电容影响

C. 动态响应快　　　　　　　　　　D. 输出阻抗小

（10）下列关于电容式传感器说法正确的是（　　）。

A. 各种类型的电容式传感器都是非线性的，都要进行修正

B. 电容式传感器输出阻抗高、负载能力差

C. 电容式传感器动态响应好，但温度稳定性较差

D. 采用差动式电容传感器可减小非线性，但不能防止和减小外界干扰

第 5 章

磁电式传感器

磁电式传感器是利用导体或半导体的磁电转换原理，将磁场信息转换成相应电信号的元器件，主要有磁电感应式传感器和霍尔传感器等。磁电感应式传感器是基于电磁感应原理设计的，广泛用于建筑、工业等领域中振动、速度、加速度、转速、转角、磁场参数等的测量。霍尔传感器是利用霍尔效应实现对物理量的检测，能够对与力有关的参量、与位移有关的参量以及与速度有关的参量进行测量和控制。

5.1 磁电感应式传感器

磁电感应式传感器是利用电磁感应原理将被测量转换成电信号的一种传感器。它是一种有源传感器，工作时不需要辅助电源就能把被测对象的机械量转换成易于测量的电信号。由于它输出功率大、性能稳定、具有一定的工作带宽（10～1000Hz），所以一般不需要高增益放大器。

5.1.1 工作原理

根据法拉第电磁感应定律，当导体在稳恒均匀磁场中沿垂直于磁场的方向运动时，导体内产生的感应电动势为

$$e = \left| \frac{\mathrm{d}\Phi}{\mathrm{d}t} \right| = Bl \frac{\mathrm{d}x}{\mathrm{d}t} = Blv \tag{5-1}$$

式中，B 为稳恒均匀磁场的磁感应强度；l 为导体有效长度；v 为导体相对磁场的运动速度。

当一个匝数为 W 的线圈在磁场中运动切割磁力线，或线圈所在磁场的磁通变化时，线圈中所产生的感应电动势 e 的大小取决于穿过线圈的磁通量 Φ 的变化率，即

$$e = -W \frac{\mathrm{d}\Phi}{\mathrm{d}t} \tag{5-2}$$

磁通变化率与磁场强度、磁路磁阻、线圈的运动速度有关。若改变其中任何一个因素，都会改变线圈的感应电动势。只要磁通量发生变化，就有感应电动势产生，其实现的方法很多，主要有线圈与磁场发生相对运动和磁路中磁阻变化。

5.1.2 结构类型

按工作原理不同，磁电感应式传感器可分为变磁通式和恒磁通式 2 种类型。

（1）变磁通式磁电传感器

变磁通式磁电传感器又称为磁阻式磁电传感器，图 5-1 所示为一种用来测量旋转物体角

速度的变磁通式磁电传感器的结构图。图 5-1a 为开磁路变磁通式传感器结构，线圈、磁铁静止不动，测量齿轮安装在被测旋转体上，随被测体一起转动。每转动一个齿，齿的凹凸引起磁路磁阻变化一次，磁通也就变化一次，线圈中产生感应电动势，其变化频率等于被测转速与测量齿轮上齿数的乘积。这种传感器结构简单，但输出信号较小，且因高速轴上加装齿轮较危险而不适用于测量高转速的场合。图 5-1b 为闭磁路变磁通式传感器结构，它由装在转轴上的内齿轮和外齿轮、永久磁铁和感应线圈组成，内、外齿轮齿数相同。当转轴连接到被测转轴上时，外齿轮不动，内齿轮随被测轴转动，内、外齿轮的相对转动使气隙磁阻产生周期性变化，从而引起磁路中磁通的变化，使线圈内产生周期性变化的感应电动势。显然，感应电动势的频率与被测转速成正比。

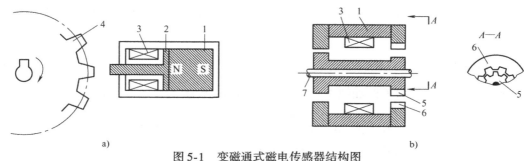

图 5-1 变磁通式磁电传感器结构图

a）开磁路 b）闭磁路

1—永久磁铁 2—软磁铁 3—感应线圈 4—测量齿轮 5—内齿轮 6—外齿轮 7—轮轴

变磁通式磁电传感器对环境条件要求不高，能在 $-150 \sim 90℃$ 的温度下工作，不影响测量精度，也能在油、水雾、灰尘等条件下工作。传感器的输出电动势取决于线圈中磁场的变化速度，当转速太低时，输出电动势很小，以致无法测量。所以这种传感器有一个下限工作频率，一般为 50Hz 左右（闭磁路变磁通式传感器的下限频率可降低到 30Hz 左右），其上限工作频率可达 100kHz。

（2）恒磁通式磁电传感器

恒磁通式磁电传感器按运动部件的不同可分为动圈式和动铁式 2 种，如图 5-2 所示。动圈式磁电传感器中，线圈是运动部件，而动铁式磁电感应传感器的运动部件是铁心。

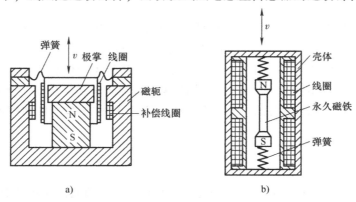

图 5-2 恒磁通式磁电传感器结构图

a）动圈式 b）动铁式

动圈式和动铁式磁电传感器的工作原理是完全相同的。由于弹簧较软，而运动部件质量相对较大，当壳体随被测振动体一起振动且频率足够高（远大于传感器固有频率）时，运动部件因其惯性很大，近乎静止不动。因此，振动能量几乎全被弹簧吸收，永久磁铁与线圈之间的相对运动速度接近于振动体振动速度，磁铁与线圈的相对运动切割磁力线，从而产生感应电动势，即

$$e = -B_0 lWv \tag{5-3}$$

式中，B_0 为工作气隙磁感应强度；l 为每匝线圈的平均长度；W 为线圈在工作气隙磁场中的匝数；v 为相对运动速度。

该类型传感器的基本形式是速度传感器，能直接测量线速度或角速度。如果在其测量电路中接入积分电路或微分电路，还可以用来测量位移或加速度。显然，磁电感应式传感器只适用于动态测量。

5.1.3 基本特性

磁电式传感器的测量电路如图 5-3 所示，其输出电流为

$$I_o = \frac{E}{R + R_f} = \frac{B_o lWv}{R + R_f} \tag{5-4}$$

式中，R_f 为测量电路输入电阻；R 为线圈等效电阻。
传感器的电流灵敏度为

$$S_I = \frac{I_o}{v} = \frac{B_o lW}{R + R_f} \tag{5-5}$$

输出电压和电压灵敏度分别为

$$\begin{cases} U_o = I_o R_f = \dfrac{B_o lWvR_f}{R + R_f} \\[2mm] S_U = \dfrac{U_o}{v} = \dfrac{B_o lWR_f}{R + R_f} \end{cases} \tag{5-6}$$

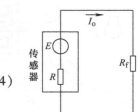

图 5-3　磁电式传感器测量电路

5.2　霍尔传感器

霍尔传感器是基于霍尔效应的一种传感器。1879 年，美国物理学家霍尔首先在金属材料中发现了霍尔效应，但由于金属材料的霍尔效应太弱而没有得到应用。随着半导体技术的发展，科学家发现半导体材料的霍尔效应显著，因此基于半导体材料的霍尔传感器应运而生，并得到了很好的应用和发展。霍尔传感器具有结构简单、体积小、噪声小、频率范围宽、动态范围大、寿命长等特点，因此被广泛应用于测量技术、自动控制和信息处理等领域。

5.2.1　霍尔效应

霍尔效应是物质在磁场中表现的一种特性，它是由于运动电荷在磁场中受到洛伦兹力作用而产生的结果。当置于磁场中的静止载流导体的电流方向与磁场方向不一致时，载流导体上平行于电流和磁场方向上的两个面之间会产生电动势，这种现象称为霍尔效应。该电动势

称为霍尔电动势。霍尔效应原理如图 5-4 所示。在垂直于外磁场 B 的方向上放置一导电板，导电板通以电流 I，导电板中的电流使金属中自由电子在电场作用下做定向运动。此时，每个电子受洛伦兹力 F_1 的作用，F_1 的大小为

$$F_1 = eBv \qquad (5\text{-}7)$$

式中，e 为电子电荷；v 为电子运动平均速度；B 为磁场的磁感应强度。

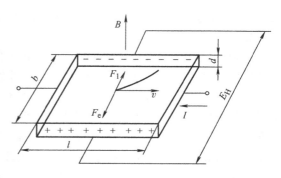

图 5-4　霍尔效应原理图

因 F_1 的方向在图 5-4 中是向内的，此时电子除了沿电流反方向做定向运动外，还在 F_1 的作用下以抛物线的形式漂移。这将导致金属导电板内侧面积累电子，而外侧面积累正电荷，从而形成了霍尔电场 E_H。该电场对随后的电子施加电场力 F_e，即

$$F_e = eE_H = eU_H / b \qquad (5\text{-}8)$$

式中，U_H 为霍尔电动势；b 为霍尔片的宽度。

随着内、外侧面积累电荷的增加，霍尔电场增大，电子受到的霍尔电场力也增大。当电子所受洛伦兹力与霍尔电场作用力大小相等方向相反时，达到动态平衡，即 $F_e = F_1$，则

$$eE_H = eBv \qquad (5\text{-}9)$$

此时电荷不再向两侧面积累，达到平衡状态。

若金属导电板单位体积内电子数为 n，电子定向运动平均速度为 v，则激励电流 $I = nevbd$，即

$$v = \frac{I}{nebd} \qquad (5\text{-}10)$$

将式(5-10) 代入式(5-9)，可得

$$E_H = \frac{IB}{nebd}, U_H = \frac{IB}{neb} \qquad (5\text{-}11)$$

令 $R_H = \dfrac{1}{ne}$，称之为霍尔系数，其大小取决于导体载流子密度，则有

$$U_H = \frac{R_H IB}{d} = K_H IB \qquad (5\text{-}12)$$

式中，K_H 为霍尔元件的灵敏度系数，$K_H = \dfrac{R_H}{d}$。

由式(5-12) 可见，霍尔电动势正比于激励电流及磁感应强度，其灵敏度系数与霍尔系数 R_H 成正比而与霍尔片厚度 d 成反比。为了提高灵敏度，霍尔元件通常制成薄片形状。

需要指出的是，在上述公式中，施加在霍尔元件上磁感应强度为 B 的磁场是垂直于薄片的，即磁感应强度的方向和霍尔元件的平面法线是一致的。当磁感应强度和霍尔元件平面法线成一角度 θ 时，作用在霍尔元件上的有效磁场是其法线方向的分量 $B\cos\theta$，此时有

$$U_H = K_H IB\cos\theta \qquad (5\text{-}13)$$

由于材料的电阻率 $\rho = \dfrac{1}{ne\mu}$，所以霍尔系数与载流体材料的电阻率 ρ、载流子迁移率 μ 的

关系为 $R_H = \mu\rho$。因此，只有 μ、ρ 都比较大的材料才适合制作霍尔元件，才能获得较大的霍尔系数和霍尔电压。

一般金属材料的载流子迁移率很高，但电阻率很小；而绝缘材料的电阻率极高，但载流子迁移率极低，故只有半导体材料才适于制造霍尔元件。目前常用的霍尔元件材料有锗、硅、锑化铟、砷化镓等半导体材料。由于电子迁移率大于空穴迁移率，所以霍尔元件多用 N 型半导体材料。N 型锗容易加工制造，其霍尔系数、温度性能和线性度都较好；N 型硅的线性度最好，其霍尔系数、温度性能与 N 型锗相近；砷化镓（GaAs）和锑化铟（InSb）材料的霍尔元件也都具有良好的线性特性，砷化镓目前使用较多。

例5-1：霍尔元件灵敏度 $K_H = 40V/（A \cdot T）$，控制电流 $I = 30mA$，将它置于变化范围为 $1 \times 10^{-4} \sim 5 \times 10^{-4}T$ 的线性变化的磁场中，它的输出霍尔电动势范围为多少？

解：当 $B = 1 \times 10^{-4}T$ 时，有

$$U_H = K_H IB = 40 \times 30 \times 10^{-3} \times 1 \times 10^{-4}V = 1.2 \times 10^{-4}V$$

当 $B = 5 \times 10^{-4}T$ 时，有

$$U_H = K_H IB = 40 \times 30 \times 10^{-3} \times 5 \times 10^{-4}V = 6 \times 10^{-4}V$$

即输出霍尔电动势范围为 $（1.2 \sim 6） \times 10^{-4}V$。

例5-2：已知某霍尔元件尺寸长 $L = 10mm$，宽 $b = 3.5mm$，厚 $d = 1mm$。沿 L 方向通以电流 $I = 1.0mA$，在垂直于 $b \times d$ 方向上加均匀磁场 $B = 0.3T$，输出霍尔电动势 $U_H = 6.55mV$。求该霍尔元件的灵敏度系数 K_H 和载流子密度 n。

解：根据式（5-12）得

$$K_H = \frac{U_H}{IB} = \frac{6.55}{1 \times 0.3}mV/（mA \cdot T） \approx 21.8V/（A \cdot T）$$

而灵敏度系数 $K_H = \dfrac{1}{ned}$，电荷电量 $e = 1.602 \times 10^{-19}C$，故载流子密度为

$$n = \frac{1}{K_H ed} = \frac{1}{21.8 \times 1.602 \times 10^{-19} \times 10^{-3}}m^{-3} = 2.86 \times 10^{20}/m^3$$

5.2.2 霍尔元件

1. 基本结构

霍尔元件由霍尔片、4 根引线和壳体组成，如图 5-5 所示。霍尔片是一块矩形半导体单晶薄片，引出 4 根引线，其中，1、1′引线加激励电压或电流，称为激励电极（控制电极）；2、2′引线为霍尔输出引线，称为霍尔电极。霍尔元件的壳体是用非导磁金属、陶瓷或环氧树脂封装的。在电路

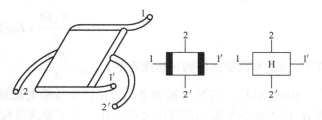

图 5-5　霍尔元件
1、1′—激励电极　2、2′—霍尔电极

中，霍尔元件一般可用 2 种符号表示。标注时，国产器件常用 H 代表霍尔元件，后面的字母代表元件的材料，数字代表产品序号。例如，HZ－1 元件，说明是用锗材料制成的霍尔元件；HT－1 元件，说明是用锑化铟材料制成的霍尔元件。

2. 驱动电路

在实际应用中，霍尔元件一般采用恒流驱动或恒压驱动，如图 5-6 所示。恒压驱动电路简单，但性能较差，随着磁感应强度的增加，线性度变差，仅用于精度要求不太高的场合。恒流驱动线性度高、精度高、受温度影响小，目前应用较为广泛。

为了得到较大的霍尔输出，可以把几个霍尔元件输出串联起来使用，但激励电流必须并联，连接方式如图 5-7 所示。考虑到元件参数的不一致，可以通过调节图 5-7 中的 R_1、R_2，使 a、b 端的电位相同，此时 c、d 端的输出就等于单个元件的 2 倍。测量输出时，如发现霍尔输出接近于零，则原因可能是 2 个霍尔电极接反，此时要对调引线重新调整。

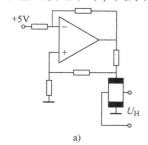 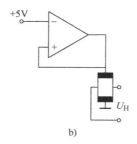 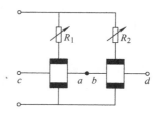

图 5-6　霍尔元件驱动电路　　　　　　　图 5-7　霍尔输出迭加的连接方式

a）恒流驱动电路　b）恒压驱动电路

3. 基本特性

（1）额定激励电流和最大允许激励电流

霍尔元件自身温升 10℃时所流过的激励电流，称为额定激励电流。以霍尔元件允许最大温升为限制所对应的激励电流，称为最大允许激励电流。因霍尔电动势随激励电流的增加而线性增加，所以使用中希望选用尽可能大的激励电流。改善霍尔元件的散热条件，可以使激励电流增加。额定激励电流的大小与霍尔元件的尺寸有关，尺寸越小，额定激励电流越小。

（2）输入电阻和输出电阻

激励电极间的电阻称为输入电阻，霍尔电极间的电阻为输出电阻。输入电阻和输出电阻一般为 100 ~ 2000Ω，且输入电阻大于输出电阻，但相差不太大，使用时应注意。

（3）不等位电动势

当霍尔元件的激励电流为 I 时，若霍尔元件所处位置磁感应强度为零，则它的霍尔电动势应该为零，但实际上往往并不为零。这时测得的空载霍尔电动势称为不等位电动势（也称为非平衡电压或残留电压），如图 5-8 所示。产生这一现象的主要原因是制作工艺不能保证 2 个霍尔电极绝对对称地焊在霍尔片的两侧，致使两电极点不能完全位于同一等位面上；或是半导体材料不均匀造成电阻率不均匀或几何尺寸不均匀；或是激励电极接触不良造成激励电流不均匀分布等。

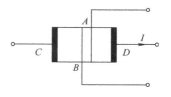

图 5-8　不等位电动势示意图

（4）寄生直流电动势

在外加磁场为零、霍尔元件用交流激励时，霍尔电极输出除了交流不等位电动势外，还有直流电动势，这称为寄生直流电动势。寄生直流电动势一般在 1mV 以下，它是影响霍尔片温漂的原因之一。

（5）霍尔电动势温度系数

在一定磁感应强度和激励电流下，温度每变化 1℃ 时，霍尔电动势变化的百分率称为霍尔电动势温度系数。

5.2.3 误差与补偿

霍尔元件的不等位电动势与霍尔电动势具有相同的数量级，有时甚至超过霍尔电动势。此外，霍尔元件是采用半导体材料制成的，具有较大的温度系数。当温度变化时，霍尔元件的载流子浓度、迁移率、电阻率及霍尔系数都将发生变化，从而使霍尔元件产生温度误差。因而在实际使用中，必须采用适当的补偿方法以消除不等位电动势和温度变化对测量结果的影响。

1. 不等位电动势补偿

分析不等位电动势时，可以把霍尔元件等效为一个电桥，如图 5-9 所示。

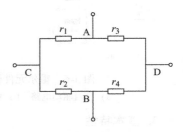

图 5-9 中，A、B 为霍尔电极，C、D 为激励电极，电极分布电阻分别用 $r_1 \sim r_4$ 表示，可以把它们看作电桥的 4 个桥臂。理想情况下，电极 A、B 处于同一等位面上，$r_1 = r_2 = r_3 = r_4$，电桥平衡，不等位电动势 $U_o = 0$。实际上，由于 A、B 电极不在同一等位面上，此 4 个电阻阻值不相等，电桥不平衡，不

图 5-9 霍尔元件的等效电路

等位电动势不等于零。此时可根据 A、B 电极电位的高低，在某一桥臂上并联相应的电阻，使电桥达到平衡，从而使不等位电动势为零。常用的几种补偿电路如图 5-10 所示。图 5-10a ~ b 为常见的补偿电路，图 5-10b ~ c 相当于在等效电桥的 2 个桥臂上同时并联电阻，图 5-10d 用于交流供电的情况。

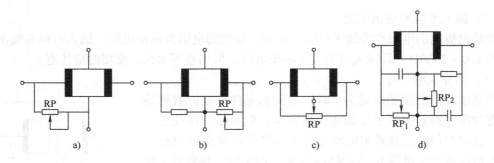

a)   b)   c)   d)

图 5-10 霍尔元件不等位电动势补偿电路

2. 温度补偿

采用恒流源供电可以使霍尔电动势保持稳定，但也只能减小由于输入电阻随温度变化所带来的影响。霍尔元件的灵敏度系数本身也是温度的函数，它随温度变化，同时也将引起霍尔电动势的变化。霍尔元件的灵敏度系数与温度的关系为

$$K_H = K_{H0}(1 + \alpha \Delta T)$$

式中，K_{H0} 为温度为 T_0 时的 K_H 值；ΔT 为温度的变化量；α 为霍尔电动势温度系数。

为了减小霍尔元件的温度误差，除选用温度系数小的元件或采用恒温措施外，还可以通过以下几种方法进行补偿。

（1）恒流源电路的补偿

多数霍尔元件的霍尔电动势温度系数是正值，霍尔电动势随温度升高而增大。如果能够使激励电流相应地减小，并能保持霍尔元件的灵敏度系数与激励电流的乘积不变，就能抵消灵敏度系数增加的影响。图 5-11 所示为按此思路设计的一个既简单、补偿效果又较好的补偿电路。

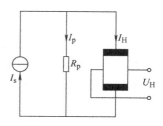

图 5-11　恒流温度补偿电路

图 5-11 所示电路中，I_s 为恒流源，分流电阻 R_p 与霍尔元件的激励电极并联。当霍尔元件的霍尔电动势随温度升高而增大时，旁路分流电阻 R_p 自动增大分流，减小了霍尔元件的激励电流 I_H，并保持 I_H 与 K_H 的乘积不变，从而达到补偿的目的。分流电阻 R_p 采用温度系数不同的 2 种电阻串、并联组合，效果较好。

（2）恒压源电路的补偿

霍尔元件的输出电阻和霍尔电动势都是温度的函数（假设均是正温度系数），当温度变化时，霍尔电动势的变化必然引起负载上输出电动势的变化。若选取适合的负载电阻 R_L，则有补偿环境温度变化的作用，如图 5-12 所示。

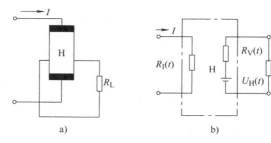

图 5-12　负载电阻补偿电路
a）基本电路　b）等效电路

图 5-12b 所示的等效电路中，R_I、R_V 分别为霍尔元件的输入和输出内阻，均是温度的函数。当初始温度为 t_0 时，输出内阻和霍尔电动势分别为 R_{V0} 和 U_{H0}。当温度变化为 t 时，令输出电阻温度系数为 β，霍尔电动势温度系数为 α，一般有 $\beta \gg \alpha$，则有

$$\begin{cases} R_V = R_{V0}\left[1 + \beta(t - t_0)\right] \\ U_H = U_{H0}\left[1 + \alpha(t - t_0)\right] \end{cases} \tag{5-14}$$

负载电阻上的电压降为

$$U_{HL} = \frac{U_H}{R_V + R_L}R_L \tag{5-15}$$

将式(5-14) 代入式(5-15)，有

$$U_{HL} = \frac{U_{H0}\left[1 + \alpha(t - t_0)\right]}{R_L + R_{V0}\left[1 + \beta(t - t_0)\right]}R_L \tag{5-16}$$

满足 U_{HL} 不随 t 变化的条件是 $\dfrac{\mathrm{d}U_{HL}}{\mathrm{d}t} = 0$，即

$$\frac{\mathrm{d}U_{HL}}{\mathrm{d}t} = \frac{U_{H0}\alpha \mid R_L + R_{V0}\left[1 + \beta(t - t_0)\right]\mid - U_{H0}\left[1 + \alpha(t - t_0)\right]R_{V0}\beta}{\mid R_L + R_{V0}\left[1 + \beta(t - t_0)\right]\mid^2}R_L = 0$$

又因为 $\alpha \ll 1$，$\beta \ll 1$，故忽略 β（$t - t_0$）及 α（$t - t_0$），可得

$$R_{\mathrm{L}} = \frac{\beta - \alpha}{\alpha} R_{\mathrm{V0}} \tag{5-17}$$

又因为 $\beta \gg \alpha$，则有

$$R_{\mathrm{L}} = \frac{\beta}{\alpha} R_{\mathrm{V0}} \tag{5-18}$$

所以选负载电阻近似满足式（5-18），则可使负载上的电压不随温度而变化。霍尔电压的负载通常是测量仪表或测量电路，其阻值是一定的，这时可用串、并联电阻的方法使得负载的电阻值满足式（5-18）的条件，来补偿温度误差。

（3）采用温度补偿元件

对于霍尔电动势温度系数随温度上升而减小的器件，可采用恒压源供电。在输入回路中串联一个负温度系数的热敏电阻，当温度升高时，热敏电阻阻值减小，激励电流增大，可保持霍尔元件的灵敏度系数与激励电流的乘积不变，从而使温度误差得到补偿。在装配时，热敏电阻应和霍尔元件尽量靠近封装在一起，以使它们的温度变化一致。

（4）桥路温度补偿法

霍尔电动势桥路温度补偿电路原理如图 5-13 所示。在霍尔输出极上串联一个温度补偿电桥，电桥的 3 个臂为电阻值基本不随温度变化的锰铜电阻，其中一臂并联热敏电阻 R_{t}。当温度变化时，由于 R_{t} 发生变化，使电桥的输出发生变化，从而使整个回路的输出得到了补偿。

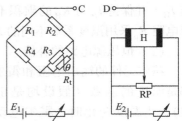

图 5-13　霍尔电动势的桥路温度
补偿电路

5.2.4　霍尔集成传感器

随着半导体集成电路技术的迅猛发展和日益完善，在现代传感器技术中，在用半导体材料制备传感器的同时，经常将某些具有温度补偿、信号处理与放大等功能的电路与传感器集成在同一芯片上，构成单片集成传感器。传感器的集成化，不仅能够提高传感器的性能和可靠性、降低生产成本、减小体积，而且还便于与微处理器相结合实现传感器的智能化。根据输出信号形式的不同，霍尔集成传感器可以分为线性型和开关型 2 种。

1. 线性型霍尔集成传感器

线性型霍尔集成传感器的输出电压与外加磁场强度呈线性比例关系。这类传感器一般由霍尔元件和放大器组成，当外加磁场时，霍尔元件产生与磁场强度成线性比例变化的霍尔电压，经放大器放大后输出。在实际电路设计中，为了提高传感器的性能，往往在电路中设置稳压、电流放大输出级、失调调整和线性度调整等电路。线性型霍尔集成传感器广泛用于位置、力、重量、厚度、速度、磁场、电流等的测量或控制。线性型霍尔集成传感器有单端输出和双端输出 2 种，其电路如图 5-14、图 5-15 所示。

单端输出的传感器是一个三端器件，它的输出电压对外加磁场的微小变化能做出线性响应，通常将输出电压连到外接放大器，将输出电压放大到较高的电平。双端输出的传感器是一个 8 脚双列直插封装的器件，它可提供差动射极跟随输出，还可提供输出失调调零。

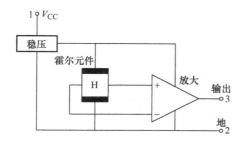

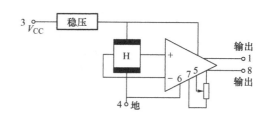

图 5-14　单端输出传感器电路图　　　　　图 5-15　双端输出传感器电路图

2. 开关型霍尔集成传感器

开关型霍尔集成传感器是把霍尔元件的输出经过处理后，输出一个高电平或低电平的数字信号。它具有使用寿命长、无触点磨损、无火花干扰、无转换抖动、工作频率高、温度特性好、能适应恶劣环境等优点。开关型霍尔集成传感器常应用于点火系统、保安系统、转速、里程测定、机械设备的限位开关、按钮开关、电流的测定与控制、位置及角度的检测等。这种集成电路一般由霍尔元件、稳压电路、差分放大器、施密特触发器以及 OC 门（集电极开路输出门）电路等部分组成，电路结构如图 5-16 所示。

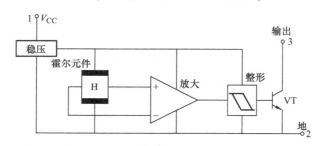

图 5-16　开关型霍尔集成传感器电路图

开关型霍尔集成电路的开关形式有单稳态和双稳态 2 种，在输出上也有单端输出和双端输出 2 种。常用的型号有 UGN 系列和 CS 系列，外形结构有三端 T 型和四端 T 型（双端输出）。开关型霍尔集成传感器输出端内部一般为开路集电极晶体管或开路发射极输出器形式，因此它能方便地与各种负载配接，如可直接驱动晶体管、LED、光电耦合器、单/双向晶闸管和小电流继电器等，并能和 TTL 及 CMOS 数字电路、PLC 输入口、固态继电器、各种交/直流电子开关接口。

5.2.5　霍尔传感器的应用

1. 霍尔位移传感器

霍尔元件具有结构简单、体积小、动态特性好和使用寿命长等优点，在位移测量中得到广泛应用。霍尔位移传感器的工作原理如图 5-17 所示。

如图 5-17a 所示，磁场强度相同的 2 块永磁铁，同极性相对放置，霍尔元件处在 2 块磁铁的中间，此时位移 $\Delta x = 0$。由于磁铁中间的磁感应强度 $B = 0$，所以霍尔元件输出的霍尔

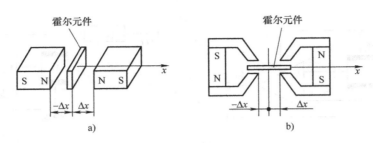

图 5-17 霍尔位移传感器的工作原理

a) 磁场强度相同 b) 结构相同

电动势 $U_H = 0$。若霍尔元件在 2 块磁铁中产生相对位移,霍尔元件感受到的磁感应强度也随之改变,这时 U_H 不为零,其量值大小反映出霍尔元件与磁铁之间相对位置的变化量。这种结构的传感器动态测量范围可达 5mm,分辨率为 0.001mm。

图 5-17b 是一个由 2 个结构相同的磁路组成的霍尔位移传感器。为了获得较好的线性分布,在磁极端面装有极靴,霍尔元件调整好初始位置时,可以使霍尔电动势 $U_H = 0$。当控制电流 I 恒定不变时,霍尔电动势 U_H 与外磁感应强度成正比;若磁场在一定范围内沿 x 方向的变化梯度 $\dfrac{\mathrm{d}B}{\mathrm{d}x}$ 为一常数,则当霍尔元件沿 x 方向移动时,霍尔电动势变化为

$$\frac{\mathrm{d}U_H}{\mathrm{d}x} = K_H I \frac{\mathrm{d}B}{\mathrm{d}x} = K \tag{5-19}$$

式中,K 为霍尔位移传感器的输出灵敏度。

对式(5-19)积分,得

$$U_H = Kx \tag{5-20}$$

式(5-20)表明,霍尔电动势与位移量呈线性关系,其输出电动势的极性反映了元件位移的方向。磁场梯度越大,灵敏度越高;磁场梯度越均匀,输出线性度越好。这种位移传感器一般可测量 1~2mm 的微小位移,其特点是惯性小、响应速度快、无触点测量。

2. 霍尔计数装置

霍尔开关传感器能感受到很小的磁场变化,可对黑色金属零件进行计数检测。对钢球进行计数的工作原理图和电路图如图 5-18 所示。当钢球通过霍尔开关传感器时,传感器可输出峰值 20mV 的脉冲电压,该电压经运算放大器 (μA741) 放大后,驱动半导体晶体管 VT (2N5812) 工作,VT 输出端便可接计数器进行计数,并由显示器显示检测数值。

3. 霍尔转速传感器

霍尔转速传感器的工作原理如图 5-19 所示。在非磁材料的圆盘边上粘贴一块磁钢,霍尔集成传感器固定在圆盘外缘附近。当磁钢远离霍尔传感器时,霍尔传感器输出低电平;当磁钢处于霍尔传感器正下方时,霍尔传感器输出高电平。圆盘每转动 1 圈,霍尔传感器便输出 1 个高电平脉冲。通过单片机测量产生脉冲的频率,就可以得出圆盘的转速。根据圆盘转速,结合圆盘周长就可以计算出物体的位移。如果要增加测量位移的精度,可以在圆盘上多增加几个磁钢,这样圆盘每转动 1 圈,霍尔传感器便会输出多个高电平脉冲。从而提高分辨率。

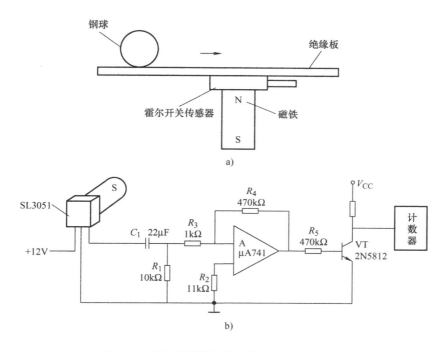

图 5-18　霍尔计数装置的工作原理图及电路图

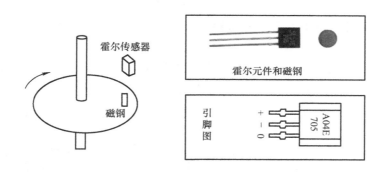

图 5-19　霍尔转速传感器的工作原理图

　　转速检测电路如图 5-20 所示。该电路采用霍尔芯片 UGN3040 检测磁性转子的转数。UGN3040 是集电极开路元件，外接上拉电阻。当磁性转子转动时，霍尔芯片的输出也随之变化，B 点是经过三极管反相后的输出。后续电路可用计数器记录转速。开关型霍尔传感器还可选用 UGN－3020、UGN－3030 型，电源电压为 4.5～25V，对磁感应强度 B 的大小要求不严格，当电源电压为 12V 时，其输出截止电压的幅值 $U_0 \leqslant 12V$。亦可选用国产 CS837、CS6837 型，其电源电压为 10V；或者 CS839、CS6839，其电源电压为 18V。但应注意的是，CS 型开关集成霍尔传感器为双端输出，也属于集电极开路输出级。不管是单端输出还是双端输出，电源和集电极间必须接上负载电阻才能正常工作。

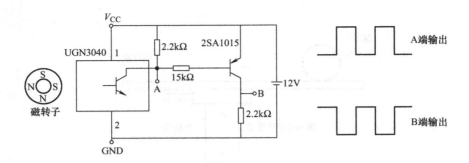

图 5-20　转速检测电路

5.3　实验指导

5.3.1　霍尔传感器位移特性实验

1. 实验目的

1）了解霍尔传感器的工作原理。

2）掌握直流、交流激励时霍尔传感器的特性，能够根据实验结果分析其输出特性，并得出有效结论。

2. 实验设备

CSY 系列传感器与检测技术实验台，包含霍尔传感器实验模板、霍尔传感器、直流源±4V、±15V、测微头、数显单元、相敏检波、移相、滤波模板、双线示波器。

3. 实验步骤

1）先进行直流激励实验。将霍尔传感器按图 5-21、图 5-22 所示安装在实验模板上，并连接好实验电路。1、3 为电源线，2、4 为信号输出。

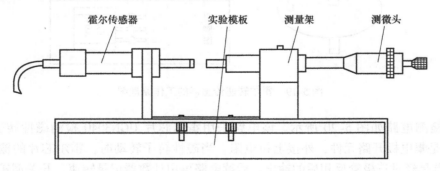

图 5-21　霍尔传感器安装示意图

2）开启电源，调节测微头使霍尔片在磁钢中间位置，再调节 RP₂ 使数显表指示为零。

3）旋转测微头沿轴向推进，每转动 0.2mm 记下一个读数，直到读数近似不变，将读数填入表 5-1 中。

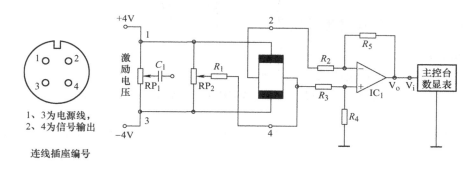

图 5-22　直流激励时霍尔传感器位移实验接线图

表 5-1　直流激励时输出电压和位移数据

x/mm	0	0.2	0.4	0.6	0.8	1.0	1.2	1.4	1.6	1.8
U/mV										
x/mm	2.0	2.2	2.4	2.6	2.8	3.0	3.2	3.4	3.6	3.8
U/mV										

4）画 $U-x$ 曲线，计算不同线性范围时的灵敏度和非线性误差。

5）直流激励完成后进行交流激励实验，按图 5-23 接好电路。

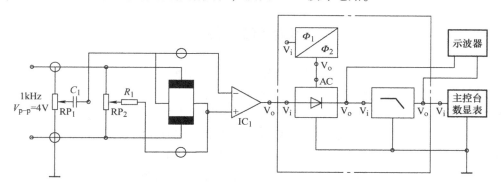

图 5-23　交流激励时霍尔传感器位移实验接线图

6）调节音频振荡器频率和幅度旋钮，从 L_v 输出交流激励信号，接入电路中。注意用示波器观测激励信号，使其输出为 1kHz，峰-峰值为 4V（电压过大会烧坏霍尔元件）。

7）调节测微头，使霍尔传感器产生一个较大位移，利用示波器观察，使霍尔元件的不等位电动势最小，然后从数显表上观察，调节电位器 RP_1、RP_2，使显示为零。同时，利用示波器观察相敏检波器的输出，旋转移相单元电位器和相敏检波器，使示波器显示全波整流波形。

8）旋动测微头，记下每转动 0.2mm 时表头读数，填入表 5-1，画出 $U-x$ 曲线，计算不同量程时的非线性误差。

4. 思考题

1）利用霍尔元件测量位移和振动时，使用上有何限制？

2）使用现有元器件，如何设计消除不等位电动势的补偿电路？

5.3.2 数字式霍尔转速计设计实验

1. 实验目的

1）理解数字式霍尔转速计的工作原理。

2）掌握数字式霍尔转速计的设计方法，能用现有元器件实现数字式霍尔转速计的初步设计，满足相应的测量要求。

3）通过系统设计、元器件选择、安装调试等的训练，培养解决本专业领域复杂工程问题的能力。

4）能对实验数据进行有效处理，对测量系统的灵敏度和非线性误差进行评价，并得出有效结论，提出进一步改进方案。

2. 设计目标

利用霍尔传感器设计数字式霍尔转速计，由数显式仪表显示物体的转速。

3. 实验基本内容及要求

1）要求学生选用霍尔传感器及相应的实验电路模板完成测量。

2）要求学生能对所得数据进行拟合，计算其灵敏度及线性度，在此基础上设计简易霍尔式转速计。

3）学生自己设计实验方案，并完成实验（实验方案必须于实验前完成，并经指导教师审阅）。

习题与思考题

5-1 简述变磁通式和恒磁通式磁电传感器的工作原理。

5-2 什么是霍尔效应？霍尔电动势与哪些因素有关？

5-3 说明为什么导体材料和绝缘体材料均不宜做成霍尔元件？

5-4 温度变化对霍尔元件输出电动势有什么影响？如何补偿？

5-5 已知某霍尔元件尺寸为长 $L = 10\mathrm{mm}$，宽 $b = 3.5\mathrm{mm}$，厚 $d = 1\mathrm{mm}$。沿 L 方向通以电流 $I = 1.0\mathrm{mA}$，电荷电量 $e = 1.602 \times 10^{-19}\mathrm{C}$。在垂直于 $b \times d$ 方向上加均匀磁场 $B = 0.3\mathrm{T}$，输出霍尔电动势 $U_\mathrm{H} = 6.55\mathrm{mV}$。求该霍尔元件的灵敏度系数 K_H 和载流子浓度 n。

5-6 设计一个利用霍尔传感器检测发电机转速的电路，要求当转速过高或过低时发出警报信号。

5-7 设计一个采用霍尔传感器的液位控制系统，要求画出系统示意图和电路原理简图，并说明其工作原理。

5-8 如图 5-24 所示，请回答：

（1）该电路是什么电路，有什么作用？

（2）a、b 和 c、d 分别是什么极，在常用电路中如何区别？

（3）图中 1、2 分别是什么？

5-9 试分析霍尔元件输出为开路状态时，利用恒压源并在输入回路串联电阻进行温度补偿的条件。

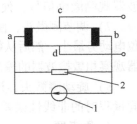

图 5-24 题 5-8 图

5-10 完成以下自测题。

（1）霍尔元件一般多采用（　　　）。

A. 金属材料

B. 绝缘材料

C. N 型半导体

D. P 型半导体

（2）在霍尔片中，2 个控制极之间的电阻称为（　　　）。

A. 输入电阻

B. 输出电阻

C. 不等位电阻

D. 调零电阻

（3）在下列参数中，与霍尔电动势无关的是（　　　）。

A. 控制电流

B. 电子浓度

C. 霍尔元件厚度

D. 霍尔元件长度

（4）霍尔效应中，霍尔电动势（　　　）。

A. 与霍尔系数成正比

B. 与霍尔片厚度成正比

C. 与电流成反比

D. 与磁场强度成反比

（5）制造霍尔元件的材料多用 N 型半导体，原因为（　　　）。

A. 半导体材料的电子浓度比金属材料大

B. N 型半导体的电子迁移率大于空穴迁移率

C. N 型半导体的空穴迁移率大于电子迁移率

D. P 型半导体的空穴迁移率大于电子迁移率

第6章

压电式传感器

压电式传感器是一种以某些电介质的压电效应为基础的电量型传感器。它的工作原理：在外力的作用下，电介质的表面会产生电荷，从而实现力-电荷的转换。因此，压电式传感器可以用于测量能转换为力（动态）的物理量。由于压电元件不仅具有自发电和可逆2种主要性能，还具备体积小、重量轻、结构简单、可靠性高、固有频率高、灵敏度和信噪比高等优点，故压电式传感器得到了飞速发展，被广泛应用于声学、力学、医学、宇航等领域。

6.1 工作原理

6.1.1 压电效应

1. 基本概念

对于某些电介质物质，在沿着一定方向上受到外力的作用而变形时，内部会产生极化现象，同时在它的2个表面上产生极性相反的电荷；当去掉外力后，又会重新回到不带电的状态，这种将机械能转化为电能的现象称为顺（正）压电效应。相反地，在电介质物质的极化方向上施加电场，它会产生机械变形，当去掉外加电场时，电介质的变形也随之消失，这种将电能转化为机械能的现象称为逆压电效应（电致伸缩效应）。压电效应是可逆的，顺压电效应和逆压电效应统称压电效应。

具有压电效应的电介质物质称为压电材料。压电材料有多种，石英晶体（SiO_2）是性能良好的天然压电晶体。此外，压电陶瓷，如钛酸钡、锆钛酸铅等多晶体也具有很好的压电功能。

2. 石英晶体的压电效应

石英晶体是最常用的压电晶体之一。图6-1a所示为左旋石英晶体的理想外形，它是一个规则的正六面体。石英晶体有3个互相垂直的晶轴，如图6-1b所示。其中纵向 Z 轴称为光轴，它是用光学方法确定的。Z 轴上没有压电效应。经过晶体的棱线，并且垂直于光轴的 X 轴称为电轴；同时垂直于 X 轴与 Z 轴的 Y 轴称为机械轴。

石英晶体的压电效应与其内部结构有关。具体来说，是由晶格在机械力的作用下发生变

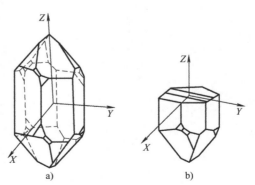

图6-1 石英晶体
a) 左旋石英晶体的理想外形 b) 石英晶体的直角坐标系

形所产生的。石英晶体的化学分子式为 SiO_2，每个晶体单元中含有 3 个硅离子和 6 个氧离子。每个硅离子有 4 个正电荷，每个氧离子有 2 个负电荷。为了能比较直观地了解石英晶体的压电效应，可以将垂直于 Z 轴的硅离子和氧离子的排列，投影在垂直于晶体 Z 轴的 XY 平面上，该投影等效为图 6-2a 中的正六边形排列。图中，"$\oplus$" 代表 Si^{4+}，"$\ominus$" 代表 O^{2-}。

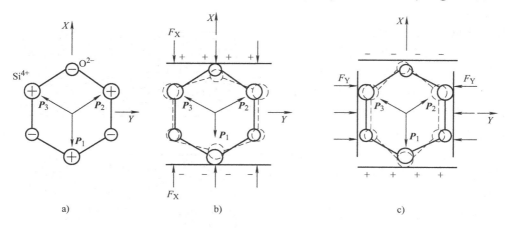

图 6-2　石英晶体的压电效应

当石英晶体未受力时，正负离子（即 Si^{4+} 和 O^{2-}）恰好分布在正六边形的顶角上，形成 3 个互成 120°夹角的电偶极矩 P_1、P_2 和 P_3（其中 P_1、P_2 和 P_3 为矢量），如图 6-2a 所示。电偶极矩 $P = ql$，q 为电荷量，l 为正、负电荷之间的距离，电偶极矩方向由负电荷指向正电荷。此时，因为正、负电荷中心重合，故电偶极矩的矢量和等于零，即 $P_1 + P_2 + P_3 = 0$。这时石英晶体表面不产生电荷，晶体整体呈电中性。

当石英晶体受到沿 X 轴方向的压力 F_X 作用时，晶体沿着 X 轴方向将产生压缩变形，正、负离子的相对位置也随之变化，如图 6-2b 中虚线所示。此时，正、负电荷中心不再重合，电偶极矩 P_1 在 X 轴方向上分量减小，而电偶极矩 P_2 和 P_3 在 X 轴方向上分量增大，故总的电偶极矩不再等于零，即 $(P_1 + P_2 + P_3)_X > 0$，在 X 轴的正向晶体表面上出现正电荷。电偶极矩在 Y 轴方向分量和仍等于零（因为 P_1 在 Y 轴方向上分量为零，P_2 和 P_3 在 Y 轴方向上分量大小相等，方向相反），即 $(P_1 + P_2 + P_3)_Y = 0$，故在 Y 轴方向晶体表面上不会出现电荷。同时，由于电偶极矩 P_1、P_2 和 P_3 在 Z 轴方向的分量均为零，即 $(P_1 + P_2 + P_3)_Z = 0$，所以在 Z 轴方向晶体表面上也不会出现电荷。这种作用力沿 X 轴方向，而在垂直于 X 轴晶体表面产生电荷的压电效应现象称为"纵向压电效应"。

当石英晶体受到沿 Y 轴方向的压力 F_Y 作用时，晶体沿着 Y 轴方向将产生压缩变形，如图 6-2c 中虚线所示。此时，情况与图 6-2b 中类似，电偶极矩 P_1 增大，P_2 和 P_3 减小，则电偶极矩在 X 轴方向的分量为 $(P_1 + P_2 + P_3)_X < 0$，在 X 轴的正向晶体表面上出现负电荷，电荷极性与图 6-2b 中恰好相反。同样地，在垂直于 Y 轴和 Z 轴方向的晶体表面上不会出现电荷。这种作用力沿 Y 轴方向，而在垂直于 X 轴晶体表面产生电荷的压电效应现象称为"横向压电效应"。

当石英晶体受到沿 Z 轴方向（垂直于 XY 平面）的力（无论是压缩力还是拉伸力）作用时，因为晶体在 X 轴方向和 Y 轴方向不会产生形变，正、负电荷的中心始终保持重合，

电偶极矩在 X 方向和 Y 方向上的矢量和始终等于零。所以，沿 Z 轴（即光轴）方向施加作用力时，石英晶体将不会产生压电效应。

当作用力 F_X 和 F_Y 方向相反时，电荷的极性将随之改变。如果石英晶体的各个方向同时受到均等的作用力（如液体压力、热应力等），石英晶体将保持电中性。所以，石英晶体没有体积变形的压电效应。

3. 压电陶瓷的压电效应

压电陶瓷是人工制造的多晶压电材料。它是由无数细微的电畴组成的。这些电畴实际上是分子自发形成并有一定极化方向的小区域，因而存在一定的电场。自发极化的方向完全是任意排列的，如图 6-3a 所示。在无外电场作用时，从整体上看，这些电畴的极化作用会被相互抵消，因此，原始的压电陶瓷呈电中性，不具有压电效应。

为了使压电陶瓷具有压电效应，必须进行极化处理。所谓极化处理，就是在一定温度（100～170℃）下对压电陶瓷施加强电场（如20～30kV/cm 直流电场），电畴的极化方向发生转动，趋向于外电场的方向，如图 6-3b 所示。这个方向就是压电陶瓷的极化方向。压电

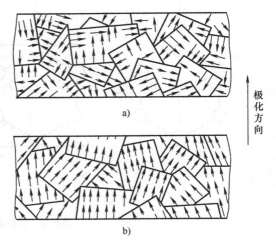

图 6-3　钛酸钡压电陶瓷的电畴结构示意图
a）未极化情况　b）极化后情况

陶瓷的极化过程和铁磁物质的磁化过程非常相似。经过极化处理后的压电陶瓷在外界电场去除后，其内部仍会存在着很强的剩余极化强度。当压电陶瓷受到外力作用时，电畴的界限发生移动，因此，剩余极化强度将发生变化，压电陶瓷将出现压电效应。

6.1.2　压电常数和表面电荷

1. 压电效应的力-电分布

根据压电效应，压电材料在一定方向的力的作用下，在材料相应表面上会产生电荷，即

$$\eta_{ij} = d_{ij} \cdot \sigma_j \tag{6-1}$$

式中，σ_j 为 j 方向的应力，单位为 $\mathrm{N/m^2}$；d_{ij} 为 j 方向的力使得 i 面产生电荷时的压电常数，单位为 C/N；η_{ij} 为 j 方向的力在 i 面上产生的电荷密度，单位为 $\mathrm{C/m^2}$。

压电常数 d_{ij} 有 2 个下标，即 i 和 j。下标 i（$i = 1$、2、3）表示晶体在 i 面上产生电荷，$i = 1$、2 和 3 时分别表示晶体在垂直于 X 轴、Y 轴和 Z 轴的晶片表面，即在 X 面、Y 面和 Z 面上产生电荷。下标 $j = 1$、2、3、4、5、6，$j = 1$、2 和 3 分别表示晶体沿 X 轴、Y 轴和 Z 轴方向承受单向应力；$j = 4$、5 和 6 则分别表示晶体在垂直于 X 轴、Y 轴和 Z 轴的平面（即 YZ 平面、XZ 平面和 XY 平面）上承受剪切应力。压电材料的应力分布

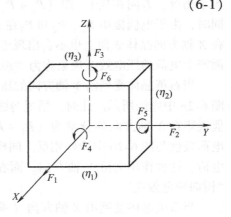

图 6-4　压电效应的力-电分布

如图 6-4 所示。对于单向应力的符号，规定拉应力为正、压应力为负。剪切应力的符号用右手螺旋定则确定，图 6-4 所示为剪切应力的正向。此外，图 6-4 中，η_1、η_2 和 η_3 分别表示垂直于 X 轴、Y 轴和 Z 轴的晶片表面上产生的电荷密度。

按上述规定，压电常数 d_{31} 表示晶体沿 X 轴方向承受单向应力，而在垂直于 Z 轴的晶片表面产生电荷；压电常数 d_{26} 表示晶体在垂直于 Z 轴的平面（即 XY 平面）上承受剪切力，而在垂直于 Y 轴的表面产生电荷。

此外，还需要对因受机械应力而在晶体内部产生的电场方向做出规定，以确定压电常数 d_{ij} 的符号。当电场方向指向晶轴的正向时为正，而电场方向与晶轴方向相反时为负。晶体内部产生的电场方向是由产生负电荷的表面指向产生正电荷的表面。

2. 石英晶体的压电常数和表面电荷

从石英晶体上沿轴线切下一片平行六面体，即压电晶体切片，如图 6-5 所示。当晶片受到沿 X 轴方向的压缩力 F_1 作用时，晶片将产生厚度变形。在晶体的线性弹性范围内，垂直于 X 轴表面上产生的电荷密度 η_{11} 与应力 σ_1 成正比，即

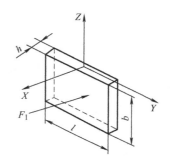

$$\eta_{11} = d_{11}\sigma_1 = d_{11}\frac{F_1}{lb} \tag{6-2}$$

式中，F_1 为沿晶轴 X 方向施加的压缩力（N）；d_{11} 为石英晶体在 X 方向承受机械应力时的压电常数；l、b 为石英晶片的长度和宽度（m）。

图 6-5　石英晶体切片

由于

$$\eta_{11} = \frac{q_1}{lb} \tag{6-3}$$

式中，q_1 为垂直于 X 轴晶片表面上的电荷（C）。

由式（6-2）和式（6-3），得

$$q_1 = d_{11}F_1 \tag{6-4}$$

由式（6-4）可知，当晶片受到 X 轴方向的压力时，产生的电荷 q_1 与作用力 F_1 成正比，而与晶片的几何尺寸无关。电荷极性如图 6-6a 所示。在 X 轴方向施加压力时，石英晶体的 X 轴方向带正电。如果晶片在晶轴 X 方向受到拉力（大小与压缩力相等）的作用，则仍在垂直于 X 轴表面上出现等量的电荷，但极性相反，如图 6-6b 所示。

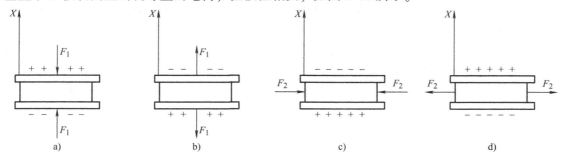

图 6-6　石英晶片上电荷极性与受力方向的关系

当同一晶片受到沿 Y 轴（即机械轴）的作用力 F_2 时，则电荷仍出现在垂直于 X 轴的表面上，电荷的极性如图 6-6c（受压缩应力）和图 6-6d（受拉伸应力）所示。电荷密度 η_{12} 与应力 σ_2 成正比，即

$$\eta_{12} = d_{12}\sigma_2 \tag{6-5}$$

产生的电荷量为

$$q_2 = \eta_{12}lb = d_{12}\frac{F_2}{bh}lb = d_{12}\frac{l}{h}F_2 \tag{6-6}$$

式中，d_{12} 为石英晶体在 Y 轴方向上受到力作用时的压电常数。

根据石英晶体晶格的对称性，有 $d_{12} = -d_{11}$，则式（6-6）可写为

$$q_2 = -d_{11}\frac{l}{h}F_2 \tag{6-7}$$

式中，h 为石英晶片的厚度；l 为石英晶片的长度。

式（6-7）的负号表示沿 Y 轴方向施加的压缩力产生的电荷与沿 X 轴方向施加的压缩力所产生的电荷极性相反。由式（6-7）可知，沿机械轴（Y 轴）方向对晶片施加作用力时，产生的电荷量与晶片的几何尺寸有关。通过适当选择晶片的尺寸（长度和厚度），可以增加产生的电荷量。

当石英晶体受到 Z 轴（即光轴）方向作用力 F_3 时，无论是压缩应力，还是拉伸应力，都不会产生电荷，即

$$\eta_{13} = d_{13}\sigma_3 = 0 \tag{6-8}$$

因为应力 $\sigma_3 \neq 0$，所以 $d_{13} = 0$。

当石英晶体分别受到图 6-4 中 F_4、F_5 和 F_6 作用而产生的剪切应力 σ_4、σ_5 和 σ_6 时，则有

$$\eta_{14} = d_{14}\sigma_4 \tag{6-9}$$
$$\eta_{15} = d_{15}\sigma_5 = 0(即\ d_{15} = 0) \tag{6-10}$$
$$\eta_{16} = d_{16}\sigma_6 = 0(即\ d_{16} = 0) \tag{6-11}$$

综上所述，只有在沿 X 轴和 Y 轴方向作用单向应力以及垂直于 X 轴的平面（即 YZ 平面）上作用剪切应力时，才能在垂直于 X 轴的晶片表面上产生电荷，即

$$\eta_1 = d_{11}\sigma_1 + d_{12}\sigma_2 + d_{14}\sigma_4 = d_{11}\sigma_1 - d_{11}\sigma_2 + d_{14}\sigma_4 \tag{6-12}$$

式中，η_1 为垂直于 X 轴的晶片表面上产生的电荷密度。

同理，通过实验可知，在垂直于 Y 轴的晶片表面上，只有在剪切应力 σ_5 和 σ_6 的作用下才会出现电荷，即

$$\eta_2 = d_{25}\sigma_5 + d_{26}\sigma_6 \tag{6-13}$$

式中，η_2 为垂直于 Y 轴的晶片表面上产生的电荷密度。

由于石英晶体的压电常数 $d_{25} = -d_{14}$，$d_{26} = -2d_{11}$，所以，式（6-13）可写成

$$\eta_2 = -d_{14}\sigma_5 - 2d_{11}\sigma_6 \tag{6-14}$$

在垂直于 Z 轴的晶片表面上产生的电荷密度 η_3 为零，即

$$\eta_3 = 0 \tag{6-15}$$

综合式（6-12）～式（6-15）可得，石英晶体在所有的应力作用下的顺压电效应表达式，写成矩阵形式为

$$\begin{bmatrix} \eta_1 \\ \eta_2 \\ \eta_3 \end{bmatrix} = \begin{bmatrix} d_{11} & d_{12} & 0 & d_{14} & 0 & 0 \\ 0 & 0 & 0 & 0 & d_{25} & d_{26} \\ 0 & 0 & 0 & 0 & 0 & 0 \end{bmatrix} \begin{bmatrix} \sigma_1 \\ \sigma_2 \\ \sigma_3 \\ \sigma_4 \\ \sigma_5 \\ \sigma_6 \end{bmatrix} = \begin{bmatrix} d_{11} & -d_{11} & 0 & d_{14} & 0 & 0 \\ 0 & 0 & 0 & 0 & -d_{14} & -2d_{11} \\ 0 & 0 & 0 & 0 & 0 & 0 \end{bmatrix} \begin{bmatrix} \sigma_1 \\ \sigma_2 \\ \sigma_3 \\ \sigma_4 \\ \sigma_5 \\ \sigma_6 \end{bmatrix} \quad (6\text{-}16)$$

由压电常数矩阵可知，石英晶体独立的压电常数只有 2 个，即

$$\begin{cases} d_{11} = \pm 2.31 \times 10^{-12} \text{C/N} \\ d_{14} = \pm 0.73 \times 10^{-12} \text{C/N} \end{cases}$$

按 IRE 标准规定，左旋石英晶体的 d_{11} 和 d_{14} 在受拉时值取正号，在受压时值取负号；右旋石英晶体的 d_{11} 和 d_{14} 受拉时值取负号，在受压时值取正号。

压电常数矩阵是正确选择压电元件、受力状态、变形方式、能量转换率以及晶片几何切型的重要依据。通过压电常数矩阵可以确定压电元件承受机械应力作用时，具有能量转换作用的变形方式。

石英晶体通过 d_{ij} 有 4 种基本变形方式可将机械能转换为电能，如图 6-7 所示（其中，石英晶体为右旋石英晶体）：

1）厚度变形。通过 d_{11} 产生 X 方向的纵向压电效应，如图 6-7a 所示。

2）长度变形。通过 d_{12} 产生 Y 方向的横向压电效应，如图 6-7b 所示。

3）面剪切变形。晶体受剪切面与产生电荷的面共面。例如，对于 X 切晶片，当 X 面（即 YZ 平面）上作用有剪切应力时，通过 d_{14} 在此同一面上产生电荷。对于 Y 切晶片，通过 d_{25} 可在 Y 面（即 XZ 平面）产生面剪切式能量转换，如图 6-7c 所示。

4）厚度剪切变形。晶体受剪切面与产生电荷的面不共面。例如，对于 Y 切晶片，当

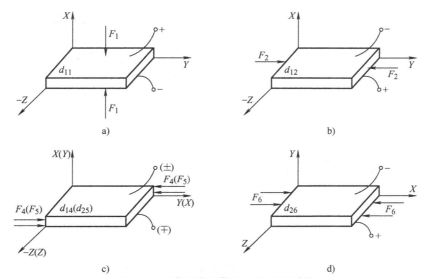

图 6-7　右旋石英晶体的 4 种压电效应

a）纵向压电效应　b）横向压电效应　c）、d）剪切压电效应

Z 面（即 XY 平面）上作用有剪切应力时，通过 d_{26} 在 Y 面（即 XZ 平面）上产生电荷，如图 6-7d 所示。

综上所述，X 方向具有 d_{11} 的纵向压电效应、d_{12} 的横向压电效应和 d_{14} 的剪切压电效应；Y 方向具有 d_{25} 和 d_{26} 的剪切压电效应；Z 方向无任何压电效应。

3. 压电陶瓷的压电常数和表面电荷

压电陶瓷是一种常见的压电材料。压电陶瓷在没有极化时不具有压电效应，是非压电体，而极化处理之后具有非常高的压电常数。

压电陶瓷的极化方向通常取 Z 轴方向，压电陶瓷的压电常数 d_{ij} 的意义与石英晶体相同，但对于压电陶瓷而言，垂直于 Z 轴平面上任何直线都可以作为 X 轴或 Y 轴，即 X 轴和 Y 轴是任意选取的。对于 X 轴和 Y 轴，其压电效应是等效的，即压电常数 d_{ij} 的下标中，1 和 2 可以互换，4 和 5 也可以互换。当压电陶瓷受到 Z 轴方向（垂直于 XY 平面）的力（无论是压缩力还是拉伸力）作用时，则在其极化面上出现正、负电荷。

在压电陶瓷的压电常数矩阵中，不为零的压电常数只有 5 个，而其中独立的压电常数仅有 3 个，即 d_{33}、d_{31} 和 d_{15}。例如，钛酸钡压电陶瓷的压电常数矩阵为

$$
\begin{bmatrix}
0 & 0 & 0 & 0 & d_{15} & 0 \\
0 & 0 & 0 & 0 & d_{24} & 0 \\
d_{31} & d_{32} & d_{33} & 0 & 0 & 0
\end{bmatrix}
\tag{6-17}
$$

式中，$d_{33} = 190 \times 10^{-12}\text{C/N}$；$d_{31} = d_{32} = -0.41 d_{33} \approx -78 \times 10^{-12}\text{C/N}$；$d_{15} = -d_{24} = 250 \times 10^{-12}\text{C/N}$。

由式（6-17）可知，钛酸钡压电陶瓷也不是在任何方向上都有压电效应，Z 向极化的钛酸钡压电效应如图 6-8 所示。

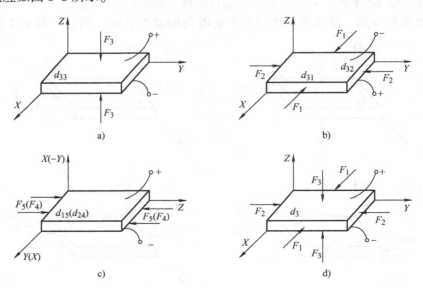

图 6-8　Z 向极化钛酸钡的压电效应

a）纵向压电效应　b）横向压电效应　c）剪切压电效应　d）体积压电效应

钛酸钡的变形方式包括厚度变形、长度变形、剪切变形和体积变形，分别对应于纵向压

电效应、横向压电效应、剪切压电效应和体积压电效应。由图 6-8 可以看出，在 X 和 Y 方向分别具有 d_{15} 和 d_{24} 的厚度剪切压电效应；在 Z 方向具有 d_{33} 的纵向压电效应和 d_{31} 或 d_{32} 的纵向压电效应；Z 方向还具有在三向作用力 F_1、F_2 和 F_3 同时作用下的体积压电效应。图 6-8 中，d_3 称为体积压缩压电常数，$d_3 = d_{31} + d_{32} + d_{33}$。

6.2 压电材料

6.2.1 压电晶体

1. 石英晶体

（1）石英晶体几何切型

石英晶体是各向异性体，在 XYZ 直角坐标中，沿不同方位进行切割，可得到不同的几何切型。根据石英晶体在 XYZ 直角坐标系中的方位可分为 2 大切族：X 切族和 Y 切族，如图 6-9 所示。X 切族是以厚度方向平行于晶体 X 轴，长度方向平行于 Y 轴，宽度方向平行于 Z 轴这一原始位置旋转出来的各种不同的几何切型。Y 切族以厚度方向平行于晶体 Y 轴，长度方向平行于 X 轴，宽度方向平行于 Z 轴这一原始位置旋转出来的各种不同的几何切型。

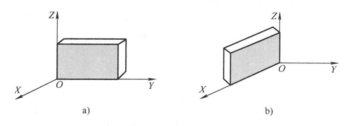

图 6-9　石英晶体的切族
a）X 切族　b）Y 切族

（2）石英晶体的性能

石英晶体是压电式传感器中常用的一种性能优良的压电材料。石英即二氧化硅（SiO_2），压电效应最早就是在这种晶体中被发现的，它是一种天然晶体，不需要人工极化处理，也没有热释电效应。它的压电常数和介电常数都具有良好的温度稳定性，在常温范围内，这 2 个参数几乎不随温度变化。在 20 ~ 200℃ 范围内，温度每升高 1℃，压电常数仅减少 0.016%；温度上升到 400℃，其压电常数 d_{11} 也只减少 5%；但当温度超过 500℃ 时，d_{11} 值会急剧下降；当温度达到 573℃（居里温度）时，石英晶体就会完全失去压电特性。石英的熔点为 1750℃，密度为 $2.65 \times 10^3 \mathrm{kg/m^3}$，具有很大的机械强度和稳定的机械特性。除此之外，它还具有自振频率高、动态性能好、绝缘性能好、迟滞小、重复性好、线性范围宽等优点，所以曾被广泛应用。但由于它的压电常数比其他压电材料要低得多，所以也正逐渐被其他压电材料所替代。

2. 铌酸锂晶体

铌酸锂（$LiNbO_3$）晶体是一种无色或浅黄色的单晶体，但内部却是多畴结构，为了使其具备压电效应，需要进行极化处理。其压电常数达 $8 \times 10^{-11} \mathrm{C/N}$，比石英晶体的压电常数大 35 倍左右，相对介电常数（$\varepsilon_r = 85$）也比石英晶体大得多。由于是单晶体，故其时间稳定性很好。它还是一种压电性能良好的电声换能材料，其居里温度比石英晶体和压电陶瓷要高得多，可达1200℃。铌酸锂晶体在机械性能方面具有明显的同向异性，晶体较脆弱，并且热冲击性能较差，故在加工装配和使用中要特别注意，尽量避免用力过猛和急冷急热。所以，将铌酸锂应用于非冷却型耐高温的压电式传感器时会有广泛的前景。

6.2.2　压电陶瓷

1. 钛酸钡压电陶瓷

钛酸钡（$BaTiO_3$）是由碳酸钡（$BaCO_3$）和二氧化钛（TiO_2）在高温下合成的，具有较高的压电常数（$d_{33} = 1.90 \times 10^{-10} C/N$）。介电常数和体电阻率也都比较高。但它的居里温度点较低，仅为115℃左右，此外，其温度稳定性和长时期稳定性，以及机械强度都比石英低。但是由于它的压电常数高，故在传感器中被广泛应用。

2. 锆钛酸铅压电陶瓷

锆钛酸铅压电陶瓷（简称 PZT 压电陶瓷）是由钛酸铅（$PbTiO_2$）和锆酸铅（$PbZrO_3$）组成的固熔体。它具有较高的压电常数（$d_{33} = (2 \sim 4) \times 10^{-10} C/N$）和居里温度点（300℃以上），各项机电参数随温度和时间等外界因素的变化较小。它在压电性能和温度稳定性等方面都远远优于钛酸钡压电陶瓷，是目前最普遍使用的一种压电材料。此外，根据各种不同的用途对压电性能提出的不同要求，在锆钛酸铅材料中再添加一种或两种微量的其他元素，如镧（La）、铌（Nb）、锑（Sb）、锡（Sn）、锰（Mn）、钨（W）等，可以获得不同性能的 PZT 压电陶瓷。

3. 铌酸盐压电陶瓷

这种压电陶瓷是以铌酸钾（$KNbO_3$）和铌酸铅（$PbNbO_2$）为基础的。铌酸铅具有很高的居里温度（570℃）和低的介电常数。如果在铌酸铅中用钡、锶等金属代替一部分铅，则可以得到具有较高机械品质因数的铌酸盐压电陶瓷。铌酸钾是通过热压过程制成的，它具有较高的居里温度点（480℃），特别适用于制作 $10 \sim 40MHz$ 的高频换能器。

6.2.3　聚偏二氟乙烯

聚偏二氟乙烯（PVF_2）是有机高分子半晶态聚合物，结晶度约为50%。根据使用要求，可将 PVF_2 原材料制成薄膜、厚膜和管状等各种形状。PVF_2 压电薄膜具有极高的电压灵敏度，比 PZT 压电陶瓷大 17 倍，而且在 $10^{-5} Hz \sim 500MHz$ 频率范围内具有平坦的响应特性。除此之外，它还具有机械强度高、柔性、不脆、耐冲击、容易加工成大面积元件和阵列元件、价格便宜等优点。

PVF_2 压电薄膜在拉伸方向上的压电常数最大（$d_{31} = 2.0 \times 10^{-11} C/N$），而垂直于拉伸方向上的压电常数最小（$d_{32} \approx 0.2 d_{31}$）。因此，在测量小于 1MHz 的动态量时，大多利用 PVF_2 压电薄膜受拉伸或弯曲产生的横向压电效应。

PVF_2 压电薄膜最早应用于电声器件中，在超声和水声探测方面的应用发展很快。它的声阻抗与水的声阻抗非常接近，两者具有良好的声学匹配关系。因此，PVF_2 压电薄膜在水中可以说是一种声透明的材料，可以用超声回波法直接检测信号。PVF_2 压电薄膜在测量加速度和动态压力方面也有所应用。

6.3 测量电路

6.3.1 压电晶片的连接

在压电式传感器的实际应用中，为了提高灵敏度，往往将 2 片或 2 片以上的压电晶片组合在一起。由于压电晶片是有极性的，所以有 2 种连接方式，如图 6-10 所示。

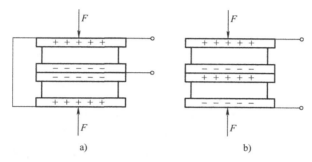

图 6-10 压电晶片的连接方式

a）并联 b）串联

1. 并联方式

如图 6-10a 所示，2 个压电晶片的负极共同连接在中间电极上，正电极连在两边的电极上，此种接法称为并联方式。在此情况下，极板上电荷量 q' 为单个压电晶片上电荷量 q 的 2 倍，但输出电压 U' 为单个压电晶片输出电压 U，故输出的电容 C' 为单个压电晶片输出电容 C 的 2 倍，即 $q' = 2q$、$U' = U$、$C' = 2C$。

对于并联接法，输出电荷量大、本身电容大，因而时间常数也大，因此，常用于测量缓慢变化的信号，并且也适用于以电荷作为输出量的场合。

2. 串联方式

如图 6-10b 所示，正电荷集中在上极板，负电荷集中在下极板，而中间极板上片所产生的负电荷与中间极板下片所产生的正电荷相互抵消，这种接法称为串联方式。由图可知，在此情况下，极板上总电荷量 q' 为单个压电晶片上电荷量 q，而输出电压 U' 为单个压电晶片输出电容 U 的 2 倍，故输出的电容 C' 为单个压电晶片输出电容 C 的½，即 $q' = q$、$U' = 2U$、$C' = C/2$。对于串联接法，输出电压大、本身电容小，适用于以电压为输出信号，并且测量电路输入阻抗很高的场合。

6.3.2 等效电路

当压电式传感器的压电晶片受到外力作用时，就会在压电晶片一定方向的 2 个表面（称为电极面）产生电荷，其中一个表面上聚集正电荷，而在另一个表面上聚集等量的负电荷。因此，可以把压电式传感器看作是一个电荷发生器。同时，由于压电晶片的 2 个表面上聚集了电荷，它也是一个电容器，其电容值为

$$C_a = \frac{\varepsilon S}{h} = \frac{\varepsilon_r \varepsilon_0 S}{h} \tag{6-18}$$

式中，S 为压电晶片电极面的面积（m^2）；h 为压电晶片的厚度（m）；ε_r 为压电材料的相对介电常数；ε_0 为真空介电常数；C_a 为压电元件的内部电容。

因此，可以将压电式传感器等效为一个电荷源与一个电容相并联的电荷等效电路，如图 6-11a 所示。

由于电容器上的电压 U_a、电荷量 q 和电容 C_a 三者之间的关系为 $U_a = q/C_a$。故压电式传感器也可以等效为一个电压源与一个串联电容表示的电压源等效电路，如图 6-11b 所示。

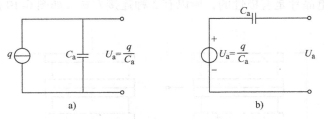

图 6-11　压电式传感器的等效电路

a）电荷源等效电路　b）电压源等效电路

上述 2 种压电式传感器的等效电路均是在将压电元件视为空载传感器而得到的简化模型。而实际上，在利用压电式传感器进行测量时，它要与测量电路相连，即不能视为空载。压电式传感器与测量仪器组合使用构成的测量系统如图 6-12 所示。

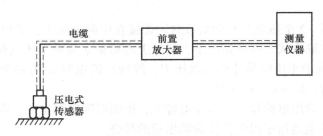

图 6-12　压电式传感器与测量仪器组合使用构成的测量系统

因此，在测量过程中，必须考虑电缆电容 C_c、放大器输入电阻 R_i、放大器输入电容 C_i 以及压电式传感器的绝缘电阻 R_a 等因素，故压电式传感器的实际等效电路如图 6-13 所示。其中，图 6-13a 为电荷源等效电路，图 6-13b 为电压源等效电路，两种等效电路的作用是等效的。

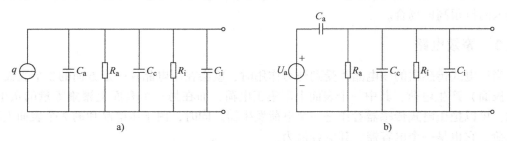

图 6-13　压电式传感器实际等效电路

a）电荷源等效电路　b）电压源等效电路

与此相对应，压电式传感器的灵敏度有 2 种表示方式，一种为单位力的电压，称为电压灵敏度 K_u，另一种为单位力的电荷，称为电荷灵敏度 K_q，两者的关系为

$$K_u = \frac{K_q}{C_a} \tag{6-19}$$

式中，C_a 为压电式传感器的电容。

例 6-1：有一零度 X 切的纵向石英晶体，其面积 $S = 25\,\mathrm{mm}^2$，厚度 $h = 10\,\mathrm{mm}$，当受到压力 $p = 10\,\mathrm{MPa}$ 作用时，求所产生的电荷量 q 及输出电压。

解：石英晶体受力 F 作用后产生的电荷量为

$$q = d_{11}F = d_{11}pS$$

式中，d_{11} 为压电系数，查表可知，石英晶体在 X 轴方向压缩力时，$d_{11} = 2.3 \times 10^{-12}\,\mathrm{C/N}$。

将相应的值代入，得

$$q = 2.3 \times 10^{-12} \times 10 \times 10^6 \times 25 \times 10^{-6}\,\mathrm{C} = 5.75 \times 10^{-10}\,\mathrm{C}$$

其内部电容量为

$$C_a = \frac{\varepsilon_0 \varepsilon_r S}{h}$$

式中，ε_r 为材料的相对介电常数，查表可知，石英的相对介电常数为 4.5；ε_0 为真空介电常数，$\varepsilon_0 = 8.85 \times 10^{-12}\,\mathrm{F/m}$。所以

$$C_a = \frac{\varepsilon_0 \varepsilon_r S}{h} = \frac{4.5 \times 8.85 \times 10^{-12} \times 25 \times 10^{-6}}{10 \times 10^{-3}}\,\mathrm{F} \approx 9.96 \times 10^{-14}\,\mathrm{F}$$

则输出电压为

$$U = \frac{q}{C_a} = \frac{5.75 \times 10^{-10}}{9.96 \times 10^{-14}}\,\mathrm{V} \approx 5773\,\mathrm{V}$$

例 6-2：一只压电晶体的电容 $C_a = 1000\,\mathrm{pF}$，电荷灵敏度 $K_q = 2.5\,\mathrm{pC/N}$；电缆电容 $C_c = 3000\,\mathrm{pF}$；示波器的输入阻抗为 $1\,\mathrm{M\Omega}$，输入电容 $C_i = 50\,\mathrm{pF}$。求压电晶体的电压灵敏度。

解：由式(6-19) 得

$$K_u = \frac{K_q}{C_a} = \frac{2.5 \times 10^{-12}}{1000 \times 10^{-12}}\,\mathrm{V/N} = 2.5 \times 10^{-3}\,\mathrm{V/N} = 2.5\,\mathrm{mV/N}$$

实际上，当压电晶体通过电缆与示波器连接组成测量系统时，电缆电容、示波器输入电容等都会对电压灵敏度造成影响。考虑这些因素时，测量系统的电压灵敏度为

$$K_u' = \frac{K_q}{C_a + C_c + C_i} = \frac{2.5 \times 10^{-12}}{(1000 + 3000 + 50) \times 10^{-12}}\,\mathrm{V/N} = 6.17 \times 10^{-4}\,\mathrm{V/N} = 0.617\,\mathrm{mV/N}$$

6.3.3　前置放大器

由于压电式传感器本身的内阻抗很高，而其输出的能量又很微弱，所以在使用压电式传感器时，为了减小测量误差，要求接很大的负载电阻。因此，作为与压电式传感器配合使用的测量电路，通常是先将传感器的信号输入高输入阻抗的前置放大器。

压电式传感器的前置放大器有 2 个作用：一是放大压电式传感器输出的微弱信号；二是把压电式传感器的高输出阻抗变换为低阻抗输出。根据压电式传感器的工作原理及其 2 种等效电路，它的输出可以是电压信号也可以是电荷信号。因此，对应的前置放大器也有 2 种形

式：一种是电压放大器，其输出电压与输入电压（即压电式传感器的输出电压）成正比；另一种是电荷放大器，其输出电压与输入电荷（即压电式传感器的输出电荷）成正比。

1. 电压放大器

压电式传感器与电压放大器相连的等效电路如图 6-14a 所示，其等效简化电路如图 6-14b 所示。

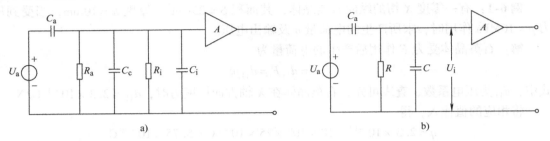

图 6-14　电压放大器连接的等效电路

在图 6-14b 中，等效电阻 R、等效电容 C 分别为

$$R = \frac{R_a R_i}{R_a + R_i}, \ C = C_c + C_i \tag{6-20}$$

设在压电式传感器上受到角频率为 ω、幅值为 F_m 的力，即

$$F = F_m \sin\omega t \tag{6-21}$$

如果压电式传感器的材料为压电陶瓷，其压电常数为 d_{33}，则在外力 F 作用下，压电元件上产生的电压值为

$$U_a = \frac{q}{C_a} = \frac{d_{33} F_m \sin\omega t}{C_a} \tag{6-22}$$

或写为

$$U_a = U_m \sin\omega t \tag{6-23}$$

式中，U_m 为电压幅值。

由图 6-14b 可得到前置放大器的输入电压 $\dot{U}_i$，写成复数形式为

$$\dot{U}_i = d_{33} F \frac{j\omega R}{1 + j\omega R(C + C_a)} \tag{6-24}$$

由式（6-24）可得，前置放大器输入电压 $\dot{U}_i$ 的幅值 U_{im} 为

$$U_{im} = \frac{d_{33} F_m \omega R}{\sqrt{1 + \omega^2 R^2 (C_a + C_c + C_i)^2}} \tag{6-25}$$

输入电压与作用力之间的相位差 φ 为

$$\varphi = \frac{\pi}{2} - \arctan[\omega(C_a + C_c + C_i)R] \tag{6-26}$$

假设，在理想情况下，压电式传感器的绝缘电阻 R_a 和前置放大器的输入电阻 R_i 均为无限大，即等效电阻 R 为无限大，即 $\omega^2 R^2 (C_a + C_c + C_i)^2 \gg 1$，电荷没有泄漏。则由式（6-25）可知，在理想情况下，前置放大器的输入电压（即传感器的开路电压）的幅值 U_{am} 为

$$U_{am} = \frac{d_{33} F_m}{C_a + C_c + C_i} \tag{6-27}$$

则放大器的实际输入电压 U_{im} 与理想情况的输入电压 U_{am} 的幅值比为

$$\frac{U_{im}}{U_{am}} = \frac{\omega R (C_a + C_c + C_i)}{\sqrt{1 + \omega^2 R^2 (C_a + C_c + C_i)^2}} \tag{6-28}$$

令 $\tau = R (C_a + C_c + C_i)$，其中 τ 为测量回路的时间常数，则式（6-28）和式（6-26）可分别改写为

$$\frac{U_{im}}{U_{am}} = \frac{\omega\tau}{\sqrt{1 + (\omega\tau)^2}} \tag{6-29}$$

$$\varphi = \frac{\pi}{2} - \arctan(\omega\tau) \tag{6-30}$$

对于式（6-29），当 $\frac{U_{im}}{U_{am}} = \frac{1}{\sqrt{2}}$ 时，可求得其角频率下限 $\omega_L = \frac{1}{\tau} = \frac{1}{R (C_a + C_c + C_i)}$，频率

下限 $f_L = \frac{1}{2\pi R (C_a + C_c + C_i)}$。

由式（6-29）和式（6-30）可得，电压幅值比和相角与频率的关系曲线，如图 6-15 所示。

结合图 6-15 所示的曲线，可做如下分析：

1）当作用在压电元件上的力是静态力（$\omega = 0$）时，则前置放大器的输入电压 $U_{im} = 0$。这是因为前置放大器的输入阻抗不可能无限大，传感器也不可能绝对绝缘。因此，电荷就会通过前置放大器的输入电阻和传感器本身的漏电阻泄漏掉。这就从原理上决定了压电式传感器不能用于静态物理量的测量。

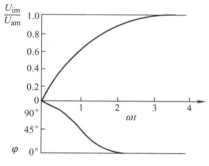

图 6-15　电压幅值比和相角与
频率的关系曲线

2）当 $\omega\tau > 3$ 时，电压幅值比 $\frac{U_{im}}{U_{am}}$ 趋于 1.0，可以近似看作前置放大器的输入电压与作用力的频率无关。在时间常数一定的条件下，被测物理量的变化频率越高，越能满足以上条件，即前置放大器的实际输入电压越接近于理想情况下的输入电压。这也就说明了压电式传感器的高频响应比较好，因此，它常被用于高频物理量的测量且相当理想。

3）当被测物理量是缓慢变化的动态量而测量回路的时间常数又不大时，为了扩大传感器的低频响应范围，就必须提高测量回路的时间常数 τ。可以通过增大等效电阻（如增大传感器的绝缘电阻和放大器输入电阻）和回路电容的方法来调整时间常数。但必须指出，如果要单靠增大测量回路的电容来提高时间常数的话，将会影响传感器的灵敏度。因为由电压灵敏度 K_u 的定义，并根据式（6-25），有

$$K_u = \frac{U_{im}}{F_m} = \frac{d_{33}}{\sqrt{\frac{1}{(\omega R)^2} + (C_a + C_c + C_i)^2}} \tag{6-31}$$

当 $\omega R \gg 1$ 时，传感器电压灵敏度 K_u 近似为

$$K_u \approx \frac{d_{33}}{C_a + C_c + C_i} \tag{6-32}$$

由式(6-32)可知，传感器的电压灵敏度 K_u 与回路电容成反比。故增大回路电容必然会导致传感器的灵敏度下降。因此，切实可行的办法是通过提高测量回路的电阻来提高时间常数 τ。由于传感器本身的绝缘电阻 R_a 一般都很大，所以测量回路的电阻主要取决于前置放大器的输入电阻 R_i。为此，常采用输入电阻 R_i 很大的前置放大器。前置放大器的输入电阻 R_i 越大，测量回路的时间常数 τ 越大，传感器的低频响应也就越好。

4）电缆长度对精度的影响。由式(6-32)可知，电缆的分布电容 C_c 直接影响电压灵敏度 K_u，增加电缆长度必然引起电缆电容 C_c 的增大，进而导致回路电容增大，最终导致传感器电压灵敏度的下降。所以对于仪器出厂时的电缆不能随便更换，如果要改变电缆的长度，必须重新校正灵敏度，否则将引起测量误差。

随着集成电路技术的发展，超小型阻抗变换器已能直接装进传感器内部，从而组成一体化传感器。一体化压电加速度传感器中，压电元件到放大器的引线很短，因此引线电容几乎等于零，这就避免了长电缆对传感器灵敏度的影响。

2. 电荷放大器

电荷放大器实际上是一个具有深度电容负反馈的高增益运算放大器电路，如图6-16所示。其中，R_f 和 C_f 为放大器反馈电阻和电容，C_a 为传感器压电元件的电容，C_c 为电缆电容、R_i 为放大器输入电阻，C_i 为放大器输入电容，R_a 为压电式传感器的绝缘电阻。设 A 为放大器的开环增益，把 R_f 和 C_f 等效到运算放大器的输入端，其电导和电容均增大为原电导（G_f）和电容（C_f）的（$1+A$）倍，即 $G'_f = (1+A)G_f$；$C'_f = (1+A)C_f$。电荷放大器实际等效电路如图6-17b所示，其中，G_a 和 G_i 分别为 R_a 和 R_i 的等效电导。

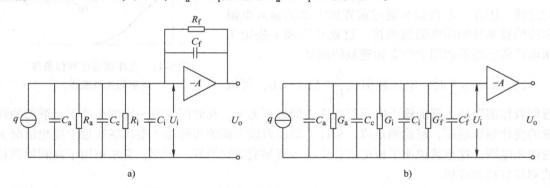

图 6-16　电荷放大器电路

a）基本电路　b）等效电路

因为输出电压 $\dot{U}_o = -A\dot{U}_i$，故有

$$\dot{U}_o = \frac{-j\omega A\dot{q}}{[G_a + G_i + (1+A)G_f] + j\omega[C_a + C_c + C_i + (1+A)C_f]} \tag{6-33}$$

只要 A 足够大，即有 $(G_a + G_i) \ll (1+A)G_f$ 和 $(C_a + C_c + C_i) \ll (1+A)C_f$，则

$$\dot{U}_o = \frac{-j\omega A\dot{q}}{(1+A)G_f + j\omega(1+A)C_f} \tag{6-34}$$

所以，压电式传感器本身的电容大小和电缆长短将不影响或极小影响电荷放大器的输出，故更换电缆或使用很长的电缆（数百米）时，不需要对传感器的灵敏度进行重新校正，这是电荷放大器的突出优点。输出电压只取决于输入电荷 q 以及放大器反馈电阻 R_f 和反馈电容 C_f。

当工作频率足够高时，$G_f \ll \omega C_f$，则 G_f 可略去，得输出电压幅值为

$$U_o = \frac{-Aq}{(1+A)C_f} \approx -\frac{q}{C_f} \tag{6-35}$$

由式(6-35) 可知，输出电压与放大器开环增益 A 无关，只取决于输入电荷 q 和反馈电容 C_f。因此，为了得到必要的测量精度，要求 C_f 的温度和时间稳定性都很好。在电荷放大器实际电路中，考虑到由于被测物理量的大小，以及后级放大器不会因输入信号太大而导致饱和等因素，C_f 的容量常做成可选择的，范围一般为 $10^2 \sim 10^4 \mathrm{pF}$。

当工作频率很低时，式(6-34) 中的 G_f 和 ωC_f 的数值相当，$(1+A)G_f$ 就不可忽略了，便得不到式(6-35) 的结果。但只要 A 足够大，则式(6-34) 为

$$\dot{U}_o = \frac{-j\omega \dot{q}}{G_f + j\omega C_f} \tag{6-36}$$

输出电压幅值为

$$U_o = \frac{\omega q}{\sqrt{G_f^2 + \omega^2 C_f^2}} \tag{6-37}$$

式(6-37) 表明，输出电压 U_o 不仅与输入电荷 q 有关，还与 C_f、G_f 和 ω 有关，而与开环增益 A 无关。同时，信号频率 ω 越小，G_f 项越重要。当 $G_f = \omega C_f$ 时，$U_o = q/(\sqrt{2}C_f)$，这是截止频率点的输出电压，增益下降 $3\mathrm{dB}$ 时对应的下限截止频率为

$$f_L = \frac{1}{2\pi R_f C_f} \tag{6-38}$$

低频时，电压 U_o 与电荷 q 之间的相位差为

$$\varphi = \arctan \frac{G_f}{\omega C_f} = \arctan \frac{1}{\omega R_f C_f} \tag{6-39}$$

由此可见，低频时电荷放大器的频率响应仅取决于反馈电阻 R_f 和反馈电容 C_f，其中 C_f 的大小可由所需的输出电压幅值，根据式(6-35) 确定。当给定工作频带下限截止频率 f_L 时，反馈电阻 R_f 由式(6-38) 确定。例如，$C_f = 1000\mathrm{pF}$，$f_L = 0.16\mathrm{Hz}$，则要求 $R_f \geqslant 10^9 \Omega$。由于电容负反馈电路在直流工作时相当于开路状态，所以会对电缆噪声比较敏感，放大器的零漂也会比较大。因而在实际电路中为了减小零漂、提高放大器的工作稳定性，会在反馈电容的两端并联一个很大的反馈电阻 R_f（$10^{10} \sim 10^{14} \Omega$），以便于提供直流反馈通路。

若电路中不接反馈电阻 R_f，则 $G_f = 0$。考虑到 $(C_a + C_c + C_i) \ll (1+A)C_f$，式(6-33) 可写为

$$\dot{U}_o = \frac{-j\omega AR\dot{q}}{1 + j\omega(1+A)RC_f} \tag{6-40}$$

式中，$R = \dfrac{R_a R_i}{R_a + R_i}$。

当 ω 足够大时，可得 $U_o \approx -q/C_f$，结果与式(6-35) 相同。

当将 $q = C_a U_a$ 代入式(6-40)，设 $C_a = C_f$，并取 $\dfrac{U_o}{U_a} = \dfrac{1}{\sqrt{2}}$，可得角频率下限 $\omega_L = \dfrac{1}{ARC_f}$，频率下限 $f_L = \dfrac{1}{2\pi ARC_f}$。而对于电压放大器，已知其频率下限 $f_L = \dfrac{1}{2\pi R(C_a + C_c + C_i)}$。如果电荷放大器和电压放大器电路中保持 R 相同，C_f 和 $(C_a + C_c + C_i)$ 数量级相近，则电荷放大器的低频截止频率是电压放大器的 $1/A$，而 A 又很大，显然这是一个很大的优点。

至于电荷放大器工作频带的上限主要与2种因素有关：一是运算放大器的频率响应；二是若电缆很长，杂散电容和电缆电容增加，导线自身的电阻也增加，它们会影响电荷放大器的高频特性，但影响不大。例如，100m 电缆的电阻仅几欧姆到数十欧姆，故对频率上限的影响可以忽略。需要指出，电荷放大器虽然允许使用很长的电缆，并且电容 C_a 变化不影响灵敏度，但它比电压放大器的价格高，电路较复杂，调整也比较困难。

例6-3：压电陶瓷片 $d_{33} = 5 \times 10^{10}\mathrm{C/N}$，用反馈电容 $C_f = 0.01\mu\mathrm{F}$ 的电荷放大器测出输出电压值 $U_o = 0.4\mathrm{V}$，求所受力大小。

解：因为
$$U_o = \left| -\frac{q}{C_f} \right|$$

所以
$$q = U_o C_f = 0.4 \times 0.01 \times 10^{-6}\mathrm{C} = 4 \times 10^{-9}\mathrm{C}$$

又因为
$$q = d_{33}F$$

所以
$$F = \frac{q}{d_{33}} = \frac{4 \times 10^{-9}}{5 \times 10^{-10}}\mathrm{N} = 8\mathrm{N}$$

6.4　压电式传感器的应用

广义上讲，凡是利用压电材料各种物理效应构成的传感器，都可以称为压电式传感器，它们被广泛应用于工业、军事和民用等领域。压电式传感器的主要应用类型见表6-1，其中力敏类型是应用最多的。可以直接利用压电传感器进行力、压力、加速度和位移等物理量的测量。

表 6-1　压电式传感器的主要应用类型

传感器类型	生物功能	转换	用途	压电材料
力敏	触觉	力→电	拾音器、声呐、应变仪、点火器、血压器、压电陀螺、压力和加速度传感器	SiO_2、ZnO、$BaTiO_3$、PZT、PMS、罗思盐
热敏	触觉	热→电	温度计	$BaTiO_3$、PZO、TGS、$LiTiO_3$
光敏	视觉	光→电	热电红外探测器	$LiTaO_3$、$PbTiO_3$
声敏	听觉	声压→电	振动器、微音器、超声探测器、助听器	SiO_2、压电陶瓷
		声→光	声光效应器	$PbMoO_4$、$PbTiO_3$、$LiNbO_3$

6.4.1　压电式加速度传感器

压电式加速度传感器是一种常用的加速度计。由于其固有频率高、高频响应好（可达几千赫兹至十几千赫兹），如果与电荷放大器配合使用，还可以获得很好的低频特性。压电式加速度传感器的优点是体积小、重量轻，但它的缺点是要经常校正灵敏度。常用的压电式加速度传感器如图 6-17 所示。根据传感器输出信号的不同，可以分为电荷输出型和电压输出型压电加速度传感器。

图 6-17　压电式加速度传感器

图 6-18 所示为一种压缩型压电加速度传感器的结构原理图。图中的压电元件一般由 2 块压电片（石英晶片或压电陶瓷片）组成，采用并联法（一根导线由 2 块压电片中间的金属薄片上直接引出，另一根导线直接由传感器基座上引出）。压电片上放置 1 块由比重较大的金属钨或合金制成的质量块，以便在保证所需质量的前提下使体积更小。为了消除质量块与压电元件之间，以及压电元件本身之间由于接触不良造成的非线性误差，并保证传感器在交变力的作用下正常工作，需在装配时对压电元件预加负载。

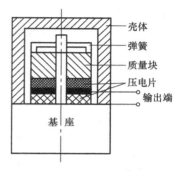

图 6-18　压缩型压电加速度
传感器的结构原理图

传感器的整个组件装在一个厚基座上，外面用金属壳体封罩起来，以隔离试件产生的应变传递到压电元件上产生的假信号。所以，一般要加厚基座或选用刚度大（如钛合金、不锈钢等）的材料来制造。在此类传感器中，壳体和基座的质量约占其质量的½。

测量时，通过基座底部的螺孔将传感器与试件刚性地固定在一起，使传感器感受与试件同频率的振动。在传感器承受振动时，由于弹簧的刚度很大，而质量块的质量相对较小，质量块的惯性也较小，所以，质量块也将感受到与试件相同的振动。传感器感受与试件同频率的振动，并受到与加速度方向相反的惯性力作用。于是，质量块上就有一个与加速度成正比的交变力作用在压电元件上。由于压电元件具有压电效应，所以在压电片的两个表面上就会产生电荷。当试件的振动频率远小于传感器的固有频率时，传感器的输出电荷（或电压）与作用力成正比，即与被测试件的加速度成正比。通过电压放大器或电荷放大器放大后即可测出试件的加速度。

6.4.2　压电式力传感器

压电式力传感器在直接测量力或均匀压力时，通常采用双片或多片石英晶体作为压电元件，并配以适当的放大器可测量几百至几万牛顿的静态或动态力。压电式力传感器按照用途和压电元件的组成可分为单向力传感器、双向力传感器、三向力传感器等。

1. 压电式单向力传感器

某种用于机床动态切削力测量的压电式单向力传感器的结构如图 6-19 所示。压电元件采用 XY（即 $X0°$）切型石英晶片，利用其纵向压电效应，通过 d_{11} 实现力-电转换。它用2 块晶片（$\phi 8 \times 1mm$）作为传感元件，被测力通过传力上盖使石英晶体沿电轴方向受到压力作用，由于纵向压电效应使石英晶片在电轴方向上出现电荷，2 块晶片沿电轴方向并联叠加，负电荷由片型电极输出，压电晶片正电荷一侧与底座连接。2 块晶片并联可提高其灵敏度。压电元件弹性变形部分的厚度较薄（其厚度由测力大小决定），绝缘材料采用聚四氟乙烯绝缘套。这种结构的单向测力传感器体积小、质量轻（仅 10g），固有频率高（50 ~ 60kHz），可检测高达5000N的动态力，分辨率为10^{-3}N。

2. 压电式双向力传感器

压电式双向力传感器有2种形式：一种用来测量垂直分力与切向分力，即F_Z与F_X（或F_Y）；另一种用来测量互相垂直的2个切向分力，即F_X与F_Y。无论是哪种形式，传感器的结构都是相同的。压电式双向力传感器的结构如图6-20所示，图中，2组石英晶片分别测量2个分力：下面一组（2块晶片）采用XY（$X0°$）切型石英晶片，通过d_{11}实现力-电转换测量轴向力F_Z；上面一组（2块晶片）采用YX（$Y0°$）切型石英晶片，晶片的厚度方向为Y轴方向，在平行于X轴的剪切应力（在XY平面内）作用下，产生厚度剪切变形（晶体受剪切应力的面与产生电荷的面不共面）。这一组石英晶片通过压电常数d_{26}实现力-电转换来测量F_Y。

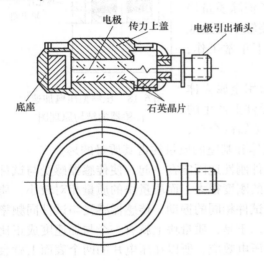

图6-19 压电式单向力传感器结构

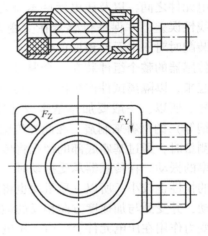

图6-20 压电式双向力传感器结构

3. 压电式三向力传感器

压电式三向力传感器结构如图6-21所示，压电组件为3组双石英晶片叠加并联，可以对空间任一个或三个方向的力同时进行测量。该传感器3组石英晶片的输出极性相同。其中1组根据厚度变形的纵向压电效应，采用XY（$X0°$）切型石英晶片，通过d_{11}实现力-电转换测量轴向力F_Z；另外2组采用厚度剪切变形的YX（$Y0°$）切型石英晶片，通过压电常数d_{26}实现力-电转换。为了使这2组相同切型的石英晶片分别感受F_X和F_Y，在安装时只要将这2组晶片的最大灵敏度轴互成90°夹角即可。

4. 压电式压力传感器

压电式压力传感器既可以测量大的压力，也可以用于微小压力的测量。工业常见的压电式压力传感器

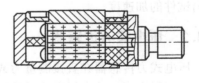

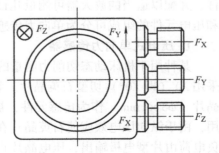

图6-21 压电式三向力传感器结构

的结构主要有膜片结构和预紧筒加载结构 2 种。图 6-22 所示为膜片压电式压力传感器的结构。这种结构的压力传感器的优点是有较高的灵敏度和分辨率，而且有利于小型化。

传感器各部分作用如下：

1）外壳：一是起保护作用，使压电元件免受灰尘、湿气影响；二是起到电屏蔽的作用。外壳通常采用不锈钢等高音速材料，保证通过传力块和导电片的作用力可以快速而无损耗地传递到压电元件上。另外，外壳上根据测量对象提供安装接头。

2）感压膜片：感压膜片作为压力传感器的敏感元件，将输入压力转化为垂直力作用在压电元件上，使得压电晶片产生电荷。大部分的感压膜片与

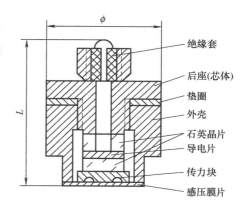

图 6-22　膜片压电式压力传感器结构

外壳密封焊接在仪器或焊接在敏感元件前表面。感压膜片是压力传感器最精密的部分，它决定了传感器的测量精度和耐久性能。它必须对外界热冲击不敏感，以减小误差。

3）预加载套：保证敏感元件在整个测量范围内保持好的线性和温度特性。预加载套厚度仅有 0.1mm，材料通常与外壳相同。并不是所有传感器都有预加载套，有时感压膜提供预加载。

4）间隔环：主要是为了对压电晶体和预加载套的不同热膨胀起到补偿作用。

为了保证传感器具有良好的长时间稳定度和线性度，而且能在较高的环境温度下正常工作，压电元件采用 XY（$X0°$）切型石英晶片，2 片石英晶片在电气上采用并联连接。为了保证在压力（尤其是高压力）作用下，石英晶片的变形量（零点几到几微米）不受损失，传感器的壳体及后座（芯体）的刚度要大。

2 片石英晶片输出的总电荷量 q 为

$$q = 2d_{11}Sp \tag{6-41}$$

式中，d_{11} 为石英晶体的压电常数；S 为感压膜片的有效面积；p 为压力。

6.5　实验指导——压电式传感器测振动实验

1. 实验目的

1）理解压电式传感器的工作原理及测量振动的方法。

2）能够根据实验结果分析压电式传感器的输出特性，并得出有效结论。

2. 实验设备

CSY 系列传感器与检测技术实验台，包含振动台、压电式传感器、检波、移相、低通滤波器模板、压电式传感器实验模板、双线示波器。

3. 实验步骤

1）压电式传感器已装于振动台上。

2）将低频振荡信号接入到台面三源板的低频输入源插孔。

3）将压电式传感器输出两端插入压电式传感器实验模板两输入端，如图 6-23 所示。屏

蔽线接地。将压电式传感器实验模板电路输出端 V_{o1} 接入低通滤波器输入端（如增益不够大时，则 V_{o1} 接入 IC_2，V_{o2} 接入低通滤波器），低通滤波输出与示波器相连。

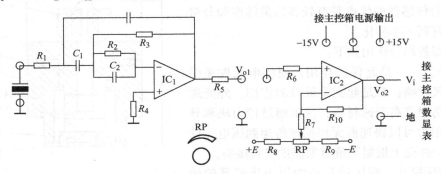

图 6-23   压电式传感器实验模板接线图

4）合上主控箱电源开关，调节低频振荡器的频率与幅度旋钮使振动台振动，观察示波器波形。

5）用示波器的 2 个通道分别观察低通滤波器的输入端和输出端变化。

6）改变低频振荡器频率，观察输出波形变化。在不同的激励频率下，记录输出波形的幅值，记录在表 6-2 中。在此基础上绘出其幅频特性曲线。

表 6-2   不同频率下输出电压幅值

f/Hz	5	7	9	11	13	15	17	19	21	23	25	27	29
U/mV													

4. 思考题

压电式传感器中采用电荷放大器有何优点，为什么电压灵敏度与电缆长度有关而电荷灵敏度却与电缆长度无关？

习题与思考题

6-1   何为压电效应？石英晶体的有效变形方式有哪些？

6-2   对于石英晶体，其晶片的 X、Y 切型是如何规定的？试画出 $X0°$ 切型的晶片示意图。

6-3   常见的压电材料有哪些，特点是什么？

6-4   画出压电晶片的串、并联接法的示意图，并说明该连接方法有何特点。

6-5   压电式传感器测量电路中采用电压放大器和电荷放大器的优缺点是什么？

6-6   为什么压电式传感器不能用于静态物理量的测量？

6-7   电路如图 6-24 所示，请问：

（1）该电路是什么电路？

（2）图中 Q 是什么量？4 个电容分别是什么电容？

（3）该电路有何特点？

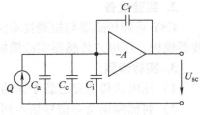

图 6-24   题 6-7 图

6-8　完成以下自测题。

(1) 为消除压电式传感器连接电缆分布电容变化对输出灵敏度的影响，可采用 (　　)。

A. 电压放大器　　　　　B. 电荷放大器　　　　　C. 相敏检波电路

(2) 对于石英晶体，下列说法正确的是 (　　)。

A. 沿光轴方向施加作用力，不会产生压电效应，也没有电荷产生

B. 沿光轴方向施加作用力，不会产生压电效应，但会有电荷产生

C. 沿光轴方向施加作用力，会产生压电效应，但没有电荷产生

D. 沿光轴方向施加作用力，会产生压电效应，也会有电荷产生

(3) 下列传感器中，属发电式传感器的是 (　　)。

A. 电阻式传感器　　　　　　　　　　B. 压电式传感器

C. 磁电式传感器　　　　　　　　　　D. 电感式传感器

(4) 在下列传感器中，将被测物理量的变化量直接转化为电荷变化的是 (　　)。

A. 压电式传感器　　　　　　　　　　B. 电容式传感器

C. 电感式传感器　　　　　　　　　　D. 电阻式传感器

(5) 压电式传感器的等效电路 (　　)。

A. 可以等效为电压源，不可等效为电荷源

B. 不可以等效为电压源，可等效为电荷源

C. 既不可等效为电压源，也不可等效为电荷源

D. 既可等效为电压源，也可等效为电荷源

(6) 石英晶体在电场作用下，沿某一轴的方向机械变形最明显，该轴为 (　　)。

A. X 轴　　　　　　　　　　　　　B. Y 轴

C. Z 轴　　　　　　　　　　　　　D. 以上三种情况都有可能

(7) $X0^0$ 切型的石英晶体，受应力 σ_1 作用时，其压电常数为 (　　)。

A. $d_{11} = d_{12} \neq 0$，$d_{12} = d_{32} = 0$　　　　B. $d_{13} = d_{23} = d_{33} = 0$

C. $d_{14} \neq 0$，$d_{24} = d_{34} = 0$　　　　　　D. $d_{21} = d_{31} = 0$

(8) 压电式传感器后接电压放大器，为扩大其低频特性，可采用的方法有 (　　)。

A. 减小时间常数 τ 的值　　　　　　B. 减小等效电阻 R

C. 增大电容值　　　　　　　　　　　D. 减小电容值

(9) 对能量转换没有意义的石英晶体变形方式有 (　　)。

A. 厚度变形　　　　　　　　　　　　B. 长度变形

C. 面剪切变形　　　　　　　　　　　D. 宽度变形

(10) 电荷放大器电路的优点有 (　　)。

A. 具有很好的高频特性　　　　　　　B. 电缆长度不影响输出

C. 比电压放大器的价格低　　　　　　D. 电路简单，调整较容易

第 7 章

光电式传感器

光电式传感器是基于光电效应把光信号转换成电信号的装置。光电式传感器可用来测量光学量或测量已先行转换为光学量的其他被测量，然后输出电信号。光电式传感器的核心部件是光电器件，测量光学量时，光电器件作为敏感元件使用；而测量其他物理量时，它作为转换元件使用。光电式传感器具有非接触、精度高、反应快、可靠性好、分辨率高等优点，广泛应用于自动控制、智能设备、导航系统等各个领域。

7.1 光电效应

7.1.1 外光电效应

由光的粒子学说可知，光可以认为是由具有一定能量的粒子所组成的，每个光子所具有的能量 E 与其频率大小成正比，即每个光子的能量 $E = h\gamma$，其中，h 为普朗克常数，γ 为光的频率。光照射在物体上就可看成是一连串的具有能量为 E 的粒子轰击在物体上。

所谓外光电效应，是指在光线的作用下，物体内的电子逸出物体表面向外发射的现象。向外发射的电子叫作光电子。基于外光电效应的光电器件有光电管、光电倍增管等。

根据爱因斯坦的假设，一个光子的能量只给一个电子。因此，如果要使一个电子从物质表面逸出，光子具有的能量 E 必须大于该物质表面的逸出功 A_0。根据能量守恒定律，有爱因斯坦光电效应方程，即

$$h\gamma = \frac{1}{2}mv_0^2 + A_0 \tag{7-1}$$

式中，m 为电子质量；v_0 为电子逸出时的初速度。

由式(7-1) 可知：

1) 光电子能否产生，取决于光电子的能量是否大于该物体的表面电子逸出功 A_0。不同的物质具有不同的逸出功，即每一个物体都有一个对应的光频阈值，称为红限频率或波长限。当入射光的频率低于此频率限时，无论发光强度多大，也不能激发出电子；反之，当入射光的频率高于此极限频率时，即使光线微弱也会有光电子发射出来。

2) 当入射光的频谱成分不变时，产生的光电流与发光强度成正比。即发光强度越大，意味着入射光子数目越多，逸出的电子数也就越多。

3) 光电子逸出物体表面具有初始动能，因此外光电效应器件（如光电管）即使没有加阳极电压，也会有光电子产生。为了使光电流为零，必须加负的截止电压，而且截止电压与入射光的频率成正比。

例7-1：某光电阴极在波长为520nm的光照下，光电子的最大动能为0.76eV，那么此光电阴极的逸出功是多少？

解：光电子发射材料的逸出功为

$$A_0 = h\gamma - \frac{1}{2}mv_0^2 = h\frac{c}{\lambda} - \frac{1}{2}mv_0^2$$

$$= 6.63 \times 10^{-34} \times \frac{3 \times 10^8}{520 \times 10^{-9}} - 0.76$$

$$= 2.39\text{eV} - 0.76\text{eV} = 1.63\text{eV}$$

7.1.2 内光电效应

光照射在物体上，使物体的电阻率 ρ 发生变化，或产生光生电动势的现象叫作内光电效应，它多发生于半导体内。根据工作原理的不同，内光电效应分为光电导效应和光生伏特效应 2 类。

1. 光电导效应

在光线作用下，电子吸收光子能量从键合状态过渡到自由状态，而引起材料电导率的变化，这种现象被称为光电导效应。基于这种效应的光电器件有光敏电阻。当光照射到半导体材料上时，价带中的电子受到能量大于或等于禁带宽度的光子轰击，并使其由价带越过禁带跃入导带，使材料中导带内的电子和价带内的空穴浓度增加，从而使电导率变大，如图 7-1 所示。

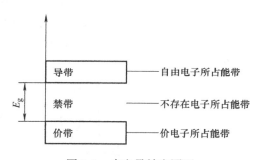

图 7-1 光电导效应原理

为了实现能级的跃迁，入射光的能量必须大于光电导材料的禁带宽度 E_g，即

$$h\gamma = \frac{hc}{\lambda} = \frac{1.24}{\lambda} \geqslant E_g \tag{7-2}$$

材料的光导性能决定于禁带宽度，对于一种光电导材料，总存在一个照射光波长限 λ_0，只有波长小于 λ_0 的光照射在光电导体上，才能产生电子能级间的跃进，从而使光电导体的电导率增大。

2. 光生伏特效应

在光线作用下能够使物体产生一定方向的电动势的现象叫作光生伏特效应。基于该效应的光电器件有光电池、光电二极管和光电晶体管。

（1）势垒效应（结光电效应）

接触的半导体和 PN 结中，当光线照射其接触区域时，便引起光电动势，这就是结光电效应。以 PN 结为例，光线照射 PN 结时，设光子能量大于禁带宽度 E_g，使价带中的电子跃迁到导带，而产生电子空穴对，在阻挡层内电场的作用下，被光激发的电子移向 N 区外侧，被光激发的空穴移向 P 区外侧，从而使 P 区带正电，N 区带负电，形成光电动势。

（2）侧向光电效应

当半导体光电器件所受光照不均匀时，载流子浓度梯度将会产生侧向光电效应。当受光照部分吸收入射光子的能量产生电子空穴对时，受光照部分载流子浓度比未受光照部分的载流子浓度大，就出现了载流子浓度梯度，因而载流子就要扩散。如果电子迁移率比空穴大，那么空穴的扩散不明显，则电子向未被光照部分扩散，就造成光照射的部分带正电，未被光照射的部分带负电，光照部分与未被光照部分产生光电动势。

7.2 光电器件

7.2.1 光电管

1. 结构

光电管有真空光电管和充气光电管（或称电子光电管和离子光电管）2类。两者结构相似，如图7-2所示。真空光电管由一个阴极和一个阳极构成，并且密封在一只真空玻璃管内。阴极装在玻璃管内壁上，其上涂有光电发射材料；阳极通常用金属丝弯曲成矩形或圆形，置于玻璃管的中央。光电管的阴极受到适当的光线照射后发射电子，这些电子被具有一定电位的阳极吸引，在光电管内形成空间电子流。如果在外电路中串入适当阻值的电阻，则在此电阻上将有正比于光电管中空间电流的电压降，其值与照射在光电管阴极上光的亮度呈函数关系。

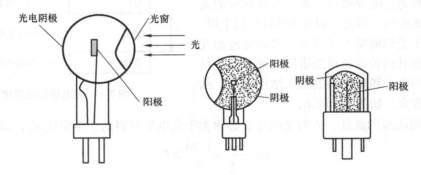

图7-2 光电管基本结构

充气光电管的玻璃泡内充入惰性气体，如氩、氖等。当电子在被吸向阳极的过程中，运动着的电子对惰性气体进行轰击，并使其产生电离，会有更多的自由电子产生，从而提高了光电转换灵敏度。

当入射光很微弱时，普通光电管产生的光电流很小，只有零点几微安，不容易被探测。这时常用光电倍增管对电流进行放大，图7-3所示为光电倍增管内部结构示意图。

图7-3 光电倍增管内部结构示意图

光电倍增管由光电阴极、次阴极（倍增电极）以及阳极 3 部分组成。阴极材料一般是半导体光电材料锑铯，收集到的电子数是阴极发射电子数的 105 ~ 106 倍。次阴极一般是在镍或铜-铍的衬底上涂上锑铯材料，次阴极的形状及位置要正好能使轰击进行下去，在每个次阴极间均依次增大加速电压，次阴极多的可达 30 级。光电倍增管的放大倍数可达几万到几百万倍，其灵敏度比普通光电管高几万到几百万倍。因此，即使在很微弱的光照下，光电倍增管也能产生很大的光电流。

2. 主要性能

（1）伏安特性

在一定的光照射下，把光电管阴极上所加的电压与阳极所产生的电流之间的关系称为光电管的伏安特性，如图 7-4 所示。当阳极电压比较低时，阴极所发射的电子只有一部分到达阳极，其余部分受光电子在真空中运动时所形成的负电场作用，回到光阴极。随着阳极电压的增高，光电流随之增大。当阴极发射的电子全部到达阳极时，阳极电流便很稳定，称为饱和状态。

（2）光照特性

光电管的光照特性通常指当光电管的阳极和阴极之间所加电压一定时，光通量与光电流之间的关系，如图 7-5 所示。图 7-5 中，曲线 1 表示氧铯阴极光电管的光照特性，光电流 I 与光通量 Φ 呈线性关系；曲线 2 为锑铯阴极的光电管光照特性，呈非线性关系。光照特性曲线的斜率（光电流与入射光光通量之比）称为光电管的灵敏度。

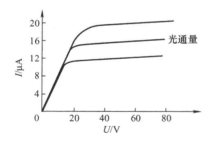

图 7-4　光电管伏安特性

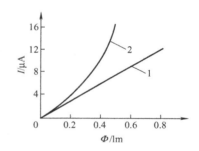

图 7-5　光电管的光照特性

（3）光谱特性

保持光通量和阴极电压不变，光电管阳极电流与光波长之间的关系称为光谱特性。由于光电阴极对光谱有选择性，所以光电管对光谱也有选择性。具有不同光电阴极材料的光电管，有不同的红限频率，适用于不同的光谱范围。此外，同一光电管对于不同频率的入射光的灵敏度也是不同的。所以，对各种不同波长区域的光，应选用不同材料的光电阴极。

7.2.2　光敏电阻

1. 结构

光敏电阻又称光导管，是利用光电导效应制成的。当光照射到光敏电阻上时，其阻值会随光照的增强而减小。光敏电阻具有灵敏度高、光谱响应范围宽、体积小、重量轻、机械强度高、耐冲击、耐振动、抗过载能力强和寿命长等优点。当然，光敏电阻在使用时需要有外部电源，同时当有电流通过时，会产生热量，影响测量精度。

光敏电阻的结构如图7-6所示。在玻璃底板上涂上一层薄的半导体光敏材料，在其两端装有金属电极，并与引出线端相连接，通过引出线就可以将光敏电阻接入电路。同时，为了防止周围介质的影响，一般还需在半导体光敏层上覆盖一层漆膜。

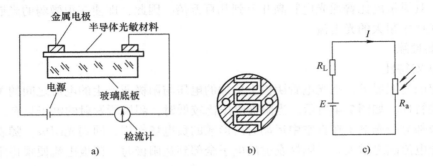

图7-6　光敏电阻结构

a）光敏电阻结构　b）光敏电阻电极　c）光敏电阻结构接线图

2. 主要参数

（1）暗电流

室温条件下，在无光照射（全暗）时光敏电阻的电阻值，称为暗阻。此时在给定电压下流过的电流，称为暗电流。

（2）亮电流

光敏电阻在某一光照下的阻值，称为该光照下的亮电阻。此时流过的电流，称为亮电流。

（3）光电流

光敏电阻在某一光照下的亮电流与暗电流之差，称为光电流。

光敏电阻的暗电阻越大而亮电阻越小，则性能越好。也就是说，暗电流越小、光电流越大，光敏电阻的灵敏度越高。实用的光敏电阻的暗电阻往往超过$1M\Omega$，甚至高达$100M\Omega$，而亮电阻则在几千欧以下，暗电阻与亮电阻之比为$10^2 \sim 10^6$，可见光敏电阻的灵敏度很高。

3. 基本特性

（1）伏安特性

在一定的光照度下，加在光敏电阻两端的电压与电流之间的关系称为伏安特性。硫化镉光敏电阻的伏安特性如图7-7所示。在给定偏压下，光照强度越大，光电流也越大。在一定的光照强度下，所加的电压越大，光电流越大，而且无饱和现象。但是电压不能无限地增大，因为任何光敏电阻都受额定功率、最高工作电压和额定电流的限制。超过最高工作电压和最大额定电流，可能导致光敏电阻永久性损坏。

（2）光照特性

在一定外加电压下，光敏电阻的光电流和光通量之间的关系称为其光照特性，特性曲线如图7-8所示。不同类型光敏电阻的光照特性不同，但光照特性曲线均呈非线性。因此它不宜作为定量检测元件，通常在自动控制系统中用作光电开关。

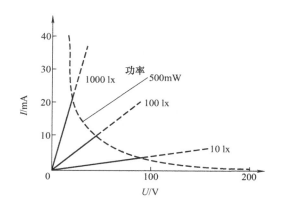

图 7-7　硫化镉光敏电阻的伏安特性

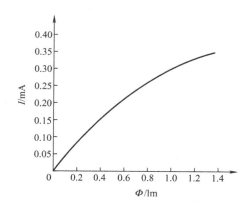

图 7-8　光敏电阻的光照特性

（3）光谱特性

光敏电阻对入射光的光谱具有选择作用，即光敏电阻对不同波长的入射光有不同的灵敏度。光敏电阻的相对光敏灵敏度与入射波长的关系称为光敏电阻的光谱特性，又称为光谱响应。图 7-9 所示为几种不同材料光敏电阻的光谱特性。由图 7-9 可知，硫化镉光敏电阻光谱响应的峰值在可见光区域，常被用作光度量测量（照度计）的探头；硫化铅光敏电阻光谱响应范围在近红外区和中红外区，常被用作火焰探测器的探头。因此，在选用光敏电阻时，应把光敏电阻的材料和光源的种类结合起来考虑，才能获得满意的工作效果。

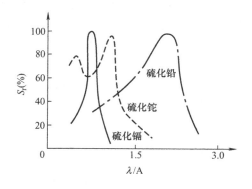

图 7-9　几种不同材料光敏电阻的光谱特性

（4）频率特性

当光敏电阻受到脉冲光照射时，光电流要经过一段时间才能达到稳定值，而在停止光照后，光电流也不立刻为零，即光敏电阻产生光电流有一定的惰性，这就是光敏电阻的时延特性。由于不同材料光敏电阻的时延特性不同，所以它们的频率特性也不同，多数光敏电阻的时延都比较大，所以光敏电阻不能用在要求快速响应的场合。图 7-10 所示为硫化镉和硫化铅光敏电阻的频率特性，相比较，硫化铅的使用频率范围较大。

（5）温度特性

光敏电阻和其他半导体器件一样，受温度影响较大。温度变化时，会影响光敏电阻的光谱响应，同时光敏电阻的灵敏度和暗电阻也随之改变，尤其是响应于红外区的硫化铅光敏电阻受温度影响更大。图 7-11 所示为硫化铅光敏电阻的温度特性曲线，它的峰值随着温度上升向波长短的方向移动。因此，硫化铅光敏电阻要在低温、恒温的条件下使用。

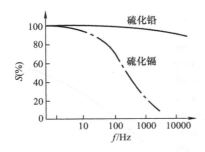

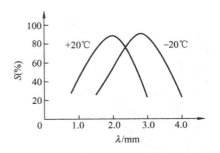

图 7-10　光敏电阻的频率特性　　　　　图 7-11　硫化铅光敏电阻的温度特性

7.2.3　光电池

1. 工作原理

光电池是利用光生伏特效应把光直接转变成电能的器件，是发电式有源元件。由于它可把太阳能直接转变为电能，故又称为太阳电池。它有较大面积的 PN 结，当光照射在 PN 结上时，如 P 型面，光子能量大于半导体材料的禁带宽度，则 P 型区就产生自由电子和空穴对，电子空穴对在结电场作用下就会建立与光照强度有关的电动势。光电池通常以半导体材料的名称来命名，如硒光电池、砷化镓光电池、硅光电池等。目前，应用最广、最有发展前途的是硅光电池，其结构如图 7-12a 所示。硅光电池价格便宜、转换效率高、寿命长，适于接收红外光。

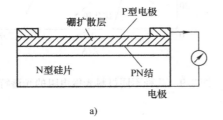

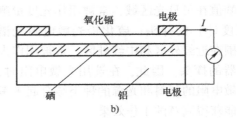

图 7-12　光电池结构

a）硅光电池　b）硒光电池

硒光电池是在铝片上涂硒，再用溅射的工艺，在硒层上形成一层半透明的氧化镉，然后在正反两面喷上低融合金作为电极，如图 7-12b 所示。在光线照射下，镉材料带负电，硒材料上带正电，形成光电流或电动势。硒光电池光电转换效率低、寿命短，适于接收可见光，最适宜制造照度计。

2. 基本特性

（1）光照特性

光电池在不同光照度下，光电流和光生电动势是不同的。硅光电池的短路电流在很大范围内与光照强度呈线性关系，开路电压（负载电阻无限大时）与光照度的关系是非线性的，并且当照度在 2000lx 时就趋于饱和了。光电池的光照特性曲线如图 7-13 所示。把光电池作为测量元件时，应将其当作电流源的形式来使用，不能用作电压源。

（2）光谱特性

光电池的光谱特性取决于材料。图7-14所示为硒、硅光电池的光谱特性。硒光电池在可见光谱范围内有较高的灵敏度，峰值波长在540nm附近，适宜测可见光。硅光电池应用的范围为400～1100nm，峰值波长在850nm附近，因此硅光电池可以在很宽的范围内应用。

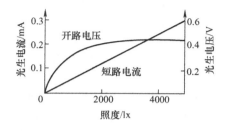

图7-13　光电池的光照特性

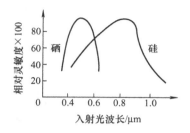

图7-14　光电池的光谱特性

（3）频率特性

光电池作为测量、计数、接收元件时，常用调制光输入，光电池的频率响应就是指输出电流随调制光频率变化的关系，其频率特性如图7-15所示。由于光电池PN结面积较大，极间电容大，故频率特性较差。

（4）温度特性

光电池的温度特性是指开路电压和短路电流随温度变化的关系，其温度特性如图7-16所示。开路电压与短路电流均随温度而变化，它将关系到应用光电池的仪器设备的温度漂移，影响到测量或控制精度等主要指标。因此，当光电池作为测量元件时，最好能保持温度恒定，或采取温度补偿措施。

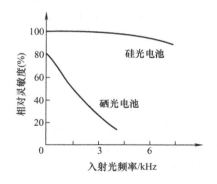

图7-15　光电池的频率特性

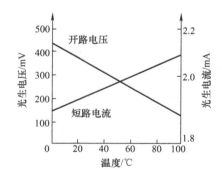

图7-16　光电池的温度特性

7.2.4　光电二极管和光电晶体管

光电二极管的基本结构是一个PN结，结面积较小，频率特性较好。其光生电动势与光电池相同，但输出电流普遍比光电池小，一般为几微安到几十微安。制作光电二极管的半导体材料主要有硅、砷化镓、锑化铟等。光电二极管的结构与一般二极管相似，它装在透明玻璃外壳中，其PN结装在管顶，可直接收到光照射，如图7-17所示。光电二极管在电路中一般处于反向工作状态，如图 7-18 所示。

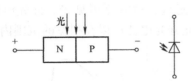

图 7-17　光电二极管结构和符号

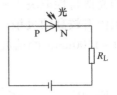

图 7-18　光电二极管工作原理图

在没有光照射时，光电二极管的反向电阻很大，反向电流很小，近似处于截止状态。当有光照射时，光电二极管的 PN 结附近受光子轰击，吸收其能量而产生电子空穴对，从而使 P 区和 N 区的少数载流子浓度大大增加；在外加反向偏压和内电场的作用下，P 区的少数载流子渡越阻挡层进入 N 区，N 区的少数载流子渡越阻挡层进入 P 区，从而使通过 PN 结的反向电流大为增加，形成光电流。光电二极管的光电流与光的照度之间呈线性关系，同时，当光照足够强时，会出现饱和现象，因此光电二极管既可作线性转换元件，也可作开关元件。

光电晶体管有 PNP 型和 NPN 型 2 种，其结构与一般晶体管很相似，具有电流增益。光电晶体管的发射极一边很大，以扩大光的照射面积，且其基极不接引线。当集电极加上正电压、基极开路时，集电极处于反向偏置状态。此时，当光线照射在集电结的基区时，会产生电子空穴对，在内电场的作用下，光生电子被拉到集电极，基区留下空穴，使基极与发射极间的电压升高，这样便有大量的电子流向集电极，形成输出电流，且集电极电流为光电流的 β 倍。光电晶体管的结构和基本电路如图 7-19 所示。

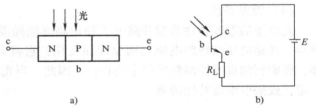

图 7-19　光电晶体管结构和基本电路
a）光电晶体管结构　b）基本电路

7.2.5　光电器件的应用

利用光电器件进行非电量检测过程中，按信号接收状态可分为模拟式和脉冲式 2 大类。模拟式光电传感器的工作原理：基于光电器件的光电特性，其光通量随被测量而变，光电流是被测量的函数。其通常有吸收式、反射式、遮光式、辐射式 4 种基本形式：

1）吸收式。被测物置于光学通路中，光源的部分光通量由被测物吸收，剩余的透射到光电器件上。透射光的强度取决于被测物对光的吸收大小，而吸收的光通量与被测物的透明度有关，因此常用来测量物体的透明度、浑浊度等。

2）反射式。光源发出的光投射到被测物上，被测物把部分光通量反射到光电器件上。反射光通量取决于反射表面的性质、状态和与光源之间的距离。利用这个原理可制成表面粗糙度和位移测试仪等。

3）遮光式。光源发出的光通量经被测物遮去其一部分，使作用在光电器件上的光通量发生改变，改变的程度与被测物在光学通路中的位置有关。利用这个原理可以制成测量位移的位移计等。

4）辐射式。被测物本身就是光辐射源，发射的光通量直接射向光电器件，也可以经过一定的光路后作用到光电器件上。利用这种原理可制成光电比色高温计。

脉冲式光电传感器的作用方式是使光电器件的输出仅有 2 种稳定状态，即"通"和"断"的开关状态，所以也称为光电器件的开关运用状态。

图 7-20 所示的光电转速计，是光电器件的典型应用。它是将转速变换为光通量的变化，再经过光电器件转换成电量的变化，根据其工作方式又可分为直射式和反射式 2 种。

直射式光电转速传感器的结构如图 7-20a 所示。它由转盘（开孔圆盘）、光源（发光二极管）、光敏器件（光电二极管）及缝隙板等组成，转盘的输入轴与被测轴相连接。光源发出的光通过转盘和缝隙板照射到光电二极管上并被光电二极管接收，将光信号转为电信号输出。转盘上有许多小孔，转盘旋转一周，光电二极管输出的电脉冲个数就等于转盘的开孔数。因此，可通过测量光电二极管输出的脉冲频率，得知被测转速。在孔数一定时，脉冲数就和转速成正比。电脉冲输入测量电路后经放大整形，再送入频率计计数显示。

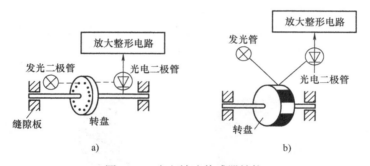

图 7-20　光电转速传感器结构
a）直射式　b）反射式

反射式光电转速传感器的结构如图 7-20b 所示。在待测转速轴上固定一个涂有黑白相间条纹的圆盘，它们具有不同的反射率。当转轴转动时，反光与不反光交替出现，光敏器件间断地接收光的反射信号，并转换成电脉冲信号。当间隔数一定时，电脉冲便与转速成正比，电脉冲送至数字测量电路，即可计数显示。

图 7-21 所示为利用光的全反射原理实现液位控制的光电式液位传感器的原理图。发光二极管作为发射光源，当液位传感器的直角三棱镜与空气接触时，由于入射角大于临界角，光在棱镜内发生全反射，大部分光被光电二极管接收，此时液位传感器的输出便保持在高电平状态；而当液体的液位到达传感器的敏感面时，光线则发生折射，光电二极管接收的光照强度明显减弱，传感器输出从高电平状态变为低电平，由此实现液位的检测。

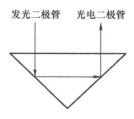

图 7-21　光电式液位传感器原理图

图 7-22 所示为光电式纬线探测器原理电路。光电式纬线探测器是应用于喷气织机上，判断纬线是否断线的一种探测器。当纬线在喷气作用下前进时，红外发光二极管 VE 发出的红外光，经纬线反射，由光电池接收，如光电池接收不到反射信号，则说明纬线已断。因此，利用光电池的输出信号，通过后续电路放大、脉冲整形等，控制机器正常运转或者关机报警。由于纬线线径很细，又是摆动着前进，形成光的漫反射，削弱了

反射光的强度，而且还伴有背景杂散光，因此要求探纬器具有高的灵敏度和分辨率。为此，红外发光二极管 VE 采用占空比很小的强电流脉冲供电，这样既能保证发光二极管使用寿命，又能在瞬间有强光射出，以提高检测灵敏度。一般来说，光电池输出信号比较小，需经放大、脉冲整形，以提高分辨率。

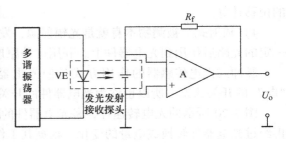

图 7-22　光电式纬线探测器原理电路

7.3　光电式编码器

7.3.1　工作原理

　　光电式编码器是一种通过光电转换将输出轴上的机械几何位移量转换成脉冲或数字量的传感器，具有体积小、精度及分辨率高、接口数字化、寿命长、可靠性高等特点，广泛应用于自动测量和自动控制中，特别适用在数控机床、回转台、伺服传动、机器人、雷达、军事目标测定等需要检测角度的装置和设备中，其外形如图 7-23 所示。

图 7-23　光电式编码器外形图

　　一般的光电式编码器主要由光栅盘（又称光电码盘）和光电探测装置组成。在伺服系统中，由于光电码盘与电动机同轴，电动机旋转时，光栅盘与电动机同速旋转，经发光二极管等电子元器件组成的检测装置检测输出若干脉冲信号，通过计算每秒光电式编码器输出脉冲的个数就能反映当前电动机的转速。此外，为判断旋转方向，码盘还可提供相位相差 90°的 2 个通道的光码输出，依据双通道光码的状态变化确定电动机的转向。根据输出信号不同将光电式编码器分为增量式和绝对式 2 种。目前，我国已有 16 位商用光电码盘，其分辨率约为 20″。

7.3.2　类型与结构

1. 增量式光电编码器

　　增量式光电编码器的特点是能够产生与位移增量等值的脉冲信号，当码盘转动时产生串行光脉冲，用计数器将脉冲数累加起来就可反映转过的角度大小。

　　增量式光电编码器是在圆盘上开有 2 圈相等角矩的缝隙，外圈 A 为增量码道、内圈 B

为辨向码道，内、外圈的相邻两缝隙之间的距离错开半条缝宽。另外，在内外圈之外的某一径向位置，也开有一缝隙，表示码盘的零位，码盘每转 1 圈，零位对应的光敏元件就产生 1 个脉冲，称为"零位脉冲"。在开缝圆盘的两边分别安装光源及光敏元件，如图 7-24 所示。增量式光电编码器的结构图如图 7-25 所示，光栏板上有 2 个狭缝，其距离是码盘上 2 个相邻狭缝距离的 1/4，并设置了 2 组对应的光敏元件（称为 cos、sin 元件），对应图中的 A、B 2 个信号（1/4 间距差，保证了 2 路信号的相位差为 90°，便于辨向）。

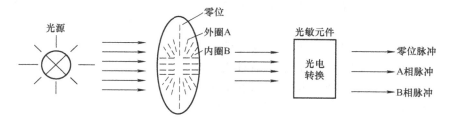

图 7-24　增量式光电编码器原理图

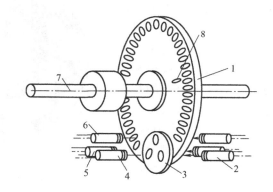

图 7-25　增量式光电编码器结构图

1—均匀分布透光槽的编码盘　2—LED 光源　3—光栏板上狭缝　4—sin 信号接收器
5—cos 信号接收器　6—零位读出光电元件　7—转轴　8—零位标记槽

　　当码盘随被测工件轴转动时，每转过一个缝隙就发生一次光线明暗变化，通过光敏元件产生一次电信号的变化，所以每圈码道上的缝隙数将等于其光敏元件每一转输出的脉冲数，利用计数器记录脉冲数，就能反映码盘转过的角度或速度信息。

　　增量式光电编码器的分辨率是以编码器轴转动一周所产生的输出信号基本周期数来表示的，即脉冲数/转（PPR）。码盘上透光缝隙的数目就等于编码器的分辨率，码盘上刻的缝隙越多，编码器的分辨率就越高。在工业电气传动中，根据不同的应用对象，可选择分辨率通常在 500 ~ 6000PPR 的增量式光电编码器，最高可以达到几万 PPR。在交流伺服电动机控制系统中，通常选用分辨率为 2500PPR 的编码器。此外对光电信号进行逻辑处理，可以得到 2 倍频或 4 倍频的脉冲信号，从而进一步提高分辨率。

　　增量式光电编码器最大的优点是结构简单，易于实现，机械平均寿命长（可达到几万小时以上），分辨率高，抗干扰能力较强；缺点是它无法直接读出转动轴的绝对位置信息。它除可直接用于测量角位移外，还常用于测量转轴的转速，如在给定时间内对编码器的输出脉冲进行计数即可测量平均转速。

2. 绝对式光电编码器

由于增量式光电编码器有可能由于外界的干扰产生计数错误，并且在停电或故障停车后无法找到事故前执行部件的正确位置，而采用绝对式光电编码器可以避免上述缺点。绝对式光电编码器的结构如图 7-26 所示，由光源与旋转轴相连的码盘、狭缝、光电元件组成。

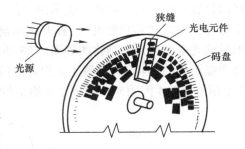

图 7-26　绝对式光电编码器结构图

绝对式光电编码器的基本原理及组成部件与增量式光电编码器基本相同，不同的是，绝对式光电编码器用不同的数码来分别指示每个不同的增量位置，它是一种直接输出数字量的传感器，在它的圆形码盘上沿径向有若干同心码道，每条码道上由透光和不透光的扇形区相间组成，相邻码道的扇区数目是双倍关系，码盘上的码道数就是它的二进制数码的位数，在码盘的一侧是光源，另一侧对应每一码道有一光电元件；当码盘处于不同位置时，各光电元件根据受光照与否转换出相应的电平信号，形成二进制数。这种编码器的特点是不要计数器，在转轴的任意位置都可读出一个固定的与位置相对应的数字码。显然，码道越多，分辨率就越高，对于一个具有 N 位二进制分辨率的编码器，其码盘必须有 N 条码道。目前国内已有 16 位的绝对式光电编码器产品。

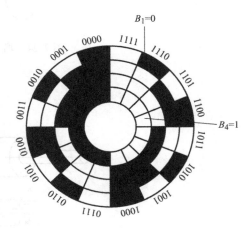

图 7-27　码盘结构图

图 7-27 所示为码盘结构图，它由光学玻璃制成，其上刻有许多的通信码道，每位码道都按一定编码规律分布着透光和不透光部分，分别称为亮区和暗区。对应于亮区和暗区光电元件输出的信号分别是 "1" 和 "0"。

图 7-27 由 4 个同心码道组成，当来自光源（多采用发光二极管）的光束经聚光透镜投射到码盘上时，转动码盘，光束经过码盘进行角度编码，再经窄缝射入光敏元件组（多为硅光电池或光敏管）。光敏元件的排列与码道一一对应，即保证每个码道有一个光敏元件负责接收透光的光信号。码盘转至不同的位置时，光敏元件组输出的信号反映了码盘的角位移大小，光路上的窄缝是为了方便取光和提高光电转换效率而设置的。码盘的刻划可采用二进制、十进制、循环码等方式，图 7-27 采用的是 4 位二进制方式，即将一个圆周（360°）分为 $2^4 = 16$ 个方位，其中一个方位对应 $360° \div 16 = 22.5°$。因此，只要根据码盘的起始和终止位置，就可以确定角位移。一个 n 位二进制码盘的最小分辨率是 $\dfrac{360°}{2^n}$。分辨率只取决于位数，与码盘采用的码制没有关系。

光电码盘的精度决定了光电式编码器的精度。因此，不仅要求码盘分度精确，而且要求其透明区和不透明区的转接处有陡峭的边缘，以减小逻辑 "1" 和 "0" 相互转换时，在敏感元件中引起噪声。

使用绝对式光电编码器时，若被测转角不超过360°，它所提供的是转角的绝对值，即从起始位置（对应于输出各位均为0的位置）所转过的角度。在使用中如遇停电，在恢复供电后的显示值仍然能正确地反映当时的角度，故称为绝对型角度编码器。当被测角大于360°时，为了仍能得到转角的绝对值，可以用2个或多个码盘与机械减速器配合，扩大角度量程，如选用2个码盘，两者间的转速为10∶1，此时测角范围可扩大10倍。但这种情况下，低转速的高位码盘的角度误差应小于高转速的低位码盘的角度误差，否则其读数是没有意义的。因绝对式光电编码器可以读出角度坐标的绝对值，没有累积误差，所以电源切除后位置信息不会丢失。

7.3.3 实际应用

1. 位置测量

把输出的2个脉冲分别输入到可逆计数器的正、反计数端进行计数，可检测到输出脉冲的数量，把这个数量乘以脉冲当量（转角/脉冲）就可测出码盘转过的角度。为了能够得到绝对转角，在起始位置时，对可逆计数器要清零。

在进行直线距离测量时，通常把它装到伺服电动机轴上，伺服电动机与滚珠丝杠相连，当伺服电动机转动时，由滚珠丝杠带动工作台或刀具移动，这时编码器的转角对应直线移动部件的移动量，因此，可根据到伺服电动机和丝杠的转动以及丝杆的导程来计算移动部件的位置。

例7-2：在精车床上使用刻线3600条/周的圆光栅作长度检测时，测量电路采用4倍频细分，其线位移检测分辨力为2.5μm，问该车床丝杠的螺距。

解：机床丝杠旋转1周，圆光栅也旋转1周，水平位移为1个螺距。测量电路采用4倍频细分，即分辨力提高了4倍，又已知装置检测分辨力为2.5μm，故在未细分前一个莫尔条纹间距所对应的螺母水平位移应为

$$2.5\mu m \times 4 = 10\mu m$$

由于圆光栅旋转1周，水平位移为1个螺距，而莫尔条纹间距与圆光栅栅距之间具有严格的一一对应关系，所以螺距应为

$$3600 \times 10\mu m = 36mm$$

2. 转速测量

转速可由编码器发出的脉冲频率或周期来测量。利用脉冲频率测量是在给定的时间内对编码器发出的脉冲计数，然后由式(7-3)求出其转速为

$$n = \frac{N_1}{N t}(r/s) = \frac{N_1 60}{N \ t}(r/min) \tag{7-3}$$

式中，t为测速采样时间（s）；N_1为时间t内测得的脉冲个数；N为编码器每转脉冲数（与所用编码器型号有关）。

例7-3：设某编码器的额定工作参数是$N = 2048pulse/r$，在0.2s时间内测得8192个脉冲，求其转速。

解：根据式(7-3)有

$$n = \frac{N_1}{N}\frac{60}{t} = \frac{8192}{2048} \times \frac{60}{0.2} \text{r/min} = 1200 \text{r/min}$$

图 7-28a 所示为用脉冲频率法测转速的原理图。在给定时间 t 内，使门电路选通，编码器输出脉冲允许进入计数器计数，这样，可计算出时间 t 内编码器的平均转速。利用脉冲周期法测量转速，是通过计数编码器 1 个脉冲间隔内（1/2 个脉冲周期）标准时钟脉冲个数来计算其转速，因此，要求时钟脉冲的频率必须高于编码器脉冲的频率。图 7-28b 所示为用脉冲周期法测转速的原理图。

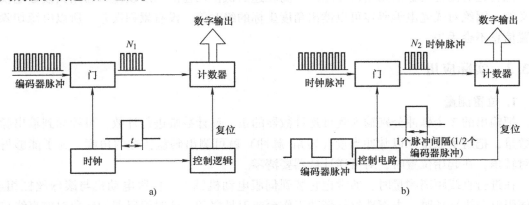

图 7-28　光电式编码器测速原理
a）脉冲频率法测转速　b）脉冲周期法测转速

当编码器输出脉冲正半周时，选通门电路，标准时钟脉冲通过控制门进入计数器计数，计数器输出 N_2，可得出转速的 2 种计算公式为

$$n = \frac{1}{2N_2NT}(\text{r/s}) \tag{7-4}$$

$$n = \frac{60}{2N_2NT}(\text{r/min}) \tag{7-5}$$

式中，N 为编码器每转脉冲数（pulse/r）；N_2 为编码器 1 个脉冲间隔（即 1/2 个编码器脉冲周期）内标准时钟脉冲输出个数；T 为标准时钟脉冲周期。

例 7-4：设某编码器的额定工作参数 $N = 1024\text{pulse/r}$，标准时钟脉冲周期 $T = 10^{-6}\text{s}$，测得编码器输出的 2 个相邻脉冲上升沿之间标准时钟脉冲输出个数为 1000 个，求其转速。

解：根据题意可知，编码器 1 个脉冲间隔内标准时钟脉冲的输出个数为

$$N_2 = 1000 \div 2 = 500$$

由式(7-5)，有

$$n = \frac{60}{2N_2NT} = \frac{60}{2 \times 500 \times 1024 \times 10^{-6}}\text{r/min} \approx 58.6\text{r/min}$$

7.4　光纤传感器

光导纤维（简称光纤）自 20 世纪 60 年代问世以来，就在图像传递和检测技术等方面得到了应用。利用光导纤维作为传感器的研究始于 20 世纪 70 年代中期。由于光纤传感器具

有不受电磁场干扰、传输信号安全、可实现非接触测量、高灵敏度、高精度、高速度、高密度、适应各种恶劣环境下使用以及非破坏性和使用简便等优点。无论是在电量（电流、电压、磁场）的测量，还是在非电物理量（位移、温度、压力、速度、加速度、液位、流量等）的测量方面，光纤传感器都取得了惊人的进展。

光纤传感器一般由 3 个环节组成：信号的转换、信号的传输、信号的接收与处理。信号的转换环节是将被测参数转换成为便于传输的光信号；信号的传输环节是利用光导纤维的特性将转换的光信号进行传输；信号的接收与处理环节是将来自光导纤维的信号送入测量电路，由测量电路进行处理并输出。

7.4.1 光纤的结构和传输原理

1. 光纤的结构

光纤是采用石英玻璃和塑料等光折射率高的介质材料制成极细的纤维状结构，如图 7-29 所示。

光纤中心的圆柱体叫作纤芯，围绕着纤芯的圆形外层叫作包层。纤芯具有大折射率，一般直径为几微米至几百微米，材料主体为二氧化硅。为了提高纤芯的折射率，光纤一般都掺杂微量的其他材料（如二氧化锗等）。围绕纤芯的是有较小折射率的玻璃包层，包层可以是折射率稍有差异的多层，其总直径为 $100 \sim 200\mu m$。为了增强抗机械

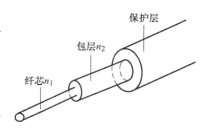

图 7-29　光纤结构

张力和防止腐蚀，在包层外面还常有一层保护套，多为尼龙材料。光纤的导光能力取决于纤芯和包层的性质，而光纤的机械强度由保护套维持。

2. 光纤的传输原理

信息在光纤中的传输是依靠光作为载体进行的。为了能使传输中的光随光纤本身弯曲并能远距离传输而减少衰减，就必须使进入光纤的光在纤芯和包层的界面上产生全内反射。光纤传输的基础是基于光的全内反射，如图 7-30 所示。

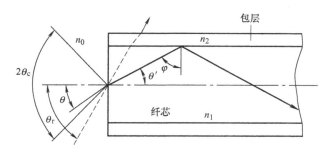

图 7-30　光纤的传输原理

对于两个端面均为光滑平面的圆柱形光纤，当光纤的直径比光的波长大很多时，光线以与圆柱轴线成 θ 角的方向射入其中一个端面，根据光的折射定律，在光纤内折射（折射角为 θ'），然后再以 φ 角入射至纤芯与包层的界面。若要在界面上发生全反射，纤芯与界面的光线入射角 φ 应大于临界角 θ_c，并在光纤内部以同样的角度反复逐次反射，直至传播到另一

端面。

为满足光在光纤内的全内反射，光入射到光纤端面的临界入射角 θ_c 应满足

$$n_1 \sin\theta' = n_1 \sin\left(\frac{\pi}{2} - \theta_c\right) = n_1 \cos\theta_c = n_1 \left(1 - \sin^2\varphi_c\right)^{\frac{1}{2}} = \left(n_1^2 - n_2^2\right)^{\frac{1}{2}} \tag{7-6}$$

所以

$$n_0 \sin\theta_c = \left(n_1^2 - n_2^2\right)^{\frac{1}{2}} \tag{7-7}$$

实际工作时，需要光纤弯曲，但只要满足全反射条件，光线仍继续前进。

一般光纤所处环境为空气，则 $n_0 = 1$。要在界面上产生全反射，则在光纤端面上的光线入射角应满足

$$\theta \leqslant \theta_c = \arcsin \left(n_1^2 - n_2^2\right)^{\frac{1}{2}} \tag{7-8}$$

即

$$\sin\theta_c = \left(n_1^2 - n_2^2\right)^{\frac{1}{2}} \tag{7-9}$$

由此可知，无论光源发射功率有多大，只有入射光处于 $2\theta_c$ 的光锥内，光纤才能导光。如入射角过大，经折射后不能满足要求，光线便从包层逸出而产生漏光。通常将 $\sin\theta_c$ 定义为光纤的数值孔径，用 NA 表示。显然，数值孔径反映纤芯接收光量的多少。一般希望有大的数值孔径，这有利于提高耦合效率，但数值孔径过大，会造成光信号畸变，所以要适当选择数值孔径的数值。数值孔径由光纤材料的折射率决定，而与光纤的几何尺寸无关。

例 7-5：求光纤 $n_1 = 1.46$、$n_2 = 1.45$ 的数值孔径（NA）值；如果外部的 $n_0 = 1$，求光纤的临界入射角。

解：当 $n_0 = 1$ 时，有

$$NA = \sqrt{n_1{}^2 - n_2{}^2} = \sqrt{1.46^2 - 1.45^2} \approx 0.1706$$

$$\theta_c = \arcsin NA = 9.82°$$

7.4.2　工作原理

1. 光纤传感器的组成

光纤传感器由光源、敏感元件（光纤或非光纤的）、光探测器、信号处理系统以及光纤等组成，如图 7-31 所示。由光源发出的光通过源光纤引到敏感元件，被测参数作用于敏感元件，在光的调制区内，使光的某一性质受到被测量的调制，调制后的光信号经光纤耦合到光探测器，将光信号转换为电信号，最后经信号处理系统就可得到所需的被测量。

2. 光纤传感器的分类

根据光纤在传感器中的作用，光纤传感器一般分为 2 大类：一类是利用光纤本身的某种敏感特性或功能制成的传感器，称为功能型传感器（Functional Fiber），又称为传感型或物性型传感器；另一类是光纤仅仅起传输光的作用，它在光纤端面或中间加装其他敏感元件感受被测量的变化，这类传感器称为非功能型传感器（Non Functional Fiber），又称为传光型或结构型传感器。

按照光在光纤中被调制的原理，光纤传感器分为强度调制型、频率调制型、波长调制型、相位调制型和偏振态调制型 5 种类型。

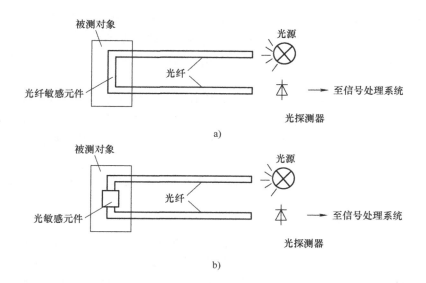

图 7-31　光纤传感器的组成

3. 光的调制技术

（1）光的强度调制

光的强度调制技术是光纤传感技术中应用最为广泛的一种调制技术，其基本原理是利用外界信号来改变光纤中光的强度，再通过测量输出发光强度的变化来实现对外界信号的测量。一般情况下，光调制技术可以分为功能型光强调制和非功能型光强调制。

功能型光强调制的基本原理是外界信号通过改变传感光纤的外形、纤芯与包层折射率比、吸收特性与模耦合特性等方法对光纤传输的光波强度进行调制，属于这种类型的有微弯损耗型、变折射率型和变模耦合特性型等。

非功能型光强调制的基本原理是根据光束位移、遮挡、耦合及其他物理效应，通过一定的方式使进入接收光纤的光照强度随外界信号的变化而变化。根据实现方法的不同有光闸型、光束切割型和物理效应型等。

（2）光的频率调制

光的频率调制是指被测量对光纤中传输的光波频率进行调制，频率的偏移反映了被测量的大小。目前使用较多的调制方法为多普勒法，即外界信号通过多普勒效应对接收光纤中的光波频率实施调制，它是一种非功能型调制。在实际应用中适合测量血流、气流和其他液体的流速、运动粒子的速度等。

（3）光的波长调制

外界信号通过一定方式改变光纤中传输光的波长，测量波长的变化即可检测到被测量的变化，这种调制方式称为光的波长调制。光波长调制的方法主要有选频和滤波法，常用的有F－P干涉式滤光、里奥特偏振双折射滤光和光纤光栅滤光等。光的波长调制技术主要应用于医学、化学等领域。

（4）光的相位调制

光的相位调制是指被测量按照一定规律使光纤中传播的光波相位发生相应改变，通过相位的变化来反映被测量。光的相位调制分为功能型调制、萨格奈克效应调制和非功能型调制 3 种。

功能型调制是指外界信号通过光纤的力应变效应、热应变效应、弹光效应和热光效应等使传感光纤的几何尺寸或折射率等参数发生变化，从而导致光纤中的光相位发生变化，以实现对光相位的调制。

萨格奈克效应调制是利用萨格奈克效应来实现的。当环形光路在惯性空间绕垂直于光路平面的轴转动时，光路内相向传播的 2 列光波之间将因光波的惯性运动产生光程差，从而导致光的干涉。外界信号可以通过旋转光纤环对光纤中的光束进行相位调制，产生相应的相位差。

非功能型调制是指在光纤之外，通过改变进入光纤的光波程差实现对光纤中光相位的调制。

（5）光的偏振态调制

光的偏振态调制是指外界信号通过一定方式，使光纤中光波的偏振面发生规律性偏移（即旋光）或产生双折射，从而导致光的偏振特性发生变化，通过检测光偏振态的变化可测出被测量。光的偏振态调制可以分为功能型偏振调制和非功能型偏振调制 2 种。

7.4.3 实际应用

1. 光纤加速度传感器

光纤加速度传感器的组成结构如图 7-32 所示。它是一种简谐振子的结构形式。激光束通过分光板后分为 2 束光，透射光作为参考光束，反射光作为测量光束。当传感器感受加速度时，由于质量块对光纤的作用，从而使光纤被拉伸，引起光程差的改变。相位改变的激光束由单模光纤射出后与参考光束会合产生干涉效应。激光干涉仪的干涉条纹的移动可由光电接收装置转换为电信号，经过处理电路处理后便可正确地测出加速度值。

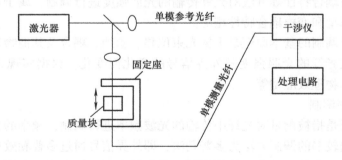

图 7-32   光纤加速度传感器结构

2. 光纤温度传感器

光纤温度传感器是目前仅次于加速度、压力传感器而广泛使用的光纤传感器。根据工作原理可分为相位调制型、光强调制型和偏振光型等。图 7-33 所示为光强调制型的半导体光吸收型光纤温度传感器结构原理图。它的敏感元件是一个半导体光吸收器，光纤用来传输信号。

这种传感器的基本原理是利用了多数半导体的能带随温度的升高而减小的特性。材料的吸收光波长将随温度增加而向长波方向移动，如果适当地选定一种波长在该材料工作范围内的光源，那么就可以使透射过半导体材料的光照强度随温度而变化，从而达到测量温度的目的。光纤温度传感器结构简单、制造容易、成本低、便于推广应用，可在 $-10 \sim 300℃$ 的温度范围内进行测量，响应时间约为 2s。

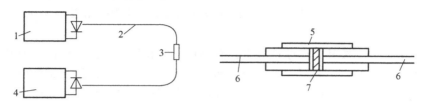

图 7-33　光纤温度传感器结构

1—光源　2—光纤　3—探头　4—光探测器　5—不锈钢套　6—光纤　7—半导体吸收元件

3. 光纤压力传感器

图 7-34 所示为施加均衡压力和施加点压力的 2 种光纤压力传感器结构。在图 7-34a 中，光纤在均衡压力作用下，由于光弹性效应而引起光纤折射率、形状和尺寸的变化，从而导致光纤传播光的相位变化和偏振面旋转。图 7-34b 中，光纤在点压力作用下，引起光纤局部变形，使光纤由于折射率不连续变化导致传播光散乱而增加损耗，从而引起光振幅变化。

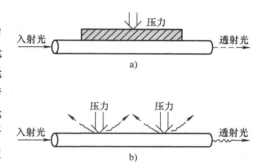

图 7-34　光纤压力传感器结构

a）施加均衡压力　b）施加点压力

7.5　光栅式传感器

光栅式传感器是利用光栅的莫尔条纹现象实现精密测量的一种传感器，它具有可实现大量程高精度测量和动态测量、较强的抗干扰能力、易于实现测量及数据处理的自动化等优点。

7.5.1　结构与分类

1. 光栅的定义

光栅是一种由等节距的透光和不透光的刻线均匀相间排列构成的光学元件。在玻璃尺或玻璃盘上，采用类似于刻线标尺或度盘的结构进行长刻线的密集刻划，可以得到黑白相间、间隔相同的细小条纹，没有刻划的白区域透光，刻划的区域发黑，不透光，这就是光栅的基本结构，如图 7-35 所示。

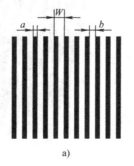

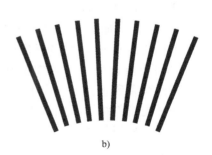

图 7-35　光栅的基本结构

a）长光栅　b）圆光栅

图 7-35a 为长光栅，图 7-35b 为圆光栅。以长光栅为例，光栅上的刻线称为栅线，栅线的宽度为 a，缝隙宽度为 b，一般取 $a=b$，光栅的栅距（也称光栅常数或光栅的节距）为 W，$W=a+b$，它是光栅的重要参数。长光栅栅线的疏密（即栅距 W 的大小）常用每毫米长度内的栅线数（也称栅线密度）表示。例如，$W=0.02\text{mm}$，其栅线密度则为 50 线/mm。

2. 光栅的种类

光栅的种类很多，按其工作原理分类，有物理光栅和计量光栅 2 种：物理光栅是利用光的衍射现象进行工作的，主要用于光谱分析和光波长等的测量；计量光栅是利用莫尔条纹原理工作的，主要用于测量长度、角度、速度和加速度等物理量。在实际应用中，计量光栅又分为透射光栅和反射光栅 2 种，透射光栅是在透明光学玻璃上均匀刻制出平行等间距的条纹形成的，而反射光栅是在不透光的金属载体上刻制出等间距的条纹所形成的。本书主要介绍计量光栅的有关内容。

按光栅的栅线型式可分为长光栅和圆光栅 2 种。长光栅常用于直线位移的测量，条纹密度有每毫米 25 条、50 条、100 条、250 条等。长光栅一般分为黑白光栅和闪耀光栅，黑白光栅是指只对入射光波的振幅或光照强度进行调制的光栅，也称幅值光栅；闪耀光栅对入射光波的相位进行调制，也称相位光栅。圆光栅主要用于角位移的测量。圆光栅有 2 种，一种是径向光栅，其栅线的延长线全部通过圆心；另一种是切向光栅，其全部栅线与一个同心小圆相切，该小圆直径很小，只有零点几或几毫米。

7.5.2 工作原理

1. 基本原理

计量光栅由主光栅和指示光栅组成，一般，主光栅和指示光栅的刻线密度相同，但主光栅要比指示光栅长得多。测量时，主光栅与被测对象相连，并随其一起运动，指示光栅固定不动。利用主光栅将被测物体的移动转换为莫尔条纹的移动，然后通过光电器件将位移量变换为正弦波电压，再通过后续的测量电路转换为对应的脉冲输出，实现被测物体位移的测量。被测物体的位移就等于栅距与脉冲数的乘积。主光栅的有效长度决定了光栅传感器的测量范围。

2. 莫尔条纹

通常将计量光栅的主光栅和指示光栅重叠放置，两者之间保持很小的间隙，并使 2 块光栅的刻线之间有一个微小的夹角 θ。以长光栅为例，当有光源照射时，由于挡光效应或光的衍射作用，在两光栅的刻线重合处，光从缝隙透过，在与光栅刻线大致垂直的方向上会形成亮带；而在两光栅刻线错开的地方，形成暗带。这些明暗相间的条纹，就称为莫尔条纹，如图 7-36 所示。

图 7-36b 中，莫尔条纹的间距 B 与栅距 W 和两光栅刻线的夹角 θ 之间的关

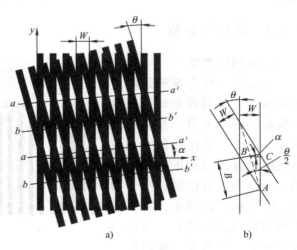

a)   b)

图 7-36　莫尔条纹
a）莫尔条纹形状　b）光学原理

系为

$$B = \frac{W}{2\sin\dfrac{\theta}{2}} \approx \frac{W}{\theta} = KW \tag{7-10}$$

式中，K 为放大倍数。

3. 莫尔条纹的特性

（1）运动对应性

当主光栅沿着垂直于刻线方向移动时，莫尔条纹会沿着近似垂直于光栅移动方向运动。光栅移动 1 个栅距，莫尔条纹也随之移动 1 个条纹间距。当光栅改变移动方向时，莫尔条纹也随之改变方向。因此，两者运动方向是对应的，通过测量莫尔条纹的移动量和移动方向就可以判定光栅的位移量和位移方向。

（2）位移放大作用

两光栅刻线的夹角 θ 很小，但由式（7-10）可以明显看出，莫尔条纹有放大作用，其放大倍数 $K = \dfrac{B}{W} \approx \dfrac{1}{\theta}$。例如，$W = 0.02\text{mm}$，$\theta = 0.1°$，则 $B = 11.4592\text{mm}$，其 K 值约为 573。显然，用其他方法很难得到如此大的放大倍数。所以，尽管栅距很小，难以观察到，但莫尔条纹却清晰可见，这非常有利于布置接收莫尔条纹信号的光电元件。同时，随着夹角 θ 的变化，条纹间距 B 也相应地发生变化，调整非常方便。

（3）误差平均效应

莫尔条纹是由大量栅线（常为数百条）共同形成的，对光栅的刻划误差有平均作用，能在很大程度上消除栅距的局部误差和短周期误差的影响。个别栅线的栅距误差或断线及疵病对莫尔条纹的影响很小。若单根栅线位置的标准差为 σ，莫尔条纹由 n 条栅线形成，则条纹位置的标准差 $\sigma_x = \dfrac{\sigma}{\sqrt{n}}$。这说明莫尔条纹位置的可靠性大为提高，从而提高了光栅传感器的测量精度。

例 7-6：采用图 7-36b 所示的光栅尺，若 $W = 10^{-3}\text{mm}$，$\theta = 0.5°$，求莫尔条纹的宽度；如果在光栅后面的光电元件检测到 500 个脉冲信号，求指示光栅与主光栅的位移量 x。

解：莫尔条纹宽度为

$$B = \frac{W}{\theta} \approx 0.115\text{mm}$$

指示光栅与主光栅之间的位移为

$$x = nW \approx 0.5\text{mm}$$

7.5.3 辨向和细分技术

1. 辨向技术

在实际应用中，大部分被测物体的移动往往不是单向的，既有正向运动，又有反向运动。单个光电元件接收固定的莫尔条纹信号，只能判别明暗的变化而不能辨别莫尔条纹的移动方向，因而就不能判别光栅的运动方向，导致无法进行有效测量。如果能够在物体正向移动时，将得到的脉冲数累加，而当物体反向移动时，从已累加的脉冲数中减去反向移动所得到的脉冲数，这样就能得到正确的结果。实现辨别物体移动方向功能的电路就是辨向电路。

为了辨别方向，通常采用在相距 $B/4$ 的位置上设置 2 个光电元件，以获得相位差为 90°的 2 个信号，如图 7-37 所示。辨向电路如图 7-38 所示。

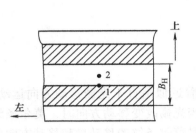

图 7-37 相距 $B/4$ 的 2 个光电元件

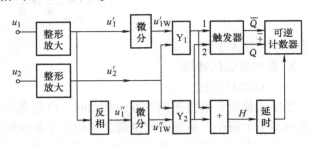

图 7-38 辨向电路原理图

当主光栅向左移动、莫尔条纹向上运动时，2 个光电元件分别输出如图 7-39a 所示的电压信号 u_1、u_2，经放大整形后得到相位差 90°的 2 个方波信号 u_1' 和 u_2'，u_1' 经反相后得到 u_1'' 方波。u_1' 和 u_1'' 经 RC 微分电路后得到 2 组光脉冲信号 u_{1W}' 和 u_{1W}''，分别加到与门"和"的输入端。对与门 Y_1，由于 u_{1W}' 处于高电平时 u_2' 总是低电平，故脉冲被阻塞，Y_1 无输出。对与门 Y_2，u_{1W}'' 处于高电平时，u_2' 也处于高电平，故允许脉冲通过，并触发加减控制触发器使之置"1"。可逆计数器对与门 Y_2 输出的脉冲进行加法计数。

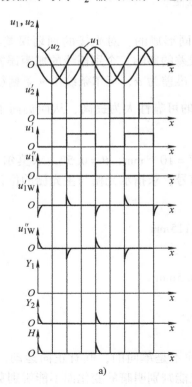

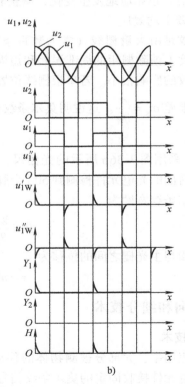

a)

b)

图 7-39 辨向电路各点波形

a) 正向移动的波形　b) 反向移动的波形

同理，当主光栅反向移动时，输出信号波形如图 7-39b 所示，与门 Y_2 阻塞，输出脉冲信号使触发器置 "0"，可逆计数器对与门 Y_1 输出的脉冲进行减法计数。这样，每当光栅移动 1 个栅距时，辨向电路只输出 1 个脉冲，计数器所计的脉冲数就代表光栅位移。

2. 细分技术

通常，光栅传感器的测量分辨率等于 1 个栅距。但是，在精密检测中，常常需要测量比 1 个栅距更小的位移量。为了提高分辨率，一般可以采用以下 2 种方法实现：一是通过增加刻线密度来减小栅距，但是这种方法受光栅刻线工艺的限制；二是采用细分技术，使光栅每移动 1 个栅距时输出均匀分布的脉冲，从而得到比栅距更小的值，以此来提高分辨率。细分的方法有多种，如直接细分、电桥细分、锁相细分、调制信号细分、软件细分等。下面介绍常用的直接细分。

直接细分又称位置细分，常用的细分数为 4，因此也称为四倍频细分。使用中，采用 4 个依次相距 $B/4$ 的光电元件，在莫尔条纹的 1 个周期内就会产生均匀分布的 4 个计数脉冲，再送到可逆计数器进行加法或减法计数，这样可将分辨率提高 4 倍。四倍频细分电路的优点是电路简单、对莫尔条纹信号的波形无严格要求、可用于静态和动态测量，但缺点是细分数不能太高，而且相应的光电元件安放比较困难。图 7-40a 所示为使用单个光电元件未进行细分的波形和脉冲数，图 7-40b 是四倍频细分时的波形和脉冲数。

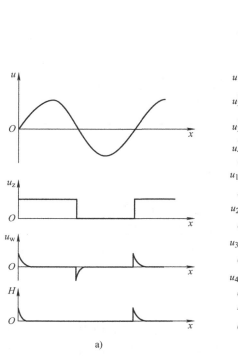
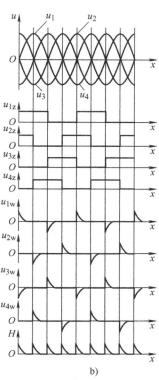

图 7-40　未细分与细分后的波形比较

a）未细分波形　b）细分后的波形

7.6 光固态图像传感器

图像传感器是在光电技术基础上发展起来的将物体图像转换成电信号的器件。图像传感器分为真空管图像传感器（如电子束摄像管等）和半导体图像传感器（如 CCD 图像传感器等）。近年来，真空管图像传感器正逐渐被 CCD 等半导体图像传感器所代替。光固态图像传感器是高度集成的半导体光电传感器，它可以在一个器件上完成光电信号转换、传输和处理，具有体积小、重量轻、分辨率高、寿命长等优点，在工业生产中得到了广泛应用。

光固态图像传感器由光敏元件阵列和电荷转移器件集合而成，它的核心是电荷转移器件（Charge Transfer Device，CTD），主要有 5 种类型，分别是电荷耦合器件（CCD）、电荷注入器件（CID）、金属-氧化物-半导体（MOS）型、电荷引发器件（CPD）和层叠型成像器件，其中 CCD 应用最为广泛。本节主要介绍 CCD 固态图像传感器的工作原理和应用。

7.6.1 CCD 的结构和工作原理

1. CCD 的结构

电荷耦合器件（CCD）由若干个电荷耦合单元组成，该单元的结构如图 7-41 所示。CCD 的最小单元是在 P 型（或 N 型）硅衬底上生长一层厚度约为 120nm 的 SiO_2，再在 SiO_2 层上依次沉积铝电极而构成 MOS 结构元。将 MOS 阵列加上输入、输出端，便构成了 CCD。

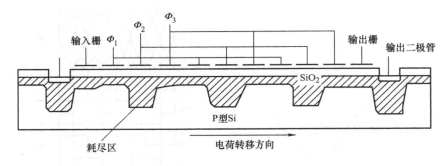

图 7-41　CCD 的 MOS 结构

按电荷转移信道的不同，可将 CCD 分为 2 种基本类型：一是电荷包存储在半导体与绝缘体之间的界面，并沿界面传输，这类器件称为表面沟道 CCD（SCCD）；二是电荷包存储在离半导体表面一定深度的体内，并在半导体体内沿一定方向传输，这类器件称为体沟道或埋沟道器件（BCCD）。

2. 工作原理

（1）电荷的生成

不同于其他光电器件是以电流或者电压作为传输信号，CCD 是以电荷作为传输信号进行工作的。由半导体原理可知，当在金属电极上施加一正电压时，在电场的作用下，电极下面的 P 型硅区域里的空穴将被赶尽，从而形成耗尽区。也就是说，对带负电的电子而言，这个耗尽区是一个势能很低的区域，称为"势阱"，如图 7-42 所示。

当一束光照射到 MOS 结构元上时，衬底中处于价带的电子吸收光子的能量产生电子跃

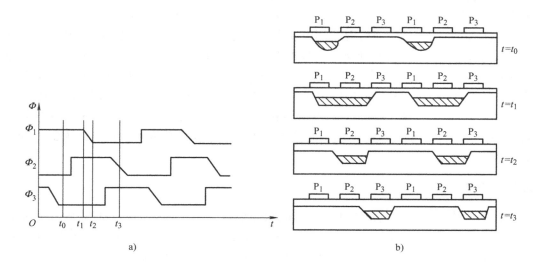

图 7-42　电荷的传输原理

迁，形成电子空穴对。电子空穴对在外加电场的作用下，分别向电极两端移动，这就是光生电荷。这些光生电荷将被附近的势阱所吸收（或称俘获），并储存在势阱中。此时，势阱内所吸收的光生电子数量与入射到势阱附近的光照强度成正比，这样的一个 MOS 结构元就称为光敏元（或称为一个像素），而一个势阱所收集的若干光生电荷则称为一个电荷包。势阱能够储存的最大电荷量又称为势阱容量，它与所加电压近似成正比。势阱容纳的电荷多少和该处照射光的强弱成正比。

通常在半导体硅片上制有几百个或几千个相互独立的 MOS 元，它们按线阵或面阵有规则地排列。如果在金属电极上施加一正电压，则在这个半导体硅片上就会形成几百个或几千个相互独立的势阱。如果照射在这些光敏元上的是一幅明暗起伏的图像，则这些光敏元上就会感生出一幅与光照强度相对应的光生电荷图像。这就是 CCD 工作的基本原理。

（2）电荷的传输

控制相邻 MOS 元栅极的电压高低可以调节势阱的深浅，使相邻 MOS 元的势阱能够相互耦合，就可使信号电荷由势阱浅处流向势阱深处，实现信号电荷的转移。为了让信号电荷按规定的方向转移，可在 MOS 元阵列上加载满足一定相位要求的驱动时钟脉冲电压，这样在任何时刻，势阱的变化总是朝着一个方向。

为了实现这种定向转移，在 CCD 的 MOS 阵列上划分成以几个相邻 MOS 电荷为一单元的无限循环结构。每一单元称为一位，将每一位中对应位置上的栅极分别连到各自共同的电极上，此共同电极称为相线。通常，CCD 有二相、三相、四相等几种结构，它们所施加的时钟脉冲也分别为二相、三相、四相。二相脉冲的两路脉冲相位相差180°，三相脉冲和四相脉冲的相位差分别为120°和90°。当这种时序脉冲加到 CCD 的无限循环结构上时，将实现信号电荷的定向转移。

电荷转移的控制方法，非常类似于步进电动机的步进控制方式。也有二相、三相等控制方式之分。下面以三相控制方式为例说明控制电荷定向转移的过程。

　　三相控制是在线阵列的每一个像素上有 3 个金属电极 P_1、P_2、P_3，依次在其上施加 3 个相位不同的控制脉冲 Φ_1、Φ_2、Φ_3，如图 7-42a 所示。CCD 电荷的注入通常有光注入、电注入和热注入等方式。图 7-42b 是采用电注入方式的示意图。当 P_1 极施加高电压时，在其下方产生电荷包（$t=t_0$）；当 P_2 极加上同样的电压时，由于 2 个电势下面势阱间的耦合，原来在 P_1 下的电荷将在 P_1、P_2 2 个电极下分布（$t=t_1$）；当 P_1 回到低电位时，电荷包全部流入 P_2 下的势阱中（$t=t_2$）。然后，P_3 的电位升高，P_2 回到低电位，电荷包从 P_2 下转到 P_3 下的势阱（$t=t_3$），以此控制，使 P_1 下的电荷转移到 P_3 下。随着控制脉冲的分配，少数载流子便从 CCD 的起始端转移到末端。末端的输出二极管收集少数载流子后送入放大器处理，最终实现电荷移动。

7.6.2　CCD 的分类

　　CCD 图像传感器能够把光信号转换成电脉冲信号，而且每一个脉冲只反映一个光敏元的受光情况，脉冲信号幅值的高低反映了该光敏元受光的强弱，脉冲信号的顺序则可以反映光敏元的位置。因此，CCD 图像传感器广泛应用于图像信号的检测。

　　CCD 图像传感器按其像素的空间排列可分为 2 大类：一是线阵 CCD，主要用于一维尺寸的自动检测，也可以由线阵 CCD 通过附加的机械扫描，得到二维图像，用以字符和图像的识别；二是面阵 CCD，主要用于实时摄像等。

1. 线阵 CCD

　　线阵 CCD 图像传感器由一列光敏元件与一列 CCD 并行且对应地构成一个主体，在它们之间设有一个转移控制栅，如图 7-43 所示。在每一个光敏元件上都有一个梳状公共电极，由一个 P 型沟阻使其在电气上隔开。当入射光照射在光敏元件阵列上、梳状电极施加高电压时，光敏元件聚集光电荷，进行光积分。光电荷与光照强度和光积分时间成正比。

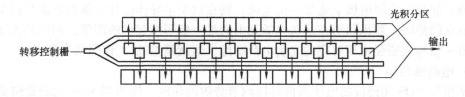

图 7-43　线阵 CCD 图像传感器

　　在光积分时间结束时，转移控制栅上的电压升高（平时低电压），与 CCD 对应的电极也同时处于高电压状态。然后，降低梳状电极电压，各光敏元件中所积累的光电荷并行地转移到移位寄存器中。当转移完毕后，转移控制栅电压降低，梳状电极电压恢复原来的高电压状态，准备下一次光积分周期。同时，在电荷耦合移位寄存器上加上时钟脉冲，将存储的电荷从 CCD 中转移，由输出端输出。这个过程重复地进行就得到相继的行输出，从而读出电荷图形。

2. 面阵 CCD

　　面阵 CCD 图像传感器由感光区、信号存储区和输出转移部分组成，目前主要有 4 种典型结构形式：

1）$x-y$ 选址方式。它是用移位寄存器对 PD 阵列进行 $x-y$ 二维扫描,电荷信号最后经二极管总线读出,如图 7-44a 所示。这种结构的传感器输出的图像信号质量一般。

2）行选址方式。这种结构由行扫描电路、垂直输出寄存器、感光区和输出二极管组成,如图 7-44b 所示。行扫描电路将光敏元件内的信息转移到水平(行)方向上,由垂直方向的寄存器将信息转移到输出二极管,输出信号由信号处理电路转换为视频图像信号。这种结构易于引起图像模糊。

3）帧场传输式。这种结构增加了具有公共水平方向电极的不透光的信息存储区,如图 7-44c 所示。在正常的垂直回扫周期内,具有公共水平方向电极的感光区所积累的电荷同样迅速下移到信息存储区。在垂直回扫结束后,感光区恢复到积光状态。在水平消隐周期内,存储区的整个电荷图像向下移动,每次总是将存储区最底部一行的电荷信号移到水平读出器,该行电荷在读出移位寄存器中向右移动以视频信号输出。当整帧视频信号自存储移出后,就开始下一帧信号的形成。该 CCD 结构具有单元密度高、电极简单等优点,但增加了存储器。

4）行间传输式。目前使用最多的结构形式是行间传输式,它将感光元件与存储元件相隔排列,即一列感光单元、一列不透光的存储单元交替排列,如图 7-44d 所示。在感光区光敏元件积分结束时,转移控制栅打开,电荷信号进入存储区。随后,在每个水平回扫周期内,存储区中整个电荷图像一次一行地向上移到水平读出移位寄存器中。接着这一行电荷信号在读出移位寄存器中向右移位到输出器件,形成视频信号输出。这种结构的器件操作简单、感光单元面积小、图像清晰,但单元设计相对复杂。

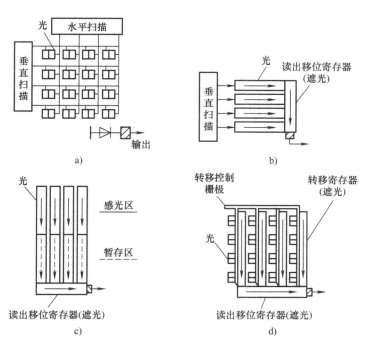

图 7-44 面阵 CCD 图像传感器

a）$x-y$ 选址方式 b）行选址方式 c）帧场传输式 d）行间传输式

7.6.3　CCD 图像传感器的应用

1. 文字和图像识别

利用线阵 CCD 的自扫描特性，可以组成功能很强的扫描/识别系统，实现文字和图像识别。图 7-45 为线阵 CCD 用于文字识别的结构图。CCD 像元排列方向与信封运动方向垂直，光学镜头把数字成像在 CCD 上，当信封移动时，CCD 逐行扫描并依次读出数字，经细化处理后与计算机中存储的数字特征进行比较并识别出数字。

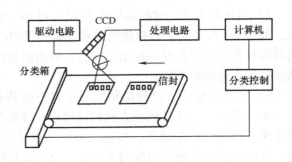

图 7-45　线阵 CCD 用于文字识别的结构图

2. 射线成像检测

图 7-46 所示为 X 射线成像检测系统结构。射线经过构件后直接由射线-可见光转换屏转换，而后由 CCD 相机获取转换后的图像，经数字图像处理系统处理后，转换为数字图像进行分析处理和识别，从而完成构件缺陷的实时检测。

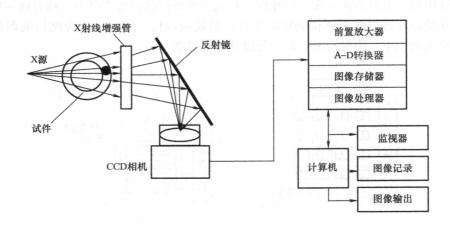

图 7-46　X 射线成像检测系统结构

7.7　实验指导

7.7.1　CSY 型光电传感器系统实验台简介

1. 结构与组成

实验台包括主控箱、传感器、传感器实验模板、光源（半导体激光源、LED）和实验台 5 大部分，如图 7-47 所示。

本实验仪可以进行 20 多个实验，学生利用本实验仪还可以组建新的实验。实验系统提供

稳定的 ±15V、±5V 及 0～5V、0～12V 可调直流稳压源，主控台面板上装有电压、电流（微安）、光功率、光照度、转速 5 种显示仪表，备有交流 220V 两孔、三孔插座。实验桌尺寸为 1600mm × 800mm × 750mm，可安放主控箱、实验模板、计算机、传感器箱及工具等。

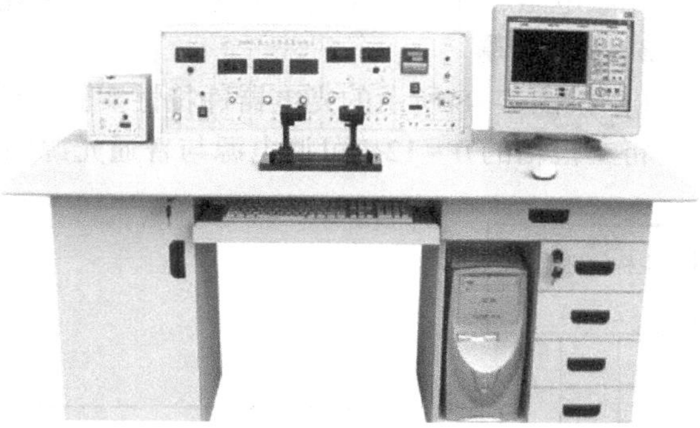

图 7-47　CSY 型光电传感器系统实验台

2. 传感器与光敏元器件性能指标

1）硫化镉光敏电阻：外径尺寸 Φ5.0mm，额定功率 20mW，暗阻≥25MΩ。

2）红外发射二极管：外径尺寸 Φ5mm，峰值边长 860～900nm，最高工作电压 10V。

3）红外光电二极管：峰值边长 860～900nm，工作电压≤10V，暗电流≤0.2μA。

4）红外光电晶体管：峰值边长 860～900nm，工作电压≤10V，暗电流≤0.3μA。

5）热释电红外插头：探测距离 1～5m，波长 10～20nm。

6）PSD 光电位置传感器：采用复合型光电二极管，激光点光源，量程 ±2mm，分辨率 0.01mm。

7）半导体激光器：波长 635mm，功率 3～5mW。

8）硅光电池：峰值波长 0.8～0.95μm，开路电压 450～600mV。

9）光导纤维：多模，传输可见光；单模，传输红外光。

10）光电转速传感器：2400r/min，可调。

11）光纤位移传感器：Y 型光纤束，量程 1mm，线性度 ±5%。

12）光纤温度传感器：量程常温～150℃，温度源控制精度 ±1℃。

13）光纤压力传感器：测压范围 4～20kPa。

14）滤色镜：6 种，波长分别为 400mm、470mm、530mm、560mm、600mm、700mm。

15）色散棱镜。

3. 实验模板

包含光敏器件实验模板、热释电红外传感实验模板、PSD 位置传感器实验模板等 10 多类不同传感器实验模板。

7.7.2　光电器件特性测试实验

1. 实验目的

1）了解光敏电阻、光电二极管、光电晶体管等光电器件的光谱响应特征、光照特性和伏安特性等基本特性。

2）掌握常用光电器件基本特性的测试方法，能根据实验数据对其进行分析，并得出有效结论。

3）在设计光电测试系统时，能根据光电器件的输出特性，进行传感器的合理选择。

2. 实验设备

CSY－2000G 型光电传感器实验系统，包括主机箱、光源、滤色片、光电器件实验模板、光敏电阻、光照度探头、光电二极管、光电晶体管、光源、滤色片。

3. 实验步骤

1）按图 7-48 所示的光电器件特性实验接线图，将普通光源和光照度探头及遮光筒安装好。将主机箱的 0～12V 可调电源与普通光源的 2 个插孔相连，将可调电源的调节旋钮按逆

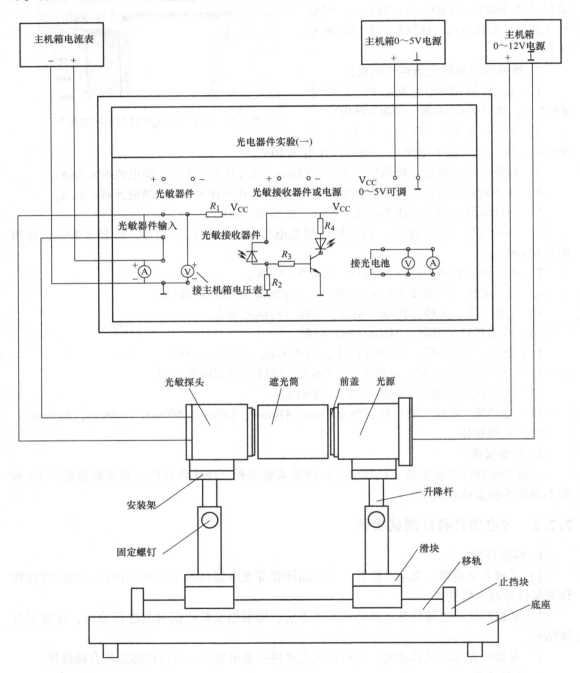

图 7-48　光电器件特性实验接线图

时针方向慢慢调到底。将光照度探头的 2 个插孔与主机箱照度计输入端 " + " " – " 相应连接。打开主机箱电源，顺时针方向慢慢增加 0 ~ 12V 可调电源，使主机箱照度计显示 100lx（按下按钮 ×1）。

2）撤下照度计连线及探头，换上光敏电阻。将光敏电阻的一个插孔连到主机箱固定稳压电源 +5V 的 " + " 插孔上。光敏电阻的另一个插孔连到主机箱电流表输入端的 " + " 插孔上，电流表输入端 " – " 插孔与 +5V 稳压电源的 " + " 相连。

3）在光敏电阻与光源之间用遮光筒连接后，10s 左右（可观察主机箱上的定时器）读取电流表（可选择电流表合适的档位 20mA 档）的值，记为亮电流 $I_{亮}$。

4）将 0 ~ 12V 可调电源的调节旋钮按逆时针方向慢慢旋到底后，10s 左右读取电流表（20μA 档）的值，记为暗电流 $I_{暗}$。

5）计算亮电阻和暗电阻（照度 100lx、$U_{测} = 5V$），$R_{亮} = \dfrac{U_{测}}{I_{亮}}$；$R_{暗} = \dfrac{U_{测}}{I_{暗}}$。

6）在不同的照度和测量电压下，重复上述实验步骤，测得相应的亮电阻和暗电阻。

7）光敏电阻光照特性测量。光敏电阻的测量电压（$U_{测}$）为 +5V 时，光敏电阻的光电流随光照强度的变化而变化，它们之间的关系是非线性的。调节光源 0 ~ 12V 电压得到不同的照度（测量方法同以上实验），测得数据填入表 7-1，并做曲线图。

表 7-1   光敏电阻的光照特性

照度/lx	100	300	500	700	900	1100	1300	1500
电流/mA								

8）光敏电阻伏安特性测量。在一定的光照强度下，光电流随外加电压的变化而变化，测量时，在给定照度 100lx 时，光敏电阻输入 0 ~ 5V 可调电压，调节 0 ~ 5V 电压（由电压表监测），测得流过光敏电阻的电流，测得数据填入表 7-2，并做不同照度的 3 条伏安特性曲线。

表 7-2   光敏电阻的伏安特性

型号：MT5528		电压/V	1.25	2	3	4	5
照度/lx	100	电流/mA					
	300	电流/mA					
	500	电流/mA					

9）光敏电阻光谱特性测量。在光路装置中先用照度计窗口对准遮光筒，然后撤下光源前盖，更换不同的滤光片，得到对应各种颜色的光。调节光源强度（调 0 ~ 12V 电压），得到相同的照度。光敏电阻在某一固定工作电压下（ +5V）、同一照度下（例如 100lx），测量不同波长（颜色）时流过光敏电阻的电流值，测量数据填入表 7-3，就可得到其光谱特性曲线。

表7-3 光敏电阻的光谱特性

颜 色	波长/nm	型号 MT5528
		100lx 照度下的电流
红	650	
橙	610	
黄	570	
绿	530	
青	480	
蓝	450	
紫	400	

10）光电二极管光照特性的测量。根据图7-48，将光电二极管接入对应的位置。按照上述光敏电阻特性测量实验的步骤分别测量光电二极管的暗电流和亮电流，然后进行光照特性测量实验，相关数据填入表7-4中。

表7-4 光电二极管光照特性

照度/lx	100	200	300	400	500	600	700	800
$I_{亮}$/mA								
$I_{暗}$/mA								

11）光电二极管光谱特性测量。按照上述光敏电阻光谱特性测量实验的步骤进行实验，数据填入表7-5中。

表7-5 光电二极管光谱特性

颜 色	波长/nm	不同照度下的电流	
		100lx 照度	10lx 照度
红	650		
橙	610		
黄	570		
绿	530		
青	480		
蓝	450		
紫	400		

12）光电晶体管特性测量。根据图7-48，把光电二极管换成光电晶体管，按图接线。按照上述光敏电阻特性测量实验的方法分别进行光电晶体管的伏安特性、光照特性和光谱特性实验。

习题与思考题

7-1 何谓光电效应？光电效应有几种？对应的光电器件有哪些？

7-2 简述光电倍增管的工作原理。

7-3 简述光纤的结构和传输原理，并指出光纤传光的必要条件。

7-4 某光纤的纤芯折射率为1.35，包层折射率为1.34，求数值孔径。

7-5 光栅传感器的莫尔条纹是如何产生的？简述其特点。

7-6 简述光栅传感器的辨向原理和细分技术。

7-7 简述CCD的电荷转移过程及其基本参数。

7-8 完成以下自测题。

（1）光电式传感器一般由_____、_____和_____组成。

（2）在光线作用下，物体_____的逸出表面，称为_____。

（3）在自动化测控系统中，光敏电阻一般用作_____，光电二极管一般用作_____。

（4）在光线作用下，物体的_____发生变化或产生_____的现象，称为内光电效应。

（5）光栅传感器由光源、_____、_____和_____组成。

（6）计量光栅传感器是利用_____来工作的，主要用于_____和_____的测量。

（7）光敏电阻的光电流是_____与_____之差。

（8）当光电管的阳极和阴极之间所加电压一定时，光通量与光电流之间的关系称为光电管的（　　）。

A. 伏安特性　　　　　B. 光谱特性　　　　　C. 光照特性　　　　　D. 频率特性

（9）已知一长光栅的规格为125线，那么该光栅的栅距为（　　）。

A. 0.8m　　　　　B. 0.008mm　　　　　C. 0.08mm　　　　　D. 0.04mm

（10）光敏电阻适合用作（　　）。

A. 开关元件　　　　　B. 测量元件　　　　　C. 发光元件　　　　　D. 测温元件

第8章

热电式传感器

温度是表征物体冷热程度的物理量，温度的测量与控制在日常生活、工农业生产及科学研究等各个领域都有着极为重要的作用。测量温度的仪器仪表种类繁多，一般可分为接触式和非接触式2大类。接触式即测温仪表直接与被测物体接触进行温度测量，这是温度测量的基本形式。非接触式是通过测量物体热辐射而发出的能量，进而实现温度的测量。接触式温度传感器中的热电偶、热敏电阻、铂热电阻等，是利用其产生的热电动势或电阻随温度变化的特性来测量物体温度的，另外还有利用半导体 PN 结中电流或电压特性随温度变化而制成的半导体集成温度传感器，这些统称为热电式传感器。本章主要介绍此类温度传感器。

8.1 热电偶

热电偶具有结构简单、使用方便、准确度较高、测温范围宽等优点，在温度测量中应用极为广泛。常用的热电偶可测量的温度范围为 $-50 \sim 1600\,^\circ\!\mathrm{C}$，若再配以特殊材料，测温范围可达 $-180 \sim 2000\,^\circ\!\mathrm{C}$。工业常用热电偶如图 8-1 所示。

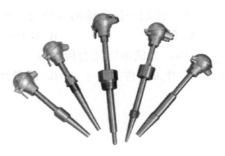

图 8-1　工业常用热电偶

8.1.1 测温原理

热电偶的基本工作原理是物体的热电效应。当 2 种不同的导体（或半导体）A 和 B 构成如图 8-2 所示的闭合回路时，只要 2 个连接点温度不等（假设 $T > T_0$），回路中就会产生电动势，从而形成电流，这一现象称为热电效应，回路中产生的电动势称为热电动势。

热电动势的大小与导体（或半导体）A 和 B 的材料性质以及接触点的温度有关。组成闭合回路的 A 和 B 称为热电极。2 个连接点中，温度较高的一端称为工作端或热端（图 8-2 中 T 端），测温时将它置于被测温度场中；另一个温度较低端称为自由端（又称参考端）或冷端（图 8-2 中 T_0 端），测温时将自由端置于某一恒定温度场中。这种由 2 种导体（或半导体）组合起来将温度转化为热电动势的传感器称为热电偶。

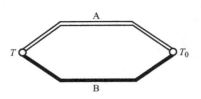

图 8-2　热电偶结构原理图

图 8-2 所示的热电偶回路中产生的热电动势由 2 部分组成，一个是 A 和 B 间的接触电动势（又称帕尔帖电动势），另一个是单一导体的温差电动势（又称汤姆逊电动势）。

（1）接触电动势

接触电动势是由于2种导体的自由电子密度不同，在接触处形成的电动势。当不同材料的导体 A 和 B 连在一起时，在它们的结合部就会由于各自电子密度的不同而发生电子扩散。设导体 A 的自由电子浓度 n_A 大于导体 B 的自由电子浓度 n_B，则在单位时间内，由 A 扩散到 B 的电子要比由 B 扩散到 A 的电子数多，结果使导体 A 由于失去电子而带正电荷，导体 B 由于得到电子而带负电荷。这样，在 A 和 B 的接触面上就会形成一个从 A 到 B 的静电场，即在 A、B 间形成一个电位差，称为接触电动势，如图8-3a 所示。

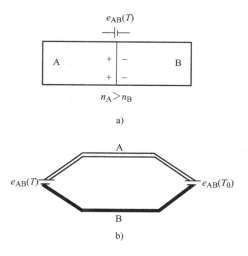

图8-3　接触电动势

此电动势将阻止电子进一步扩散，当电子的扩散能力和电场力平衡时，电子扩散达到一个动态平衡，接触电动势也达到稳态值。接触电动势的大小与 A、B 两导体的材料性质和接触点的温度有关，一般在 $10^{-3} \sim 10^{-2}$V 之间。两导体间的接触电动势用符号 $e_{AB}(T)$ 和 $e_{AB}(T_0)$ 表示，它们的表达式为

$$e_{AB}(T) = U_{AT} - U_{BT} = \frac{kT}{e}\ln\frac{n_{AT}}{n_{BT}} \tag{8-1}$$

$$e_{AB}(T_0) = U_{AT_0} - U_{BT_0} = \frac{kT_0}{e}\ln\frac{n_{AT_0}}{n_{BT_0}} \tag{8-2}$$

式中，n_{AT}、n_{AT_0} 为导体 A 在接触点温度为 T 和 T_0 时的自由电子密度；n_{BT}、n_{BT_0} 为导体 B 在接触点温度为 T 和 T_0 时的自由电子密度；k 为玻耳兹曼常数，$k = 1.38 \times 10^{-23}$J/K；e 为单位电荷，$e = 1.6 \times 10^{-19}$C；T 和 T_0 为两接触点的绝对温度。

由式（8-1）和式（8-2）可知，接触电动势的大小与温度高低及导体中的自由电子密度有关。由于 $e_{AB}(T)$ 和 $e_{AB}(T_0)$ 方向相反（见图8-3b），故回路中的总接触电动势为 $e_{AB}(T) - e_{AB}(T_0)$。

（2）温差电动势

温差电动势是指同一导体的两端由于温度不同而产生的热电动势。对于某一均质导体，当两端温度不同时（设 $T > T_0$），高温端（T 端）的电子能量比低温端（T_0 端）的电子能量大。因此，从高温端转移到低温端的电子比从低温端转移到高温端的电子要多，结果使高温端由于失去电子而带正电荷，低温端因得到电子而带负电荷，从而形成一个静电场。此时，在导体两端会产生一个电位差，即温差电动势，如图8-4a 所示。该电动势将阻止电子从高温端向低温端扩散，直至最后达到动态平衡，此时温差电动势也达到稳态值。温差电动势一般比接触电动势小得多，其数量级约为 10^{-5}V。

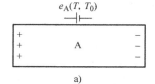

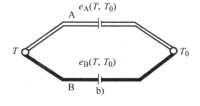

图8-4　导体温差电动势

温差电动势的大小与导体的材料和导体两端的温度有关。若导体两端的绝对温度分别为 T 和 T_0，并且 $T > T_0$，则单一导体的温差电动势可表示为

$$e_A(T, T_0) = U_{AT} - U_{AT_0} = \frac{k}{e} \int_{T_0}^{T} \frac{1}{n_A} \frac{d(n_A t)}{dt} dt \tag{8-3}$$

$$e_B(T, T_0) = U_{BT} - U_{BT_0} = \frac{k}{e} \int_{T_0}^{T} \frac{1}{n_B} \frac{d(n_B t)}{dt} dt \tag{8-4}$$

式中，$e_A(T, T_0)$ 为导体 A 在两端温度为 T 和 T_0 时的温差电动势；$e_B(T, T_0)$ 为导体 B 在两端温度为 T 和 T_0 时的温差电动势；n_A 和 n_B 为导体 A 和 B 的自由电子密度，它们均为温度 t 的函数。则由导体 A、B 构成的热电偶回路总的温差电动势为 $e_A(T, T_0) - e_B(T, T_0)$，如图 8-4b 所示。

当导体 A、B 构成的热电偶回路时，总的热电动势 $E_{AB}(T, T_0)$ 包括 2 个接触电动势和 2 个温差电动势，即

$$E_{AB}(T, T_0) = e_{AB}(T) + e_B(T, T_0) - e_{AB}(T_0) - e_A(T, T_0)$$

$$= \frac{kT}{e} \ln \frac{n_{AT}}{n_{BT}} + \frac{k}{e} \int_{T_0}^{T} \frac{1}{n_B} \frac{d(n_B t)}{dt} dt - \frac{kT_0}{e} \ln \frac{n_{AT_0}}{n_{BT_0}} - \frac{k}{e} \int_{T_0}^{T} \frac{1}{n_A} \frac{d(n_A t)}{dt} dt \tag{8-5}$$

由于接触电动势比温差电动势大很多，并且 $T > T_0$，故在总电动势中，以导体 A、B 在 T 端的接触电动势 $e_{AB}(T)$ 所占比重最大。因此，热电偶回路中的总电动势的方向取决于 $e_{AB}(T)$ 的方向，又因为 $n_A > n_B$，故 A 为正极，B 为负极。

对式(8-5)进一步整理，可得

$$E_{AB}(T, T_0) = \frac{k}{e} \int_{T_0}^{T} \ln \frac{n_{At}}{n_{Bt}} dt \tag{8-6}$$

由式(8-6)可知，热电偶的总电动势与自由电子密度 n_A、n_B 及两结点温度 T、T_0 有关。电子密度 n_A、n_B 并非常数，它不仅取决于热电偶材料的特性，且随温度的变化而变化。因此，当热电偶材料一定时，热电偶回路的总电动势 $E_{AB}(T, T_0)$ 便成为温度 T 和 T_0 的函数，即

$$E_{AB}(T, T_0) = f(T, T_0) \tag{8-7}$$

如果使冷端温度 T_0 固定不变，则回路的总热电势 $E_{AB}(T, T_0)$ 就成为工作端温度 T 的单值函数，即

$$E_{AB}(T, T_0) = \varphi(T) \tag{8-8}$$

需要指出的是，在实际测量中不可能、也没有必要单独测量接触电动势和温差电动势，而仅需要用仪表测量出总的热电势即可。当测出总的热电动势后，通过查热电偶分度表就可以确定具体温度值。分度表是将冷端温度固定为 0℃，通过实验建立的热电动势和温度的数值对应关系表。

由以上分析可得有关热电偶回路的几个结论：

1）如果构成热电偶回路的 2 种导体材料相同，即使 2 个结点之间存在温度差，热电偶回路内的总热电动势也为零。因此，热电偶的 2 个热电极必须使用不同的材料。

2）如果热电偶 2 个结点的温度相同（即 $T = T_0$），即使导体 A、B 的材料不同，A、B 回路内的总热电动势也为零。因此，对于热电偶而言，处于冷端和热端的 2 个结点必须具有不同的温度。

3）热电偶 AB 的热电动势与 A、B 材料的中间温度无关，而只与结点温度有关。

8.1.2 基本定律

1. 均质导体定律

如果热电偶回路中的 2 个热电极材料相同，无论 2 个结点的温度如何，热电动势为零。根据这个定律，可以检验 2 个热电极材料成分是否相同，也可以检查热电极材料的均匀性。

2. 中间温度定律

热电偶 AB 的热电动势仅取决于热电偶的材料和 2 个结点的温度，而与温度沿热电极的分布无关。假设热电偶 AB 2 个结点的温度分别为 T 和 T_0，此时，回路产生的热电动势等于热电偶 AB 2 个结点的温度分别为 T、T_n 和 T_n、T_0 分别产生的热电动势的代数和，如图 8-5 所示，即

$$E_{AB}(T, T_0) = E_{AB}(T, T_n) + E_{AB}(T_n, T_0) \tag{8-9}$$

式中，T_n 为中间温度值。

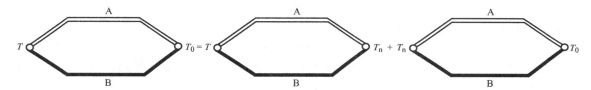

图 8-5 中间温度定律

中间温度定律是制定热电偶分度表的理论基础。由中间温度定律，只要列出自由端（冷端）温度为 0℃时各工作端（热端）温度与热电动势的关系表即可。如果实际自由端温度不是 0℃，则此时所产生的热电动势可以由式(8-9) 计算得到。

例 8-1：用一热电偶测温，已知冷端温度为 30℃，测定热电势 $E_{AB} = 32.08\mathrm{mV}$，求工作端实际温度。已知，查该热电偶的分度表，$E(30, 0) = 1.2\mathrm{mV}$，$E(771, 0) = 32.08\mathrm{mV}$，$E(742, 0) = 30.88\mathrm{mV}$，$E(800, 0) = 33.28\mathrm{mV}$。

解：$E_{AB}(t, 0) = E_{AB}(t, 30) + E_{AB}(30, 0) = 32.08\mathrm{mV} + 1.2\mathrm{mV} = 33.28\mathrm{mV}$
故工作端实际温度为 800℃。

3. 中间导体定律

在热电偶 AB 回路中接入第 3 种导体，只要该导体接入两端的温度相同，则对整个回路的总热电动势不会产生任何影响。此定律在实际应用中有着极为重要的作用，因为在热电偶测温过程中，必然会在回路中引入测量导线和仪表，只要保证接入端的温度相同，就不必担心导线或测量仪表会对回路总热电动势产生影响。此外，也允许采用任意的焊接方法来焊接热电偶。

在热电偶测温时，接入测量导线和仪表的方法通常有 2 种，如图 8-6 所示。

1）在热电偶 AB 回路中，断开自由端结点接入第 3 种导体 C，并且要保证新引入的 2 个结点 AC 和 BC 的温度仍为 T_0，如图 8-6a 所示。根据热电偶的热电动势等于各结点热电动势的代数和，有

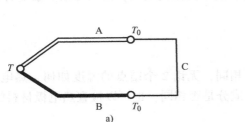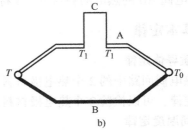

图 8-6　热电偶接入中间导体的回路

$$E_{ABC}(T,T_0) = E_{AB}(T) + E_{BC}(T_0) + E_{CA}(T_0) \qquad (8-10)$$

如果回路各结点温度相等均为 T_0，则回路中总热电动势应等于零，即

$$E_{AB}(T_0) + E_{BC}(T_0) + E_{CA}(T_0) = 0$$

或

$$E_{BC}(T_0) + E_{CA}(T_0) = -E_{AB}(T_0) \qquad (8-11)$$

将式(8-11)代入式(8-10)中得

$$E_{ABC}(T,T_0) = E_{AB}(T) - E_{AB}(T_0) = E_{AB}(T,T_0) \qquad (8-12)$$

由式(8-12)可以看出，接入中间导体 C 后，只要导体 C 两端温度相同，就不会影响回路的总热电动势。

2）在热电偶 AB 回路中，将其中的一个导体 A 断开，接入导体 C，如图 8-6b 所示，并且要使导体 C 与 A 形成的 2 个新结点保持相同的温度 T_1。同样可以证明

$$E_{ABC}(T,T_0,T_1) = E_{AB}(T,T_0) \qquad (8-13)$$

对上面 2 种接法分析都证明，在热电偶回路中接入中间导体，只要中间导体两端温度相同，就不会影响回路的总热电动势。若在回路中接入多种导体，只要每种导体两端温度相同，也不会影响回路的总热电动势。

4. 标准电极定律

若热电偶 AB 的 2 个结点的温度为 T 和 T_0，则回路总热电动势等于热电偶 AC 和热电偶 CB 的热电动势之和，如图 8-7 所示，即

$$\begin{aligned}E_{AB}(T,T_0) &= E_{AC}(T,T_0) + E_{CB}(T,T_0) \\ &= E_{AC}(T,T_0) - E_{BC}(T,T_0)\end{aligned} \qquad (8-14)$$

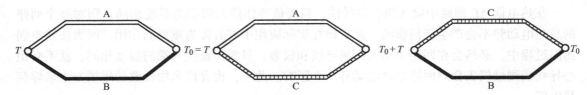

图 8-7　标准电极定律

图 8-7 中，导体 C 称为标准电极。由于金属铂具有物理和化学性能稳定、易提纯、熔点高等优点，故标准电极通常由纯铂丝制成。如果已经求出各种热电极对铂电极的热电动势

值，就可以通过标准电极定律，来求出任意 2 种材料制成的热电偶的热电动势值，从而大大简化了热电偶的选配工作。

例 8-2：当 $T=100℃$、$T_0=0℃$ 时，铬合金-铂热电偶的 $E(100℃，0℃)=3.13mV$，铝合金-铂热电偶 $E(100℃，0℃)=-1.02mV$，求铬合金-铝合金组成热电偶材料的热电动势 $E(100℃，0℃)$。

解：设铬合金为 A，铝合金为 B，铂为 C，则

$$E_{AC}(100℃,0℃)=3.13mV$$

$$E_{BC}(100℃,0℃)=-1.02mV$$

则 $E_{AB}(100℃,0℃)=E_{AC}(100℃,0℃)-E_{BC}(100℃,0℃)=[3.13-(-1.02)]mV=4.15mV$

8.1.3 类型与结构

1. 热电偶的类型

热电偶的种类有很多，其中有 8 种被国际电工委员会推荐为标准化热电偶，即 T 型、E 型、J 型、K 型、N 型、B 型、R 型和 S 型。表 8-1 列出了部分标准热电偶的基本参数。此外，还有一些非标准化热电偶。

表 8-1　部分标准热电偶的基本参数

适用范围		测温范围/℃	热电动势/mV	优点
低温	（T）	$-200\sim350$	$-5.603/-200℃$ $17.816/350℃$	最适用于 $-200\sim100℃$ 适应弱氧化性气氛
中温	（E）	$-200\sim800$	$-8.82/-200℃$ $61.02/800℃$	热电动势大
	（J）	$-200\sim750$	$-7.89/-200℃$ $42.28/750℃$	热电动势大 适应还原性气氛
高温	（K）	$-200\sim1200$	$-5.981/-200℃$ $48.828/1200℃$	工业应用最多，适应 氧化性气氛线性度好
超高温	（B）	$500\sim1700$	$1.241/500℃$ $12.426/1700℃$	用于高温测量 适应氧化、还原性气氛
	（R）	$0\sim1600$	$0/0℃$ $18.842/1600℃$	
	（S）	$0\sim1600$	$0/0℃$ $16.771/1600℃$	

（1）标准化热电偶

铂铑$_{10}$-铂热电偶（S 型）。S 型热电偶是由直径为 0.5mm 的纯铂丝和相同直径的铂铑丝（铂 90%，铑 10%）制成的，铂铑丝为正极，纯铂丝为负极。该热电偶可长期在 1300℃ 以下的温度范围内使用，短期也可测量 1600℃ 的高温，复现精度和测量的准确性较高，在氧化性和中性介质中具有较高的物理和化学稳定性。它的主要缺点是热电动势率低；不能在还原性及含有金属或非金属的气氛中使用，材料为贵重金属，成本较高。

　　铂铑$_{30}$-铂铑$_6$热电偶（B 型）。B 型热电偶以铂铑$_{30}$丝（铂 70%，铑 30%）为正极，铂铑$_6$丝（铂 94%，铑 6%）为负极。该热电偶可长期测量 1600℃ 的高温，短期可测量 1800℃ 的高温，性能稳定，精度高，适用于氧化性或中性介质。但它的热电动势率很小，价格也较高。

　　镍铬-镍硅（镍铝）热电偶（K 型）。K 型热电偶由镍铬和镍硅（或镍铝）材料制成，镍铬为正极，镍硅（或镍铝）为负极。该热电偶的化学稳定性较高，可在氧化性或中性介质中长期测量 900℃ 以下的温度，短期可测 1200℃ 的高温，复现性好，热电动势率高，热电特性近似于线性，价格便宜，是工业生产中最常用的一种热电偶。但该热电偶一般不耐还原性气氛，测量精度低于铂铑$_{10}$-铂热电偶，材质较脆，焊接性能和抗辐射性能较差。

　　镍铬-康铜热电偶（E 型）。E 型热电偶由镍铬与镍、铜合金材料制成，正极为镍铬合金（9% ~ 10% 铬，0.4% 硅，其余为镍），负极为康铜（45% 镍，55% 铜）。该热电偶的热电动势是所有热电偶中最大的，热电特性的线性很好，灵敏度高，价格便宜，用于还原或中性介质中。但是，E 型热电偶不能用于高温测量，康铜易受氧化而变质，使用时应加保护套管。

　　（2）非标准热电偶

　　虽然非标准热电偶在使用范围和数量上均不及标准热电偶，但在某些特殊场合，如在高温、低温、超低温、高真空等被测对象中，这些热电偶具有某些特别良好的特性。例如，钨铼系热电偶价格低廉，热电动势很大，一般用于超高温的场合，可用来测量高达 2760℃ 的温度，通常测量低于 2316℃ 的温度，短时间可测量 3000℃ 的超高温；铱铑系热电偶适用于中性介质和真空中，可长期用于 2000℃ 左右的温度测量，热电动势虽较小但具有良好的线性；镍钴-镍铝热电偶测温范围为 300 ~ 1000℃，在 300℃ 以下的热电动势很小，不需要冷端温度补偿。

2. 常用热电偶的结构

　　由于热电偶能直接实现温度-电动势的转换，且体积小、测温范围广，故被广泛应用。热电偶的结构形式有多种，常用的主要有普通型、铠装型和薄膜型 3 种。

　　（1）普通型热电偶

　　普通型热电偶主要用于测量气体、蒸汽以及液体等介质的温度，工业上常用的普通型热电偶已做成标准型，其结构如图 8-8 所示。

　　热电极。贵金属热电偶的热电极直径一般为 0.13 ~ 0.65mm，普通金属热电偶的热电极直径为 0.5 ~ 3.2mm。热电极的长度由使用和安装条件，特别是工作端在被测介质中插入的深度来决定，一般在 350 ~ 2000mm 范围内，常用的热电极长度为 350mm。

　　绝缘套管。用来防止 2 根热电极发生短路，其材料的选用是由使用温度范围和对绝缘性能的要求来决定的，常用材料为氧化铝和耐火陶瓷。

　　保护套管。其作用是使热电极与被测介质隔离，避免受到化学侵蚀或机械损伤，热电极一般是先套上绝缘

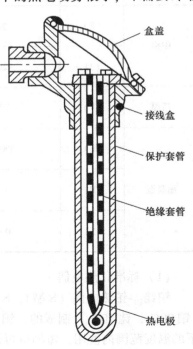

盒盖

接线盒

保护套管

绝缘套管

热电极

图 8-8　普通型热电偶结构图

套管后再装入保护套管中。通常要求保护套管既要经久耐用，能耐温度急剧变化、耐腐蚀，且不会分解出对热电极有害的气体，具有良好的气密性；同时也要具有良好的传热性能，热容量小，可以保证热电极对被测温度变化的响应速度很快。

接线盒。接线盒供热电偶和补偿导线连接用。接线盒固定在热电偶保护套管上，常用铝合金制成，有普通式和防溅式（密封式）2 类。接线端上注明热电极的正、负极性。

盒盖。用来防止灰尘、水分以及有害气体侵入保护套管内。

（2）铠装型热电偶

铠装型热电偶由热电极、绝缘材料和金属保护套管组成，它采用拉伸加工工艺，可以做得很细、很长，也可以随测量需要而进行弯曲。保护套管的材料为钢或不锈钢等，热电极与保护套管间的绝缘材料粉末常用氧化镁、氧化铝等。铠装型热电偶的外径为 0.25 ~ 12mm，有多种规格。铠装型热电偶的测量端有多种型式，如图 8-9 所示，可根据测量温度和环境的不同加以选择。铠装型热电偶的主要特点是测量端热容量小、动态响应快、机械强度高、抗干扰性能好、耐高压、耐冲击和强烈振动，在工业上应用广泛。

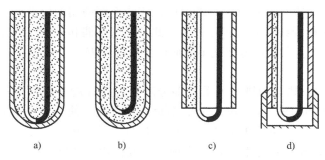

图 8-9　铠装型热电偶测量端结构
a）碰底型　b）不碰底型　c）露头型　d）帽型

（3）薄膜型热电偶

薄膜型热电偶结构有片状和针状等形式，常用的片状低温热电偶的外形与应变片相似，测温范围为 – 200 ~ 300℃。它由热电极、衬底和接头夹组成，采用真空蒸膜（或真空溅射）、化学涂层和电镀等工艺制成。由于镀层很薄（厚度为 0.01 ~ 0.1μm），在测量表面温度时不会影响被测表面的温度分布。同时，本身的热容量很小，使其动态响应很快，适用于测量微小面积上瞬时变化的温度，是一种理想的表面测温热电偶。此外，将热电极直接蒸镀在被测表面而构成的热电偶，其响应速度更快，时间常数可达微秒级。

8.1.4　冷端误差及其补偿

由式(8-7)可知，热电偶 AB 闭合回路的总热电动势是 2 个结点温度的函数。因此，必须先使其中一端（一般为冷端）的温度固定，输出的热电动势才是测量端（热端）温度的单值函数。此外，在工程上被广泛使用的热电偶分度表和根据分度表刻划的测温显示仪表的刻度，都是根据冷端温度为 0℃ 而制成的。但在实际测量中，由于冷端温度要受热源温度或周围环境温度的影响，使得其并不为 0℃，并且也不是恒定值，这将引入测量误差。为了消除或补偿这个误差，采用以下几种方法来处理。

1. 补偿导线法

为保持冷端温度恒定（最好为0℃），避免受热源影响，可以把热电偶做得很长，尽量使冷端远离热源，并连同测量仪表一起放在恒温或温度波动比较小的地方。但这种做法不仅使安装使用很不方便，而且还会耗费很多贵重金属。因此，一般是采用一根导线（称为补偿导线）将热电偶冷端引出来，如图8-10所示。

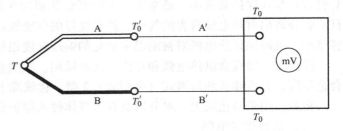

图 8-10　补偿导线法示意图

补偿导线一般选择直径粗、导电系数大的材料制作，以便减小补偿导线的电阻和影响。这种导线在一定温度范围（0～100℃）内具有和所连接的热电偶相同的热电特性。对于廉价金属制成的热电偶可以直接利用本身材料制作补偿导线将冷端温度延伸至温度恒定的地方。应该指出的是，只有当新转移的冷端温度恒定或选配使用的仪表本身具有冷端温度自动补偿装置时，使用补偿导线法才有实际意义。此外，热电偶和补偿导线连接处的环境温度不宜超过100℃，否则就会由于热电特性不同而产生新的误差。

2. 0℃恒温法

由于热电偶的温度-热电动势的关系（即分度表）是在冷端温度保持在0℃的情况下得到的，且与之配套使用的仪表也是据此进行刻度的。因此，使用过程中欲消除误差，必须保证冷端温度恒定为0℃。实验室的方法是将热电偶的冷端放在一个恒定为0℃的器皿内（在1个标准大气压下，将纯净的水和冰混合形成冰水混合物，即可得到温度0℃）。此方法尽管是一种准确度很高的冷端处理方法，但使用时比较麻烦，且一般仅适用于实验室使用，对于工业生产现场极为不便。

3. 冷端温度校正（修正）法

在实际使用中，热电偶冷端保持0℃恒定比较烦琐，但欲将其温度保持在某一温度恒定是比较容易的。此时可以采用冷端温度校正法处理。根据中间温度定律，当冷端温度 T_n 不等于0℃而为某一温度值时，由冷端引入的误差值 $E_{AB}(T_n, T_0)$ 是一个常数，可以从热电偶上直接查其热电动势值。将测得的热电动势 $E_{AB}(T, T_n)$ 与 $E_{AB}(T_n, T_0)$ 相加，即可得到冷端为 $T_0 = 0℃$ 时的热电动势 $E_{AB}(T, T_0)$，再通过查热电偶的分度表，就可得到被测热源的真实温度了。

例8-3：现用一镍铬-铜镍热电偶测某炉膛温度，热电偶冷端温度为30℃，显示仪表机械零位为0℃，这时仪表指示值为400℃，若认为此时炉膛温度为430℃，是否正确？为什么？若不正确，则正确值是多少？

解：不正确，因为仪表的机械零位在0℃，与冷端温度30℃不一致，而仪表刻度是以冷端为0℃时刻度的，所以此时指示值不是真实温度，而是要经过计算、查表、修正后才能得到温度真实值。

由题意查表得　　　　　　　$E_{AB}(400, 0) = 28.943\text{mV}$

此热电动势的值应为 $E_{AB}(T, 30)$ 的热电动势的值，即

$$E_{AB}(T, 30) = E_{AB}(400, 0) = 28.943\text{mV}$$

又查表得 $E_{AB}(30,0) = 1.801\text{mV}$

所以 $E_{AB}(T,0) = E_{AB}(T,30) + E_{AB}(30,0) = 28.943\text{mV} + 1.801\text{mV} = 30.744\text{mV}$

再通过反查表可知 $T = 422℃$

4. 补偿电桥法

如果在测量过程中，保持冷端温度为恒定值比较困难，则可以采用补偿电桥法。补偿电桥法是利用不平衡电桥产生的电动势来补偿热电偶因冷端温度变化而引起的热电动势变化值，如图 8-11 所示。其中，E 是补偿电桥的电源，R 是限流电阻。

工作时，要保证补偿电桥与热电偶冷端处于相同的环境温度下，其中，3 个桥臂电阻 R_1、R_2、R_3 采用温度系数接近于零的锰铜绕制，并使 $R_1 = R_2 = R_3$，另一桥臂作为补偿桥

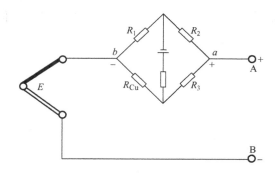

图 8-11　冷端温度补偿电桥

臂，用铜线绕制。通常在 20℃ 时，通过选取适当的 R_{Cu} 的阻值，可使电桥处于平衡状态，电桥输出 $U_{ab} = 0$，此时测量电路中引入的补偿电桥对仪表的读数不会产生任何影响。当冷端温度升高时，补偿桥臂 R_{Cu} 的阻值会增加，电桥失去平衡，a 点电位高于 b 点电位，补偿电桥输出电压 U_{ab}。同时，由于冷端温度的升高，会使得热电偶的热电动势 E_x 减小，如果补偿电桥的输出电压的增加量能恰好与热电偶的热电动势 E_x 的减小量相抵消，则总的输出电压就不会随冷端温度变化而变化了，即达到了温度补偿的效果。

需要指出，补偿电桥一般是在 20℃ 时达到平衡的，因此，采用这种补偿电桥时要在回路中加入修正电压，或调整仪表的机械零位为 20℃，即可达到完全补偿的目的。

8.1.5　测温电路

采用热电偶测温时，常采用的配套仪表主要有动圈式仪表、自动电子电位差计、示波器和数字式测温仪表以及自动记录仪表等。

1. 测量某点温度的电路

在测温准确度要求不高的情况下，可以采用动圈式仪表（如毫伏表等）直接与热电偶相连，如图 8-12 所示。此种测量电路具有连接简单、价格便宜的优点，但要注意仪表中流过的电流不仅与热电偶的热电动势大小有关，而且与测温回路的总电阻有关，因此要保证测温回路总电阻为恒定值。如果想提高测量准确度，可以在热电偶与指示仪表之间加上电阻尽量小的补偿导线。

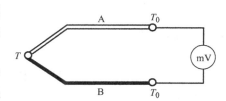

图 8-12　热电偶测温电路

有时为了提高灵敏度，可以将同一型号的热电偶串联使用，但要注意使各个热电偶的冷端和热端温度均保持为 T_0 和 T，如图 8-13 所示。这种测量电路的总热电动势为单个热电偶热电动势的 n 倍，即 $E_G = E_1 + E_2 + \cdots + E_n = nE$。此电路的灵敏度较高，相对误差减小，但由于元件较多，若其中某个热电偶发生断路，整个电路将不能工作。

2. 测量两点之间温度差的电路

测量两点之间 T_1 和 T_2 温度差的电路如图 8-14 所示。2 只同型号的热电偶配用相同的补偿导线，接线使 2 个热电偶的热电动势互相抵消，则可测得 T_1 和 T_2 之间的温度差。在此电路中，要求 2 只热电偶新的冷端温度必须相同，它们的热电动势 E 必须与温度 T 呈线性关系，否则将产生测量误差。

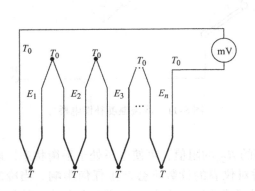

图 8-13　热电偶串联测温电路

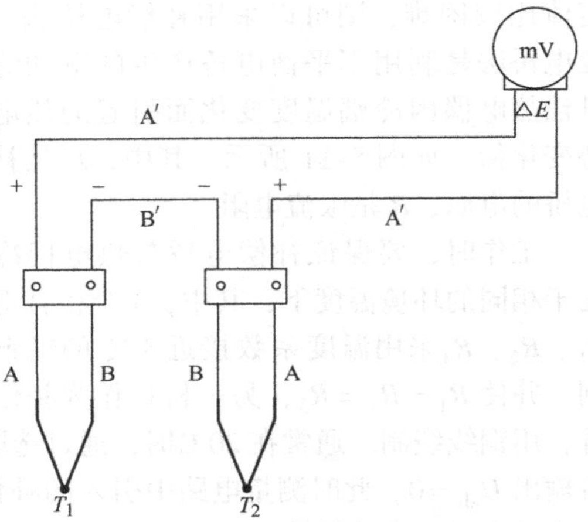

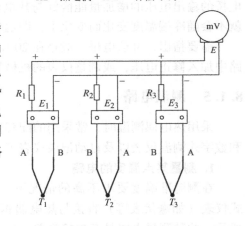

图 8-14　热电偶测温差连接电路
AB—热电偶　A′B′—补偿导线

3. 测量热源平均温度的电路

如果被测热源的面积较大，需要测量平均温度时可采用图 8-15 所示的电路。此电路中将 3 个同型号的热电偶并联使用，每个热电偶串联 1 个较大电阻，仪表所测出的热电动势是 3 个热电偶热电动势的平均值，即 $E = (E_1 + E_2 + E_3)/3$。如果 3 个热电偶均工作在温度-热电动势关系曲线的线性部分，则热电动势的平均值与温度的平均值相对应。此电路的缺点是当某一个热电偶烧坏时不能及时被发现。

8.2　热电阻

物质的电阻率随温度变化而变化的物理现象称为热电阻效应。利用热电阻效应制成的传感器称为热电阻传感器，简称为热电阻。按热电阻的性质划分，可分为金属热电阻和半导体热电阻 2 大类，前者通称为热电阻，后者通称为热敏电阻。

图 8-15　热电偶并联测温电路

8.2.1　金属热电阻

金属热电阻由电阻体、引出线、绝缘套管和接线盒等部件组成，其中，电阻体是热电阻的最主要部分，作为电阻体的材料应满足以下要求：

1）电阻温度系数 α 要比较大，并且最好为常数。α 越大，则热电阻的灵敏度越高；α 为常数，则电阻和温度呈线性关系。

2）电阻率应尽可能大，以便在同样灵敏度下减小热电阻体积，减小热惯性。

3）在热电阻的使用温度范围内，材料的物理和化学性能稳定。

4）材料的提纯、压延、复制等工艺性好，价格便宜。

符合以上要求的金属材料主要有铂、铜、铁和镍等，其中尤以铂和铜应用最为广泛。

1. 铂热电阻

由于金属铂具有物理和化学性能非常稳定、耐氧能力很强、工作温度范围宽、电阻率较高、易于提纯、复制性好、容易加工（可制成极细的铂丝或极薄的铂箔）等突出的优点，是目前制造热电阻的最佳材料。铂热电阻已成为温度标准，可以传递 13.81～903.89K 范围内的国际实用温标，同时它也可以用于高精度的工业测量。当然，它也存在电阻温度系数较小、在还原性介质中工作时会使铂丝变脆、价格昂贵等缺点。

在 $-200～0℃$ 温度范围内，铂热电阻与温度之间的关系为

$$R_t = R_0\left[1 + At + Bt^2 + C(t-100)t^2\right] \tag{8-15}$$

式中，R_t 为温度为 $t℃$ 时，铂电阻的电阻值；R_0 为温度为 $0℃$ 时，铂电阻的电阻值；A 为实验确定的常数，$A = 3.96847 \times 10^{-3}℃^{-1}$；$B$ 为实验确定的常数，$B = -5.847 \times 10^{-7}℃^{-2}$；$C$ 为实验确定的常数，$C = -4.22 \times 10^{-12}℃^{-4}$。

在 $0～650℃$ 温度范围内，铂热电阻与温度之间的关系为

$$R_t = R_0(1 + At + Bt^2) \tag{8-16}$$

铂的电阻值与其纯度密切相关，纯度越高，其电阻率越大。铂的纯度通常用百度（$100℃$）电阻比 $W(100)$ 来表示

$$W(100) = \frac{R_{100}}{R_0} \tag{8-17}$$

式中，R_{100} 为温度为 $100℃$ 时的铂电阻电阻值；R_0 为温度为 $0℃$ 时的铂电阻电阻值。

根据国际温标规定，要求标准铂热电阻 $W(100) \geqslant 1.3925$。一般工业用铂热电阻 $W(100) = 1.387～1.390$。$W(100)$ 越大，则纯度越高，目前可以提纯到 $W(100) = 1.3930$，对应的铂纯度为 99.9995%。

铂热电阻的电阻值与温度的对照关系也采用分度表表示。当温度在 $-200～0℃$ 范围内时根据式(8-15)，当温度在 $0～650℃$ 范围内时根据式(8-16)，分别每隔 $1℃$ 求取 1 个相应的 R_t 值，即可制成铂热电阻分度表。使用标准分度表时，只要知道热电阻阻值，即可从分度表中读取与 R_t 对应的温度值 t。

2. 铜热电阻

由于铂是贵重金属，价格昂贵，在一些测量精度要求不是很高且温度较低（$-50～150℃$）的场合，普遍采用铜热电阻。铜热电阻具有良好的线性、电阻温度系数比铂高、易于提纯、价格便宜等优点，其缺点是电阻率较小。因而相应的铜电阻丝与铂电阻丝相比，既细又长、机械强度较低、体积较大。此外，当温度超过 $100℃$ 时，铜极易氧化，故仅适用于低温和无侵蚀性介质。

在 $-50～150℃$ 温度范围内，铜电阻与温度之间的关系为

$$R_t = R_0(1 + At + Bt^2 + Ct^3) \tag{8-18}$$

式中，R_t 为温度为 $t℃$ 时，铜电阻的电阻值；R_0 为温度为 $0℃$ 时，铜电阻的电阻值；A 为实验确定的常数，$A = 4.28899 \times 10^{-3}℃^{-1}$；$B$ 为实验确定的常数，$B = -2.133 \times 10^{-7}℃^{-2}$；

C 为实验确定的常数，$C = 1.233 \times 10^{-9} ℃^{-3}$。

目前常用的铜热电阻代号为 WZG，R_0 有 50Ω 和 100Ω 两种，分度号为 Cu50 和 Cu100，其 $W(100) \geqslant 1.425$。铜热电阻在 $-50 \sim 50℃$ 温度范围内精度为 $\pm 0.5℃$，在 $50 \sim 150℃$ 温度范围内精度为 $\pm 1\% t$。

3. 其他热电阻

由于镍和铁的温度系数较大，电阻率也较高，故也常被用作热电阻。镍热电阻的使用温度范围是 $-50 \sim 100℃$，而铁热电阻的使用温度范围是 $-50 \sim 150℃$。但铁易被氧化，化学性能不好，镍的非线性严重，且材料提取较困难，故这 2 种热电阻应用较少。

近年来，在低温和超低温测量领域，出现一些比较新颖的热电阻，主要有以下几种。

（1）铟热电阻

它可用于低温高精度的测量。在 $-269 \sim -258℃$ 温度范围内，其灵敏度是铂热电阻的 10 倍，故常用于铂热电阻无法使用的低温情况。采用 99.999% 高纯度铟丝制成的铟热电阻，在 $-269 \sim 20℃$ 的全部范围内，复现性可达 $\pm 0.001K$。其缺点是材料较软、不易复制。

（2）锰热电阻

它在 $-271 \sim -210℃$ 的低温范围内，电阻温度系数大，灵敏度高，在 $-271 \sim -257℃$ 的温度范围内，其电阻率随温度的二次方变化。此外，磁场对锰热电阻的影响较小，且具有规律性。锰热电阻的缺点是脆性较大、拉丝较难、易损坏。

（3）碳热电阻

它适于 $-273 \sim -268.5℃$ 温度范围内使用，具有灵敏度高、热容量小、对磁场不敏感、价格低廉、使用方便等优点，其较明显的缺点是热稳定性较差。

8.2.2 热敏电阻

1. 工作原理

热敏电阻是利用半导体材料的电阻率随温度变化而变化的性质制成的温度敏感元件。对于金属热电阻，其电阻值会随温度升高而增大，而半导体的阻值却随温度的升高而急剧下降，半导体热敏电阻随温度变化的灵敏度很高。由于半导体内部参与导电的是载流子，其数目比金属内部的自由电子数目少得多，致使半导体的电阻率较大。当温度升高时，半导体内部的价电子受热激发跃迁，产生新的参与导电的载流子，因而电阻率下降。由于半导体载流子的数目随温度成指数增加，故半导体的电阻率随温度升高而成指数下降。

热敏电阻通常可以分为 3 类，即负温度系数（NTC）热敏电阻、正温度系数（PTC）热敏电阻和临界温度系数（CTR）热敏电阻。它们的特性曲线如图 8-16 所示。

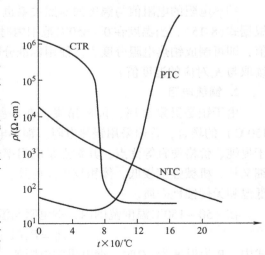

图 8-16　几种热敏电阻的典型特性

（1）NTC 热敏电阻

NTC 热敏电阻的电阻率随温度升高而显著减小，是一种缓变型热敏电阻，可测温度范围较宽，具有较为均匀的感温特性。它将负电阻温度系数很大的固体多晶半导体氧化物（如铜、铁、铝、锰、镍等氧化物）按一定比例混合后，烧结制成。通过改变其中氧化物的成分和比例，可以得到不同测温范围、阻值和温度系数的 NTC 热敏电阻。

NTC 热敏电阻的热电特性（即热敏电阻的阻值与温度之间的关系）可近似用经验公式表示为

$$R_T = R_{T_0} \exp\left[B\left(\frac{1}{T} - \frac{1}{T_0} \right) \right] \tag{8-19}$$

式中，T、T_0 为被测温度和参考温度（K）；R_T、R_{T_0} 为温度为 T 和 T_0 时的热敏电阻值；B 为由实验获得的热敏电阻材料常数，通常 $B = 2000 \sim 6000$。

NTC 热敏电阻除了具有温度系数大、灵敏度高的优点外，还有稳定性好（在 0.01℃ 的小温差范围内，稳定性可达到 0.0002℃ 的精度）、体积小、功耗小、响应速度快（可达几十微秒）、无须冷端温度补偿、适宜远距离测量与控制、价格便宜等特点。其缺点主要是由于同一型号产品的特性和参数差别较大，致使互换性差，此外它的热电特性还有较大的非线性，给使用带来很大不便。

例 8-4：某 NTC 热敏电阻，其 B 值为 2900K，若冰点电阻为 500kΩ，求热敏电阻在 100℃ 的阻值。

解：已知

$$T_0 = 0℃ = 273K$$
$$T = 100℃ = 373K$$
$$R_0 = 500kΩ$$

则 $R_T = R_{T_0} \exp\left(B\left(\frac{1}{T} - \frac{1}{T_0} \right) \right) = 500 \exp\left[2900 \times \left(\frac{1}{373} - \frac{1}{273} \right) \right] kΩ = 28.98kΩ$

（2）PTC 热敏电阻

PTC 热敏电阻具有在工作温度范围内电阻值随温度升高而显著增大的特性，通常由强电介质 $BaTiO_3$ 系列为基本原料，并掺入适量镧（La）、铌（Nb）等稀土元素，再经陶瓷工艺高温烧结制成。$BaTiO_3$ 的居里温度是 120℃，加入适当的掺杂元素后，可以调节居里温度在 -20 ~ 300℃ 之间变化。PTC 热敏电阻的电阻-温度关系可用以下经验公式表示

$$R_T = R_{T_0} \exp\left[B_P (T - T_0) \right] \tag{8-20}$$

式中，T、T_0 为被测温度和参考温度（K）；R_T、R_{T_0} 为温度为 T 和 T_0 时的热敏电阻值；B_P 为由实验获得的热敏电阻材料常数。

（3）CTR 热敏电阻

CTR 热敏电阻的阻值会在某一特定温度（约 68℃）下发生突变，它是由 V、Ba、P 等氧化物烧结的固熔体。CTR 热敏电阻的实用温度范围是 60 ~ 70℃，电阻的聚变温度约为 ±0.1℃。它适合在某一较窄的温度范围作为温度控制开关或监测使用。

2. 热敏电阻的特点

热敏电阻应用广泛，具有以下特点：

1）灵敏度高，是铂热电阻、铜热电阻灵敏度的几百倍。它与简单的二次仪表结合，就能检测出 $1 \times 10^{-3}℃$ 的温度变化，与电子仪表组成测温计，可完成更精确的温度测量。

2）工作温度范围宽。常温热敏电阻的工作温度为 $-55 \sim 315℃$；高温热敏电阻的工作温度高于 $315℃$；低温热敏电阻的工作温度低于 $-55℃$，可达 $-273℃$。

3）可以根据不同的要求，将热敏电阻制成各种不同形状。

4）可制成 $1 \sim 10MΩ$ 标称阻值的热敏电阻，以供应用电路选择。

5）稳定性好，过载能力强，寿命长。

6）响应速度快，价格便宜。

8.2.3　工作电路

1. 金属热电阻的连接方式

热电阻一般采用 3 种不同的接线方式接入测量电路中，即 2 线式、3 线式和 4 线式，如图 8-17 所示。由于热电阻是一种阻值随温度改变的温敏传感器，在实际使用时要把引线电阻计算在内，即与热电阻本身阻值相加。

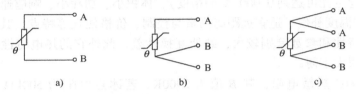

图 8-17　热电阻接线方式

a）2 线式　b）3 线式　c）4 线式

热电阻的工作电路大致有 2 种，即恒压电路和恒流电路。恒压电路就是使加在热电阻两端的电压保持恒定，测量电流变化的电路；恒流电路就是流经热电阻的电流保持恒定，测量其两端电压的电路。若有恒压源（标准电池），恒压电路非常简单，另外，组成桥路就可进行温漂补偿。因此，恒压电路被广泛使用。但电流与热电阻的阻值变化成反比，当用于很宽的测温范围，进行线性化时要特别注意。对于恒流电路，热电阻两端的电压与热电阻阻值成正比，线性化方法简便。但要获得准确的恒流源，电路比较复杂。

图 8-18 所示为 2 线式热电阻接线实例。这是一种恒温器电路，可用来检测印制电路板上功率晶体管周围的温度，如果温度超过 $60℃$ 就会输出信号，实现自动调温。电路中，R_T 采用 $100Ω$ 的铂热电阻，R_T 和 R_1 串联接到恒压源（$+12V$），R_T 中流经约 $1mA$ 的电流。这种电路属于恒压电路，但实际选用的 R_1 阻值比 R_T 高很多，因此，R_T 阻值变化引起的测量电流变化不大，能够获得近似恒流电路的线性输出。当功率晶体管周围温度低于 $60℃$ 时，A_1 的同相输入端电位（由 RP、R_2 和 R_3 分压确定）低于反相输入端，A_1 输出高电平；温度超过 $60℃$ 时，则 R_T

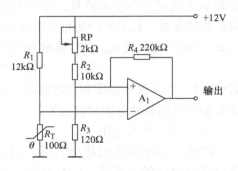

图 8-18　2 线式热电阻接线实例

阻值增大到 $123.64Ω$（$0℃$ 时为 $100Ω$），A_1 的反相输入端电位高于同相输入端，A_1 输出变为低电平，从而控制有关电路进行温度调节。

图 8-19 所示为 3 线式热电阻测温电路实例。电路中，热电阻 R_T 与高精度电阻 $R_1 \sim R_3$ 组成桥路，而且 R_3 的一端通过导线接地。R_{W1}、R_{W2} 和 R_{W3} 是导线等效电阻。流经传感器的电流路径为 $U_T \to R_1 \to R_{W1} \to R_T \to R_{W3} \to$ 地，流经 R_3 的电流路径为 $U_T \to R_2 \to R_3 \to R_{W2} \to R_{W3} \to$ 地。如果电缆中导线种类相同，则导线电阻 R_{W1} 和 R_{W2} 相等，且温度系数也相同。因此，即使电缆长度改变，温度系数也会一起跟着改变进行温度补偿。另一方面，流经 R_{W3} 的两电流也都是相同的，不会影响测量结果。放大电路经常采用三运放构成仪用放大器，这种放大器的输入阻抗高、共模抑制比（CMRR）大。经放大器放大的信号，一般要由折线近似的模拟电路或 A – D 转换器构成数据表，进行线性化。因为 R_1 的阻值比 R_T 的阻值要大很多，所以 R_T 变动时的非线性对温度特性影响非常小。调整时，调整基准电源 U_T 使 R_2 两端电压为准确的 20V 即可。

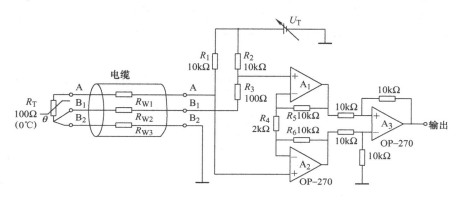

图 8-19　3 线式热电阻测温电路实例

图 8-20 所示为 4 线式热电阻测温电路实例。对于这种电路，回路要采用线性好的恒流源电路，恒流源电路输出 2mA 的电流经路径为 A_1 端 $\to R_{W1} \to R_T \to R_{W4} \to$ 地。另外，R_T 两端电压通过 R_{W2} 和 R_{W3} 直接输入由 $A_3 \sim A_5$ 构成的仪用放大器的输入端。从 A_1 和 B_1 看，放大器的输入阻抗非常高，因此，流经电压检测用两导线的电流近似为零，两导线的电阻 R_{W2} 和 R_{W3} 可忽略不计。R_1 和 C_1 及 R_2 和 C_2 构成低通滤波器，用于补偿高频时运放的共模抑制比的降低。R_{W1} 和 R_{W4} 除作为电流的通路以外，还用于限制恒流电路和放大器的工作电压范围，

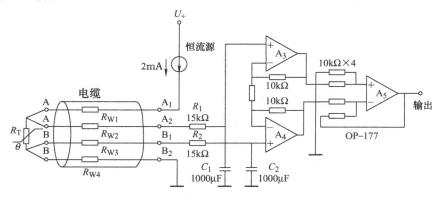

图 8-20　4 线式热电阻测温电路实例

与 A_2 和 B_1 端子间电位差无关。因此，电路中接的电缆对交流特性有要求，而电缆中导线的粗细即使有些不同，对测量精度也不会有太大的影响。测量精度依赖于恒流电路的输出电流的调整，调整时若无实际使用的传感器与电缆，用适当的假电阻进行恒流电路调整即可。电路中，热电阻 R_T 与高精度电阻 $R_1 \sim R_3$ 组成桥路，而且 R_3 的一端通过导线接地。R_{W1}、R_{W2} 和 R_{W3} 是导线等效电阻。

2. 热敏电阻的连接方式

热敏电阻在电路中的基本连接方式如图 8-21 所示。图 8-21a 表示单体热敏电阻在电路中的连接方式，这种方式能显示出热敏电阻自身特性。它在电路中连接灵活，因此容易获得较好的线性特性。图 8-21b、c 分别是并联和串联方式，特性与图 8-21a 相同。图 8-21d、e 是与普通电阻的混联方式，组成合成电阻，其温度系数小，而且与温度范围无关，可获得较高的精度，适用于测温仪器中。但是，合成电阻较难显示出热敏电阻自身的特性。图 8-21f 是比率式连接方式，这种方式连接灵活，可获得较好的线性特性。

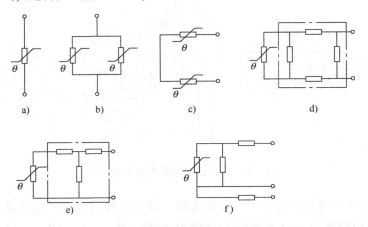

图 8-21　热敏电阻的基本连接方式

a) 单体方式　b) 并联方式　c) 串联方式　d)、e) 混联方式　f) 比率方式

图 8-22 所示为桥接方式的热敏电阻温度检测电路实例。热敏电阻 R_T（负温度系数）作为一只桥臂。如果温度超过设定温度时，LED 发光。电路工作原理：用电位器 RP 预先设定电压 U_S，a 端电压为 U_L，$U_L > U_S$ 时，晶体管 VT_1 导通，VT_2 也导通，则 LED 导通发光。反之，若 $U_L < U_S$ 时，晶体管 VT_1 和 VT_2 都截止，则 LED 截止熄灭。这样，若超过预先设定温度时，LED 就发光显示。电路中二极管 VD_1 和 VD_2 用于补偿电源电压 E_C 变动所引起的电压漂移。

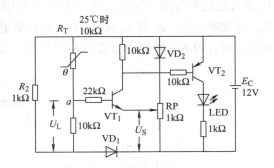

图 8-22　热敏电阻温度检测电路实例

图 8-23 所示为热敏电阻温度上下限报警电路实例。此电路中采用运放 A 放大 a 与 b 之间的电压差，晶体管 VT_1 和 VT_2 根据运放 A 的输出状态导通或截止。如果 $U_a > U_b$，则晶体管 VT_1 导通，LED_1 发光显示告警。如果 $U_a < U_b$，则晶体管 VT_2 导通，LED_2 发光显示告警。

如果 $U_a = U_b$，则 VT_1 和 VT_2 都截止，LED_1 和 LED_2 都不发光。

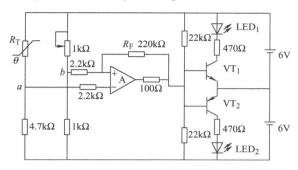

图 8-23　热敏电阻温度上下限报警电路实例

图 8-24 所示为热敏电阻过电流保护电路实例。热敏电阻串联在电路中，它无极性之分，因此可以很方便地用于交流电路中。电源接通时，热敏电阻阻值很大，可抑制负载中的冲击电流，但随着通电时间增长，热敏电阻自身发热，阻值显著减小，使负载电流达到额定值。这样就抑制了电源接通时的冲击电流，达到了保护灯泡的目的。

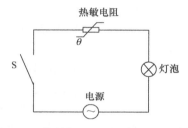

图 8-24　热敏电阻过电流保护电路实例

8.3　集成温度传感器

集成温度传感器是将半导体温度传感器与放大电路、偏置电源及线性化电路集成电路等，采用集成化技术制作在同一芯片上，从而极大地提高了传感器的各项性能。与传统的热电偶、热电阻、热敏电阻等温度传感器相比，它具有测温精度高、复现性好、线性好、体积小、热容量小、稳定性好、输出电信号大等优点。

集成温度传感器按输出形式可以分为电压型和电流型 2 种。电压型集成温度传感器的温度系数为 10mV/℃；而电流型的为 1μA/℃，它们还具有绝对零度时输出为零的特性。

8.3.1　集成温度传感器 LM35

LM35 是电压输出型集成温度传感器，其线性温度系数为 10mV/℃，常温下测量精度为 ±0.5℃以内，最大功耗电流为 70μA，自身发热对测量精度的影响在 0.1℃以内。采用 4V 以上的单电源供电时，测温范围为 2 ~ 150℃；采用双电源供电时，测温范围为 -55 ~ 150℃（金属壳封装）和 -40 ~ 110℃（TO92 封装），且无须进行调整。LM35 最适合用于遥控，低成本化，工作电压范围为 4 ~ 30V，非线性度低于 ±1/4℃，输出阻抗（在 1mA 负载时）为 0.1Ω。

图 8-25 所示为 LM35 的基本应用电路。其中，图 8-25a 是采用 LM35 构成的单电源温度传感器电路，U_o 为相应温度的输出电压。图 8-25b 是采用 LM35 构成 2 ~ 150℃温度传感器电路。图 8-25c 是采用 LM35 构成的满程摄氏温度计，输出 $U_o = 1500mV$，相当于 150℃；

$U_o = 250mV$，相当于 $25℃$；$U_o = -550mV$，相当于 $-55℃$。

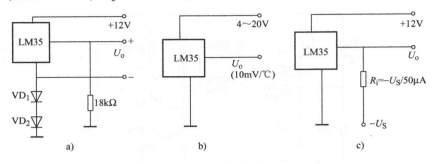

图 8-25　LM35 的基本应用电路

图 8-26 所示为 2 线式接法（信号线与电源线共用）的 LM35 测温电路的一个实例。信号以电流形式取出，因而不会产生由导线电阻损耗引起的误差。电路中 RP_2 用于调零，RP_1 用于调整满刻度，电阻采用精度为 1% 的 1/4W 金属膜电阻，运算放大器采用低温漂的 OP07，RP_1 和 RP_2 采用温度系数为 100ppm/℃（ppm = 10^{-6}）的金属陶瓷电位器。

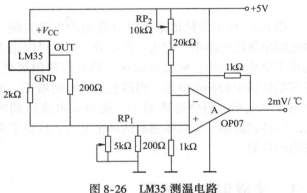

图 8-26　LM35 测温电路

8.3.2　集成温度传感器 AD590

AD590 是电流型集成温度传感器，具有测温误差小、动态阻抗高、响应速度快、传输距离远、体积小、微功耗等优点。AD590 的主要特征如下：

1）线性电流输出：$1μA/K$，正比于热力学温度。

2）宽温度范围：$-55 \sim 150℃$。

3）精度高：经过校准精度可达 $\pm 0.5℃$（AD590M）。

4）线性好：满量程范围 $\pm 0.3℃$（AD590M）。

5）电源范围宽：$4 \sim 30V$。

AD590 只需单电源工作，输出的是电流而不是电压。因此，抗干扰能力强，要求的功率很低（$1.5mV / +5V / +25℃$），使得 AD590 特别适于运动测量。因是高阻抗电流输出，所以长线上的电阻对器件工作影响不大。用绝缘良好的双绞线连接，可以使器件在距电源 25m 处正常工作。高输出阻抗又能极好地消除电源电压漂移和纹波的影响，电源由 5V 变到 10V 时，最大只有 $1μA$ 的电流变化，相等于 $1℃$ 的等效误差。

AD590 可串联工作，如图 8-27a 所示，也可并联工作，如图 8-27b 所示。将几个 AD590 单元串联使用时，显示的是几个被测温度中的最低温度；而将其并联可获得被测温度的平均值。由于 AD590 的线性电流输出为 $1μA/K$，故图 8-27a 中 U_T 输出为 $10mV/K$，而图 8-27b 中 U_T 输出为 $1mV/K$。

图 8-28 所示为采用 AD590 构成的温差测量电路，电路中利用运放 μA741 将 2 个 AD590 的输出电流转换为输出电压，输出电压值为 10（$T_2 - T_1$）（mV/℃）。调整时，保持 2 个 AD590 处于同一温度，通过调整 RP 使输出电压为零即可。

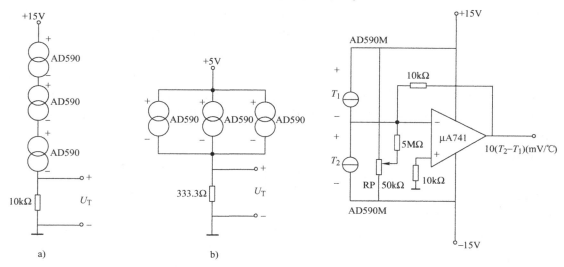

图 8-27　AD590 的串并联使用

a）串联使用　b）并联使用

图 8-28　AD590 应用电路

若用 AD590 配以 ICL7106 型 A - D 转换器，即可构成 $3\frac{1}{2}$ 位液晶显示的数字温度计，电路如图 8- 29 所示。AD590 跨接在 IN_ 和 U_ 之间。调整电位器 RP$_1$，使得基准电压 $U_{REF} = 500.0$mV。校正时用一只精密汞温度计检测温度，调整电位器 RP$_2$，使得液晶显示值与被测温度 t（℃）相等。测温范围是 0 ~ 199.9℃，受 AD590 测温范围限制，最高温度不得超过 150℃。在图 8- 29 中，R_2、RP$_1$、R_3、RP$_2$ 和 R_4 的总阻值应为 28kΩ。若要构成华氏（℉）数字温度计，需改变各电阻值，取 $R_1 = 9$kΩ，$R_2 =$

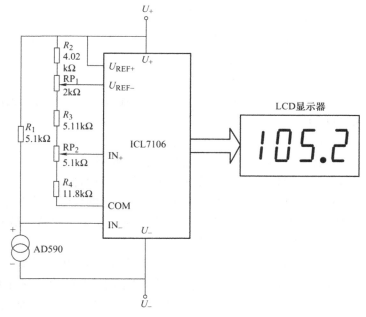

图 8-29　$3\frac{1}{2}$ 位液晶显示的数字温度计

4.02kΩ，$R_3 = 12.4$kΩ，RP$_2$ 的阻值改为 10kΩ，RP$_1$ 的阻值不变，但要去掉 R_4（即 $R_4 = 0$）。此时，该数字温度计的测温范围变为 0 ~ 199.9℉（对应于 - 17.8 ~ 93.3℃）。

8.3.3 一线数字温度计 DS1820

DS1820 数字温度计提供 9 位摄氏温度测量，具有非易失性、上下触发门限及用户可编程的报警功能。输入信息经过单线接口送入 DS1820 或从 DS1820 送出，因此从中央处理器到 DS1820 仅需连接一条线（和地）。读、写和完成温度变换所需的电源可以由数据线本身提供，而不需要外部电源。

因为每一个 DS1820 有唯一的系列号（silicon serial number），因此多个 DS1820 可以存在于同一条单线总线上，这允许在许多不同的地方放置温度灵敏器件。此特性的应用范围包括 HVAC 环境控制、建筑物、设备或机械内的温度检测，以及过程监视和控制中的温度检测。

1. DS1820 引脚图

DS1820 的引脚图如图 8-30 所示。其中，GND 为接地；DQ 为单线应用的数据输入/输出引脚，在寄生电源模式时为该器件提供电源；V_{DD} 为可选用的输出引脚；NC 为空引脚。

2. DS1820 主要特性

1）独特的单线接口，只需 1 个接口引脚即可通信。

2）多点（multidrop）能力使分布式温度检测应用得以简化。

3）不需要外部元件。

4）可用数据线供电，不需备份电源。

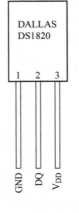
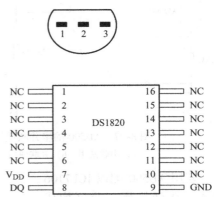

图 8-30 DS1820 的引脚图

5）测量范围从 $-55 \sim 125℃$，增量值为 0.5 等效的华氏温度，范围是 $-67 \sim 257℉$，增量值为 0.9℉。

6）以 9 位数字值方式读出温度。

7）在 1s（典型值）内把温度变换为数字。

8）用户可定义的且非易失性的温度告警设置。

9）告警搜索命令识别和寻址温度在编定的极限之外的器件（温度告警情况）。

10）应用范围包括恒温控制工业系统、消费类产品、温度计或任何热敏系统。

3. DS1820 内部原理框图

DS1820 内部原理框图如图 8-31 所示。该电路会在 I/O 或 V_{DD} 引脚处于高电平时"偷"能量。当有特定的时间和电压需求时，I/O 要提供足够的能量。使用寄生电源有 2 个好处：一是进行远距离测温时，无须本地电源；二是可以在没有常规电源的条件下读 ROM。

要想使 DS1820 能够进行精确的温度转换，I/O 线必须在转换期间保证供电。由于 DS1820 的工作电流达到 1mA，所以仅靠 $5k\Omega$ 上拉电阻提供电源是不行的，当几只 DS1820 挂在同一根 I/O 线上并同时想进行温度转换时，这个问题变得更加尖锐。

能够使 DS1820 在动态转换周期中获得足够的电流供应的方法有 2 种。第一种方法是当

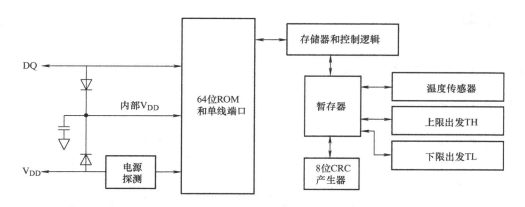

图 8-31   DS1820 内部原理框图

DS1820 进行温度转换或执行内部存储操作而总线闲置时，用受微处理器控制的场效应晶体管将 DQ 引脚直接连接至电源正极实现供电，如图 8-32 所示。此时，V_{DD} 引脚必须接地。

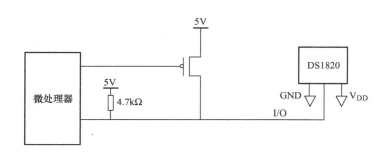

图 8-32   DS1820 的强上拉电路

另一种给 DS1820 供电的方法是从 V_{DD} 引脚接入一个外部电源，如图 8-33 所示。这样做的好处是 I/O 线上不需要加强上拉电阻，而且总线控制器不用在温度转换期间总保持高电平。这样在转换期间可以允许在单线总线上进行其他数据往来。另外，在单线总线上可以挂任意多片 DS1820，而且如果它们都使用外部电源的话，就可以先发一个 Skip ROM 命令，再接一个 Convert T 命令，让它们同时进行温度转换。注意，当加上外部电源时，GND 引脚不能悬空。

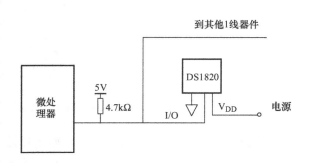

图 8-33   DS1820 使用外部电源电路

8.4 实验指导

8.4.1 铂电阻测温性能实验

1. 实验目的

1）理解铂电阻的测温原理。

2）能够根据实验结果对铂电阻的性能进行分析，并得出有效结论。

3）掌握铂电阻测温的接线方式，会合理选择测温电路。

2. 实验设备

CSY 系列传感器与检测技术实验台，包含加热源、K 型热电偶、Pt_{100} 热电阻、温度控制单元、温度传感器实验模板、数显单元、万用表。

3. 实验步骤

1）将热电偶插入台面三源板加热源的一个传感器安置孔中。将 K 型热电偶自由端引线插入主控面板上的热电偶 E_K 插孔中，红线为正，黑线为负。

2）将加热器的 220V 电源插头插入主控箱面板上的 220V 控制电源插座上。

3）将主控箱的风扇源（2~24V）与三源板的冷却风扇对应相连，电动机转速电压旋至最大。

4）将 Pt_{100} 铂电阻 3 根线引入 "R_t" 输入的 a、b 上：用万用表电阻档测出 Pt_{100} 3 根线中短接的 2 根线并接 b 端。这样 R_t 与 R_3、R_1、RP_1、R_4 与组成直流电桥。RP_1 中心活动点与 R_6 相接。如图 8-34 所示。

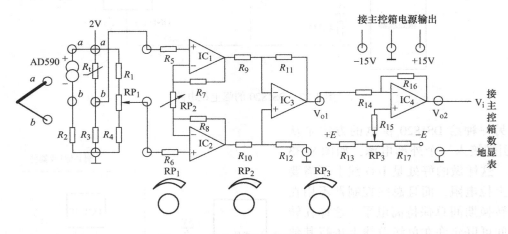

图 8-34　铂电阻测温特性实验接线图

5）设定温度值为 50℃，将探头插入加热源另一个插孔中，开启加热开关，待温度控制在 50℃时记下读数，每隔 5℃读数一次，记入表 8-2。画出其温度特性曲线。

表 8-2　铂电阻测温实验数据记录表

$T/℃$	50	55	60	65	70	75	80	85	90	95
U/V										

4. 思考题

1）铂电阻用作温度测量时应注意哪些问题？主要应用在什么场合？有哪些优缺点？

2）铂电阻测温时常用的测量电路有哪些？

8.4.2 热电偶温度测量及冷端补偿实验

1. 实验目的

1）理解热电偶的测量原理、性能与应用范围。

2）能够根据实验结果对热电偶的性能进行分析，并得出有效结论。

3）掌握热电偶冷端补偿的原理和方法，在实际应用中能够合理选择补偿电路。

2. 实验设备

CSY 系列传感器与检测技术实验台，包含热电偶（K 型、E 型）、加热源、温度控制仪、温度传感器实验模板、冷端温度补偿器、外接直流源 +5V、±15V、数显单元。

3. 实验步骤

1）将 K 型热电偶插到温度源插孔中，其参考端接到面板 E_K 端作为标准传感器，用于设定温度。

2）将 E 型热电偶参考端接入温度传感器实验模板上标有热电偶符号的 a、b 孔上，如图 8-35 所示，热电偶参考端连线中带红色套管或红色斜线的一条为正端。

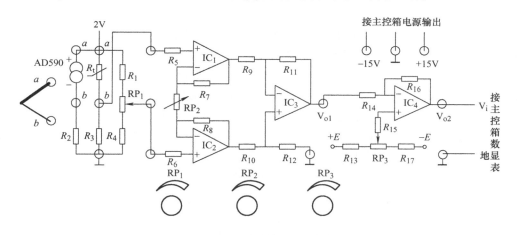

图 8-35　热电偶测温实验接线图

3）将 R_5、R_6 端接地，打开主控箱电源开关，将 V_{o2} 端与数显表单元上的 V_i 端相连。调 RP_3 使数显表显示零位，主控箱上电压表波段开关拨到 200mV，打开面板上温度开关，设定仪表控制温度值 $T = 50℃$。

4）去掉 R_5、R_6 接地线，将 a、b 端与放大器 R_5、R_6 相接打开温控开关，观察温控仪指示的温度值，当温度控制在 50℃ 时，调 RP_2，对照分度表将信号放大到比分度值大 10 倍的指示值以便读数，并记录下读数。

5）重新设定温度值为 $50℃ + n \times Dt$，建议 $Dt = 5℃$，$n = 1$，…，10，每隔 $1n$ 读出数显表输出电压与温度值，并记入表 8-3。

表 8-3　E 型热电偶热电动势（经放大）数据表

T/℃	50	55	60	65	70	75	80	85	90	95
U/mV										

6）根据表 8-3，计算热电偶测温的非线性误差。

7）将 K 型热电偶置于加热器插孔中，自由端接入面板 E_K 端，并接入数字电压表，电压表量程置 200mV，合上主控箱加热源开关，使温度达到 50℃，记下此时电压表 K 型热电偶的输出热电动势 U_1，并拆去与电压表的连线。

8）保持工作温度 50℃不变，将冷端温度补偿器上的热电偶插入加热器另一插孔中，在补偿器 4 端、3 端加补偿器工作，并将补偿器的 1、2 端接入数字电压表，读取数显表上数据 U_2。

9）比较补偿前后的 U_1、U_2，根据实验室的室温与 K 型热电偶分度表，计算因参考端温度下降而产生的温度差。

4. 思考题

1）如何对热电偶输出热电动势进行非线性补偿？

2）为何要对热电偶进行冷端补偿？它有哪些具体的补偿方法？

习题与思考题

8-1　铬镍-康镍热电偶灵敏度为 0.04mV/℃，把它放在温度 1200℃处，若以指示表作为冷端，此处的温度为 50℃，试求热电动势的大小。

8-2　将 1 只铬镍-康铜热电偶与电压表相连，电压表接线端是 50℃，若电位计上读数是 60mV，求热电偶热端温度，已知该热电偶的灵敏度为 0.08mV/℃。

8-3　热电偶测温的基本原理是什么？它主要利用了哪种电动势变化？

8-4　试述对热电偶冷端进行温度补偿的常用方法，以及如何进行温度补偿？

8-5　试比较热电阻测温和热电偶测温有何不同。

8-6　热电偶有哪些重要定律，它们的意义如何？

8-7　当一个热电阻温度计所处的温度为 20℃时，电阻值是 100Ω，当温度是 25℃时，它的电阻值是 101.5Ω。假设温度与电阻间的变换关系为线性关系。试计算当温度计分别处在 −100℃和 150℃时的电阻值。

8-8　如图 8-36 所示，请问：

（1）此电路是什么电路？

（2）该电路有何作用？

（3）简述该电路的工作原理。

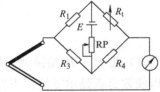

图 8-36　题 8-8 图

8-9　完成以下自测题。

（1）热电偶基本定律中，（　　）可检查材料的均匀性。

A. 均质导体定律　　　B. 参考电极定律　　　C. 中间温度定律　　　D. 中间导体定律

（2）在下列传感器中，其敏感元件又是转换元件的是（　　）。

A. 应变式力传感器　　B. 电容式传感器　　　C. 热电偶　　　D. 压电式加速度传感器

（3）（   ）是制定热电偶分度表的理论基础。

A. 均质导体定律   B. 参考电极定律

C. 中间温度定律   D. 中间导体定律

（4）在实验室测量金属的熔点时，冷端温度补偿采用（   ）。

A. 计算修正法   B. 仪表机械零点调整法

C. 冰浴法   D. 电桥补偿法

（5）应用热电偶的（   ），可大大简化其选配工作。

A. 均质导体定律   B. 参考电极定律

C. 中间温度定律   D. 中间导体定律

（6）对铂电阻具有的特性，描述不正确的是（   ）。

A. 物理、化学性能极为稳定   B. 有良好的工艺性

C. 易于提纯   D. 电阻温度系数较大

（7）当流过热敏电阻的电流较小时，其伏安特性曲线（   ）。

A. 呈直线状   B. 非线性

C. 抛物线型   D. 无规律性

（8）下列属于热敏电阻特点的是（   ）。

A. 灵敏度高   B. 结构简单、体积小

C. 热惯性小   D. 稳定性较好

（9）可大大简化热电偶选配工作的理论依据是（   ）。

A. 中间温度定律   B. 参考电极定律

C. 中间导体定律   D. 均质导体定律

（10）一个热电偶的热电动势为 E，若打开冷端，接入第 3 种导体，保证接入点的温度相同，则总热电动势（   ）。

A. 不变   B. 变大

C. 变小   D. 以上三种都有可能

第9章

智能传感器

9.1 智能传感器概述

9.1.1 智能传感器的概念

智能传感器的概念最初是由美国宇航局（NASA）于 1978 年根据宇宙飞船对传感器的综合性需求而提出的。宇宙飞船上需要大量的传感器不断向地面发送温度、位置、速度和姿态等数据信息，用一台大型计算机很难同时处理如此庞大而复杂的数据，于是提出了分散数据处理的思想，即将传感器采集的数据先进行处理再送出少量的有用数据，从而产生了智能传感器的雏形。

智能传感器在测控系统中相当于人的五官，承担着感知被测对象、被控对象的某种属性的任务，测控系统智能化程度的高低是建立在传感器水平高低基础之上的。

英国人将智能传感器称为"Intelligent Sensor"，美国人称之为"Smart Sensor"。智能传感器至今未有被广泛认可的严格定义，但有一些基本共识。通常，相对传统的传感器多停留在将要感知的量转换成电、光等易于处理的信号，智能传感器会相应地增加数据转换、处理、自我检测等传统传感器需由后端处理电路、软件来完成的功能。因此，智能传感器往往也是集成有微处理器的传感器，具备信息处理和信息检测功能。

集成微处理器包含 2 种情况：一是将传感器与微处理器集成在一起，构成"单片智能传感器"，这种方式与普通的基于微处理器的仪器仪表的构成方式相同，仅是组合方式的不同而已，将原先电路板上的部分功能前移并和传感器集成在一起；二是传感器能够主动配置一些运行参数，根据周围的环境参数自我调节和补偿，具有一定的逻辑思维和自我分析、诊断的功能，此类传感器被认为是真正意义上的智能传感器。

对于智能传感器的要求是一个动态渐进的过程，相应的定义也会随之而发展。当然，总体上的要求是"感"和"知"，不仅要"感觉到""测量到"，而且要能"认知"，而"认知"的水平（即智能化的水平）在不同场合、不同时期的要求是不一样的。

9.1.2 智能传感器的功能

1. 数据处理功能

传统传感器在使用时需要经过后端的电路、微处理器、程序等完成数据的调理、滤波和模-数转换等数据处理后才能交由显示、存储、控制等模块使用。显然，数据处理是传感器后端必备的过程，是传感器测量或控制系统的基本任务，智能传感器相对传统传感器的首要不同之处就是具备了数据处理的功能。

　　具体来说，智能传感器的数据处理功能通常会在最初的被测量感知的基础上增添信号的放大、滤波、信号的数字化、温度补偿、数字调零、系统校准、量程自动选择、标度变换乃至根据已知测量结果求出未知参数等多个功能中的一个或多个。智能传感器的数据处理功能大大简化、减轻了测控系统中计算机的运算量和系统设计的工作量，同时由于数据处理的前移，也使一些数据处理的精度更高，由于加入了微处理器，也使智能传感器的自我检测、诊断与校正、通信等功能成为可能。

2. 自我检测、诊断与校正的功能

　　传统传感器大多需要定期校准和标定，以保证传感器随时间或环境因素等引起的误差在可控的范围内。校准和标定时，通常需要人工采用更精准的仪器在现场或者拆卸下来带回实验室进行，需要手工调节硬件电路或修改、设置运行程序，耗时且会影响设备的运行。利用智能传感器内置的校准功能程序，操作者只需进行参数修改，通常无须涉及硬件电路的调整，某些智能程度很高的传感器只需在相应的通道接入标准的信号量就可以自动完成校准功能。此外，由于智能传感器中大量运用了半导体、微机电系统等技术，稳定性好，使得一些传感器甚至在整个使用期内无须进行校准。

　　自我诊断功能是通过智能传感器内置的软件或逻辑判断电路，根据预置的判断规则对传感器的运行状态等进行自我判断、故障分析和修正。

3. 存储功能

　　智能传感器通常具备一定的存储功能，主要存储 2 类数据：一是与传感器工作相关的校准信息、配置信息、历史信息（如传感器工作时间、故障记录等）等；二是一定时间内的测量数据，这在传感器网络分时通信中应用较多。具体存储何种数据、存储量的大小，通常根据用途、工作方式、成本等综合确定和配置。

4. 可配置和组态的功能

　　智能传感器通常可由用户根据需求进行重新设定和配置在不同的工作状态。利用智能传感器的组态功能，可使同一类型的传感器在一定的范围内具有较广的适应性，可在不同的场合或者当用户需求有所改变时能非常方便地满足相应的要求，减少了传感器更换和研制所需的工作量。

5. 具备通信接口

　　智能传感器通常都会具有微处理器，比较容易扩展通信接口，可方便与外部设备或网络进行通信。智能传感器工作时会产生大量数据，有时也需要接收命令和数据以进行配置和组态，考虑接线方便和减小体积，一般采用灵活方便的串行通信接口和协议，如 SPI、I^2C、CAN 等。采用串行通信相比普通模拟信号传输信息具有更好的抗干扰性能，也更方便组网和实现传感器与系统控制器以及传感器之间的交互功能。当然，为了与工业界较为流行的 $4\sim20mA$ 电流环等传输方式兼容，部分智能传感器的输出仍具备此类信号的输出功能。

9.1.3　智能传感器的特点和发展趋势

1. 多功能融合

　　能进行多参数、多功能测量是智能传感器的一个特色和发展方向。多敏感功能将原来分散的、各自独立的单敏传感器集成为具有多敏感功能的传感器，能同时测量多种物理量和化

学量，全面反映被测量的综合信息。例如，霍尼韦尔的 HCS01 传感器包括 1 个三轴加速度传感器、1 个气压传感器、2 个磁阻传感器以及内置专用集成电路数字补偿芯片和 EEPROM 存储器，全数字量输出，使得在一些应用中 1 个传感芯片能满足相关的多参量感知需要。

2. 自适应

当智能传感器的外部条件和工作环境发生变化时，智能传感器通过相应的判断、分析去调整自身的工作状态以适应相应的变化，称之为自适应。通过自适应技术，可以补偿老化部件引起的参数漂移、降低传感器的功耗、自动适应不同的环境条件等，从而延长传感器的使用寿命、优化智能传感器的工作状态、提高测量精度等。

3. 低功耗

降低功耗对智能传感器具有重要意义，不仅可简化传感器的电源设计及降低对散热条件的要求，延长传感器的使用寿命，而且为提高智能传感器的集成度和安装创造了有利条件。智能传感器多采用大规模或超大规模集成电路，智能传感器的感知部分也更多采用微机电系统技术（MEMS），这大幅降低了智能传感器的综合功耗，从而使传感器采用电池供电不再困难，为当前的无线传感器网络、物联网等技术的发展提供了便利。

4. 微型化、集成化

智能传感器的微型化是以集成化为基础的。随着微电子技术、MEMS 的发展，智能传感器正朝着短、小、轻、薄的方向发展，以满足航空航天、物联网等领域和技术发展的需要，并且为测量仪表的便携化创造了有利条件。如前文提到的 HCS01 传感器，其封装尺寸仅为 $6.5mm \times 6.5mm \times 1.2mm$，核心面积更小。

5. 高可靠性与稳定性

智能传感器能够根据工作条件的变化进行自适应性调整。例如，能根据温度变化对由此产生的零点漂移进行调整，能进行自我诊断，尤其是采用集成工艺使器件具有了更好的一致性和稳定性，因此，智能传感器总体上具有比传统传感器更高的可靠性和稳定性。

6. 网络化

由于智能传感器通常具有数字通信接口，功耗也较低，体积也越来越小，有利于传感器的分布式布置和组网，所以智能传感器可以非常方便地组合成传感器网络。目前，方兴未艾的物联网、无线传感器网络等就是建立在智能传感器基础之上的。

9.2 智能传感器的组成与实现

9.2.1 智能传感器的组成

智能传感器的结构框图如图 9-1 所示。

智能传感器由传感单元、微处理器和信号处理电路等封装在一起组成，输出方式多采用串行通信方式，从早期的 RS－232、RS－422 到现在的 I^2C、CAN 等总线协议。智能传感器类似一个基于微处理器（或微控制器）的典型小系统，具有传感器、调理电路、A－D 转换、微处理器、串行通信接口等。传感器将被测量转换为电信号，信号调理电路对传感器输出的电信号进行调理后再进行 A－D 转换，由微处理器处理后发送至串行接口与系统中央控制器或其他单元进行数据和控制命令的通信。

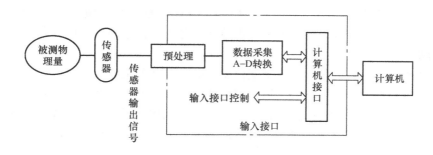

图 9-1 智能传感器的结构框图

智能传感器除了硬件外，还需要强大的软件支持来保证测量结果的准确性和智能传感器的可配置性，智能传感器的程序通常已由生产厂家固化在传感器之中。

9.2.2 智能传感器的实现

随着智能传感器制造工艺的发展，考虑应用场合、成本等原因，智能传感器以 3 种形式实现。

1. 非集成化形式

非集成化智能传感器是将传统传感器、信号调理电路、微处理器、通信接口等组合作为一个整体生产和销售的传感模块，其构成如图 9-2 所示。这是一种实现智能传感器最快的途径与形式，对制造工艺等并无太高要求，但相对传统的非智能传感器，在自动校准、自动补偿、接口便利性等方面具有明显的优势。

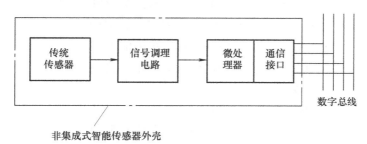

图 9-2 非集成化智能传感器构成示意图

2. 集成化形式

集成化智能传感器采用微机电系统、集成电路等技术，利用半导体材料来制造敏感元件和电路，在形式上通常以单芯片形式呈现，其结构如图 9-3 所示。随着集成度越来越高，集成化智能传感器相比非集成化智能传感器而言，体积越来越小、功耗越来越低、集成的传感单元越来越多，可方便地实现多个参量传感功能于一体，智能化的程度也越来越高，但对制造工艺等方

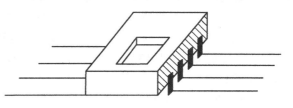

图 9-3 集成化智能传感器的结构

面的要求也较高。智能传感器相对传统传感器不是简单地做小、做成一体，而是在材料科学、微加工技术以及相关理论支撑下的一种革新，是未来传感器的发展方向之一。

3. 混合形式

根据需要和已经具备的条件，将智能传感器的各个环节集成化，如根据工艺的不同将敏感单元、模拟信号调理、数据处理与通信接口电路分别做成一块芯片，然后将它们封装在一起构成一个混合形式的智能传感器，称之为混合式智能传感器。混合式智能传感器介于非集成化和集成化之间，有利于研发时在已有产品的基础之上，更快地研制出新品推向市场。

9.3 典型智能传感器及其应用

9.3.1 智能温度传感器

智能温度传感器内部包含温度传感器、A-D转换电路、数据处理电路、存储器与通信接口电路等。部分传感器的数据处理电路实际就是一个微处理器（或微控制器）。智能温度传感器通常具有温度数据的直接数字化输出、温度的上下限报警等功能，部分内置微控制器的智能温度传感器可以下载用户程序，接上一定的人机接口部件就可以作为一个独立的温度控制器使用。

MAX6626/6625 是美信公司生产的智能温度传感器，其内部集成了温度敏感单元、12 位 A-D 转换器（6625 为 9 位 ADC）、可编程温度报警器和 I^2C 串行通信接口。其引脚如图 9-4 所示，SDA 为 I^2C 串行总线数据输入/输出端，SCL 为时钟输入端，OT 为温度报警输出端，GND、V_S 为电源引脚，ADD 为 I^2C 地址设定，ADD 与 GND、V_S、SDA、SCL 并接依次对应 I^2C 地址为 1001000、1001001、1001010、1001011（二进制），因此总线上最多可接 4 片 MAX6626/6625。

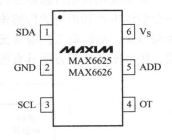

图 9-4　MAX6626/6625 引脚图

MAX6626/6625 的具体性能特点如下：

1）内含温度传感器和 A-D 转换器，测温范围为 $-55 \sim 125℃$。

2）具备 I^2C 串行通信接口，串行时钟频率可至 500kHz。

3）具备超温报警功能，当超过限值时，OT 端会有相应输出。

4）具有掉电模式，可通过配置进入此模式，此时电流可降至 $1\mu A$，以降低功耗。

5）可总线连接，最多可挂 4 个同类器件。

MAX6626/6625 的内部工作原理框图如图 9-5 所示。

传感器产生一个与热力学温度成正比的电压信号 U_T，带隙基准电压源提供 A-D 转换所需的基准电压，然后通过 A-D 转换器将 U_T 转换成对应的数字量，存储到温度数据寄存器中去，转换周期约为 133ms。温度转换和 I^2C 串行通信不同时进行，当读取温度数据时停止温度转换。

MAX6626/6625 的典型电路如图 9-6 所示。

SDA、SCL 与单片机等处理器相连，OT 加上驱动电路可直接驱动继电器等器件。该芯片具有体积小、电路简单等特点，可广泛应用于空调温度控制、计算机散热风扇控制等场合。

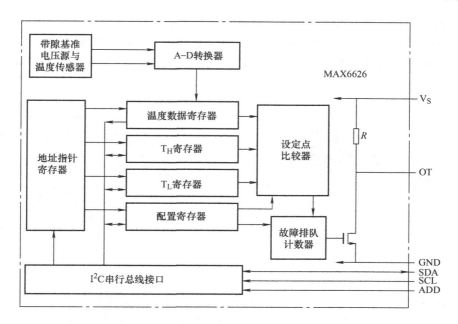

图 9-5　MAX6626/6625 内部工作原理框图

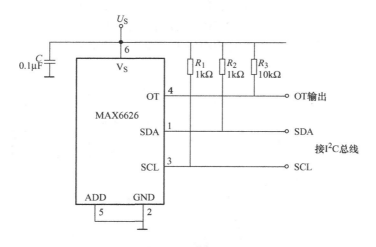

图 9-6　MAX6626/6625 的典型电路

9.3.2　轮胎压力传感器

汽车轮胎压力监测已成为中高端汽车上必备的功能，通过对汽车行驶时轮胎气压的自动实时检测，对胎压过高、过低、漏气等安全隐患进行报警，以提高行车安全。胎压检测的传感器安装空间小，多采用无线通信方式，因此要求集成度高、功耗低，应将传感单元、处理电路等融为一体。

英飞凌汽车轮胎压力监测系统（Tire Pressure Monitoring System，TPMS）用压力传感器SP30 将硅微机械压力传感器和加速度传感器以及温度传感器集成在一起，同时还集成了一个 RISC 架构的微控制器，用于对传感数据进行信号处理和生成通过外部特高频 UHF 发射器（如 TDK5100 或 TDK5101）发送的数据协议，此外，还内置了 EEPROM、电压监测等功能部件。SP30 采用 14 引脚小型贴片封装，面积仅为 104.5mm^2，其内部构成透视如图 9-7 所示，内部组成框图如图 9-8 所示。

图 9-7　SP30 内部构成透视图

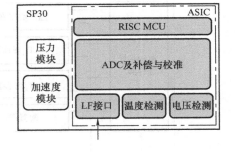

图 9-8　SP30 内部组成框图

利用 SP30 检测胎压的工作原理：将 SP30、低频无线发射模块和电池等集成在一起，固定在轮胎的气门芯、轮毂周围等位置，SP30 将检测到的胎压、温度、加速度等数据通过无线发射模块发射出去，接收机接收后通过安装在驾驶室里的显示装置显示出来。整个系统的工作原理如图 9-9 所示，RF 射频芯片既可采用英飞凌公司的 TDA5210（接收）、TDK5100（发射），也可选用 ZigBee 收发芯片 CC2520，微控制器 MCU 负责将接收到的数据进行处理供 LCD 模块显示和故障报警提示，报警的阈值可由用户通过键盘设定。图 9-10 所示为胎压监测的安装和显示装置产品图。

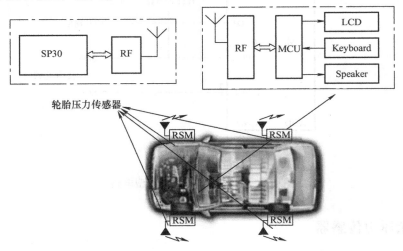

图 9-9　轮胎压力监测系统原理图

9.3.3　智能差压变送器

压力作为工业生产过程中的常见被测量，其可选的传感器和变送器种类很多。EJA 系列差压变送器是日本横河公司开发的高性能差压变送器，其采用单晶硅谐振式传感器配合相应

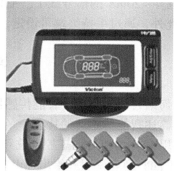

图 9-10　安装和显示装置产品图

的振荡电路、内置微处理器、D – A 转换器等将压差转换成 DC4 ~ 20mA 电流信号以及 HART 现场总线等标准数据输出，非常适合在工业控制中与其他数字调节器、PLC 等连接。该系列中的 EJA430 型智能变送器实物如图 9-11 所示。

EJA 系列差压变送器的工作原理框图如图 9-12 所示。

该变送器采用单晶硅谐振式传感器，在单晶硅芯片上采用微电子机械加工技术在其表面的中心和边缘分别制作 2 个形状、大小完全一致的 H 形谐振梁，由于处于微型真空腔中，不与充灌液接触，故可确保振动时不受空气阻尼的影响。谐振梁分别将压力、差压信号转换成频率信号，送到脉冲计数器，再将两频率之差直接传递到微处理器进行处理，经 D – A 转换器转换对应的 4 ~ 20mA 电流信号输出，同时在模拟信号上叠加一个 BRAIN/HART 数字信号进行通信。

膜盒组件中内置的特性修正存储器存储传感器的环境温度、静压及输入/输出特性修正数据，经微处理器运算，可使变送器具备良好的温度特性和静压特性以及输入-输出特性。

图 9-11　EJA430 型智能
差压变送器

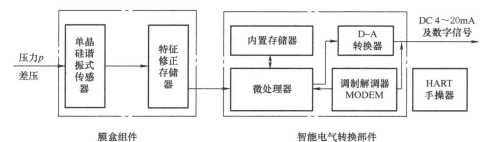

图 9-12　EJA 系列差压变送器工作原理框图

通过 I/O 口与外部设备（如手持智能终端 BT200 或 275 以及 DCS 中的带通信功能的 I/O 卡）以数字通信方式传递数据，即高频 24kHz（BRAIN 协议）或 12kHz（HART 协议）数字信号叠加在 4~20mA 的信号线上。通信时，频率信号对 4~20mA 的电流信号不产生任何扰动影响。此外，通过手持终端可设定、修改、显示传感器的参数，读取内部自诊断结果。

习题与思考题

9-1 何谓智能传感器？智能传感器一般具备哪些功能？

9-2 简述智能传感器的特点。

9-3 以 PLC 为核心的工控系统和以单片机为核心的小型检测装置中，对智能传感器的要求有何不同？列表说明并给出理由。

9-4 选用 MAX6626 作为温度传感器，以 AT89S51 单片机为核心、LED 数码管作为显示器，设计一个两路温度检测系统，循环显示 2 个检测点的温度数据。

第 10 章

无线传感器网络

无线传感器网络是计算机技术、传感器技术、无线通信技术、集成电路技术等多学科内容交叉融合的新兴研究领域。无线传感器网络的主体由许许多多的无线传感器节点组成，这些节点在投放的地理位置乃至时间先后上均具有一定的随机性，其数据的传输依赖节点之间所构成的通信链路。因此，无线传感器的节点组成、多跳通信等技术是无线传感器网络技术的关键和难点。

10.1　无线传感器网络的特点和发展

1. 概述

1978 年，美国国防部高级研究所计划署资助卡耐基-梅隆大学进行无线传感器网络的研究，这被视为无线传感器网络研究的开始。2000 年，美国国防部将传感器网络列为国防 5 个尖端研究领域之一。2003 年，美国《技术评论》将无线传感器技术列为未来改变人类生活的十大技术之一；同年，美国自然科学基金委员会制定了传感器网络研究计划，投资 3400 万美元，支持相关基础理论的研究。2006 年，我国发布的《国家中长期科学与技术发展规划纲要》在信息技术领域确定了 3 个前沿方向，其中有 2 项与无线传感器网络研究直接相关。此外，英特尔、微软等知名企业均在无线传感器网络方面设立了相应的研究计划。无线传感器技术也是目前我国非常重视和大力发展的物联网技术和产业的基础。由此可见，无线传感器不仅是科学研究的热点，也是一个新兴产业。

传感器网络相比传统的单个测量仪器而言，其发生的改变不仅是传感器数量上的变化，更多的是功能上质的飞跃。无线传感器网络（Wireless Sensor Networks，WSN）是由部署在某个较大范围内的较多数量传感器节点组成的传感器网络，普遍采用无线传输的通信方式，其目的是感知、采集和处理网络覆盖区域中被测对象的相关信息，并发送给数据采集中心进行存储、判断等处理，部分系统还具有反馈控制等功能。传感器节点是无线传感器网络的主要组成部分，也是实现各种功能的载体。无线传感器网络在应用中，无线传感器节点的健壮性、成本、功耗等指标都是其应用成败的关键。

2. 特点

在无线传感器网络中，无线是其工作方式的标签，同时，不同的无线通信方式也在一定程度上决定了此种无线传感器网络的成本、工作范围、功耗等指标。目前，常见的无线传感器网络有公共移动通信网、无线局域网、蓝牙等，它对通信方式、多跳通信等方面的要求与此有诸多相似之处，但也有其独特之处，这些都是基于传感器网络应用的特点而形成的。

(1) 硬件资源有限

无线传感器节点往往以"嵌入式"的形态工作，而且通常会被大量布置，因此对成本比较敏感，其运算和控制核心往往由单片机或专用芯片等来实现，计算能力、数据和程序存储空间有限。这就要求在节点软件设计时，不能采用过于复杂的操作系统和通信协议等。

(2) 应用相关性

不同的应用场合对无信传感器网络的要求不同，在选择硬件平台、软件系统和协议时也会有较大的差异。无线传感器网络由于硬件资源的局限，也要求其只能针对某一特定的应用，而不能像因特网一样满足丰富的需求。应用中，各个节点能够相互协作、实时监测和传输采集到的信息，并进行必要的处理，从而系统地获得需要的信息。

(3) 网络的大规模

为了获取精确信息，在监测区域通常布置大量传感器节点，可能成千上万，甚至更多。大规模网络中，通过更多的节点获得更多的信息，经过处理后能使数据的可信度大大增强；利用更多的节点之间的冗余连接，也使得系统具有更强的容错性能。因此，网络的大规模是有多重意义的，但这一特性也使得网络的算法变得更为复杂，可维护性变差。

(4) 自组网和自维护性

在某些应用中，无线传感器节点的放置具有一定的随机性，节点的位置不能预先确定，节点之间的连接关系预先也无从知晓，网络也没有绝对的控制中心。这要求网络在任意时刻和地点都能实现自动组网，能够通过拓扑和网络通信协议自动地进行配置和管理，形成监测多跳无线网络。此外，当单个节点由于能量耗尽或环境因素而失效时，网络拓扑应能随时动态变化。

(5) 以数据为中心

无线传感器网络中各节点内置不同的传感器，用以测量如温度、速度、成分等各种变量。用户关心的是传感器测量的数据，而非传感器本身，更不会关注数据传输所经过的节点。因此，通常说无线传感器网络是一个以数据为中心的网络。

(6) 路由多跳性

受限于无线传输自身、相距距离、环境因素和节点布置的随机性，无线传感器网络中各节点只能与其邻近的节点进行通信。如果希望与其覆盖范围之外的节点进行通信，则需要通过其他节点进行中继路由。固定网络中往往会配置网关和路由器来实现，而无线传感器网络中的多跳路由只能通过普通节点来完成。因此，每个节点既是信息的"发起人"，也是信息的"传递员"。

(7) 安全性

无线信道、有限的能量、分布式布置和使用区域的开放性都使得无线传感器网络更容易受到攻击。被窃听、网络入侵等都是常见的无线传感器网络被攻击方式，因此，无线传感器网络在设计时必须考虑其安全性。

3. 应用与发展

目前，受技术和成本等方面的制约，具有自组网等特性的无线传感器网络的大规模商业应用还不普遍，一些无线传感器网络实际上还是无线化的传统传感器网络。随着技术的发展，低成本、低功耗的微处理器及传感器的不断推广，加上实际应用需求的促进，无线传感器网络将会在越来越多的领域被推广应用。

（1）军事领域

由于无线传感器网络具有数量多、随机分布的特点，非常适合应用于恶劣的战场环境中，进行侦察敌情、监控兵力、判断生物化学攻击等，受到各国军方的重视。美国国防部资助的"智能尘埃"就是一个典型的无线传感器网络实例，智能尘埃可以被大量地装在宣传品、子弹或炮弹壳中，在目标地点撒落下去，形成严密的监视网络。敌国的军事力量和人员、物资的运动，乃至空气中的化学成分都可以通过智能尘埃中相应的传感器获知，从而监视敌军的行踪、兵力部署、预警生化袭击等。

（2）大坝、桥梁等大型建筑

在水利大坝、桥梁以及超高超大楼宇等建筑和设施的使用维护过程中，需要对其相关参数进行必要的监测、预警，以确保其安全运行。例如，大坝需要对水库水位、坝体渗流、坝基渗流、应变和温度等参数进行测量，通过对监测数据的分析获知大坝的健康状态。传统的基于有线方式的大坝安全监测系统存在监测点固定、布置不灵活、防雷防鼠难、线路维护困难等缺点，而采用无线传感器网络进行监测时具有布置灵活，无须布线免开挖，易于安装、维护和拆卸等优点。另外，由于无线传感器节点采用智能化的数字传感测量原理，可以有效避免长传输线路的分布参数变化影响测量精度的问题。

（3）工业领域

在工业生产及仓储中，如大型港口、化工生产车间的设备监测系统，若采用传统的有线组网方式，不仅需要铺设大量的电缆、网线，还需考虑强弱电干扰等问题，在设备建设、维护以及故障排查等方面都比较麻烦，成本也较高。采用无线传感器网络技术来进行监测系统的设计，可以充分利用其自组多跳的网络传送方式进行数据采集，增减和移动监测点更方便，可以弥补传统有线组网的缺点。

（4）医疗护理

无线传感器网络在医疗研究、护理领域也可以充分发挥其无线的重要特性，避免有线连接带来的各种不便和束缚。罗彻斯特大学的科学家使用无线传感器创建了一个智能医疗房间，使用"微尘"来测量居住者的血压、脉搏、呼吸、睡觉姿势以及每天 24h 的活动状况。英特尔公司推出了基于无线传感器网络的家庭护理技术，该技术是为探讨应对老龄化社会技术项目中的一个环节而开发的。该系统通过在鞋、家具以及家用电器等设备中嵌入半导体传感器，利用无线通信将各传感器联网传递必要的信息，从而方便患者或服务对象接受护理，而且还可以减轻护理人员的负担。

（5）环境监测与生态保护

随着环境问题的突出和保护及治理的需要，对工业生产过程和排放，以及大气、土壤、水等外部环境进行实时的监测很有必要。无线传感器网络以其可大规模、随机投放以及自组网多跳通信的特点为获取这些数据提供了便利。加州大学伯克利分校计算机系 Intel 实验室和大西洋学院联合开展了一个利用无线传感器网络监控海岛生态环境的项目，研究人员将该系统布置在海燕栖息地，通过无线自组网，最终将数据经卫星传输到加州的服务器，实现了对敏感野生动物的无干扰远程研究。

尽管目前无线传感器网络的应用量还不够多，但这并不妨碍对其可期的、非常广阔的应用前景的预估。随着新兴产业提出新的要求以及无线传感器网络自身技术发展的日益成熟，无线传感器网络将逐步深入到人类生活生产的各个领域，形成无处不在的无线传感器网络世界。

10.2 无线传感器网络的结构和节点组成

1. 结构

无线传感器网络通常由传感器节点（现场节点）、汇聚节点和管理节点（数据监控中心）等组成，如图 10-1 所示。大量传感器节点被部署在指定区域（监测区域），通过自组织的方式构成网络。某个传感器节点采集的数据通过另外的多个传感器节点构成传输链路，经过多次跳转后传输到汇聚节点，最后通过因特网或卫星等到达管理节点。当管理节点需要发出信息到传感器节点时，也可以反方向传输，完成管理网络、下达具体检测任务、同步数据等操作。

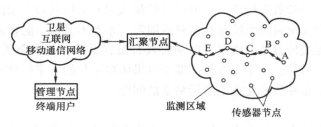

图 10-1　无线传感器网络应用结构

相对微处理器、传感器等硬件部分，网络体系结构中的网络协议是无线传感器网络的关键"软件"，它包括网络的协议分层以及网络协议的结合，是对网络及其部件所应完成功能的定义和描述。图 10-2 所示为一个无线传感器网络协议体系，由网络通信协议、传感器网络管理等组成。

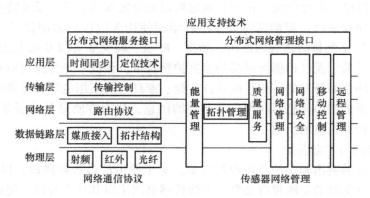

图 10-2　无线传感器网络协议体系

网络通信协议的结构与 TCP/IP 体系结构类似，包括物理层、数据链路层、网络层、传输层和应用层。各层协议和平台的功能如下：

1）物理层实现信道的选择、无线信号的监测、信号的发送与接收等功能，其传输介质可以是无线、红外或其他光介质。

2）数据链路层负责数据流的多路复用、数据帧检测、媒体介入和差错控制，以保证无线传感器网络中节点之间的连接。

3）网络层主要负责路由生成与路由选择，包括分组路由、网络互联、拥塞控制等功能。

4）传输层主要负责数据流的传输控制，由于无线传感器网络的数据量通常并不是很大，所以是否需要传输层在不同的系统中并未统一，现阶段对传输控制的研究主要聚焦于错误恢复机制。

5）应用层的主要任务是获取各类数据并进行初步处理，其与具体的用途相关，需要针对具体应用进行设计。

6）能量管理模块管理传感器节点如何使用能源，如节点是否进入休眠或低功耗模式等。

7）移动控制模块负责检测并注册传感器节点的移动，维护到汇聚节点间的路由，使得传感器节点能够动态跟踪其邻居的位置。

8）网络管理负责在一个给定的区域内调度和平衡监测任务。

9）网络安全模块通过认证机制对节点的身份标识、物理地址、控制信息等提供必要的审核。对于网络攻击而言，区别于普通网络安全技术中采用的主动防御和入侵检测 2 类方法，无线传感网络受制于计算能力，往往只能采用入侵检测来应对网络攻击。

10）远程管理模块根据管理节点的要求对工作模式、任务等进行配置和状态反馈。

2. 网络节点的基本组成

无线传感器网络节点是布置在现场的终端节点，其需要直接采集被测对象的信息，除网络接入外，其他硬件部分与传统的测量仪器类似。传感器网络节点本质上是一个典型的嵌入式系统，通常由传感器模块（包括信号调理和转换）、处理器模块、无线通信模块和电源 4 部分组成，如图 10-3 所示。

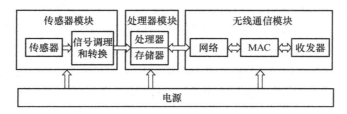

图 10-3　网络节点的硬件组成

传感器负责获取被测对象的信息，若传感器的输出为模拟信号，则需要经过信号调理和转换成数字信号接入处理器模块；处理器往往采用内置处理器、数据和程序存储器的微控制器，运行数据采集、处理和通信等相关软件；无线通信模块专门负责节点之间的相互通信；而电源模块则供应各部分芯片和电路的能量，通常需要进行电压转换，一般由电池供电配合电源管理芯片完成电源分配和管理工作。

网络汇聚节点的功能：一是获取传感器网络节点的数据，二是转换成适合接入卫星或互联网远程传输的形式。因此，网络汇聚节点一般只需要处理器模块、存储器和无线射频模块以及与卫星或互联网之间的通信模块，对处理能力、数据存储能力的要求比其他节点要高得多。

10.3 无线传感器网络的关键技术

1. 时间同步技术

无线传感器网络连接着计算机系统和物理世界，对物理世界的观测必须建立在统一的时间标度上。时间同步是完成实时信息采集的基本要求，也是提高定位精度的基础。在集中式系统中，任何模块或进程均可以从全局时钟获取时间，或者基于同一时钟源的节拍而工作，因此时间同步比较容易实现。分布式系统，特别是对于具有高度随机性和环境差异性的无线传感器网络系统而言，由于物理上的独立性和分散性，系统无法使用同一个有直接关联的时钟源，而是各个节点使用其本地时钟。由于硬件的差异以及运行环境因素的影响，即使各个节点的时钟在使用前经过统一的校准，后期使用中仍有可能发生不同步现象。所以，越来越多的研究试图去解决时间同步的问题，提出了如参考广播同步（RBS）、时间同步协议（TPSN）等同步机制，但都还存在一定的缺陷。

2. 定位技术

无线传感器网络的节点是可以随机部署的，这既是无线传感器网络的优点，但同时也带来了如何确定位置的问题，因为不知道被测位置或对象的数据是没有使用意义的。因此，传感器节点以及目标的定位技术是无线传感器网络研究的一个重要方向。无线传感器网络定位是指自组织的网络通过一些特定的方法和算法确定节点或目标的位置信息。节点定位可以采用 GPS 技术来确定节点的位置，但很显然基于成本和功耗等方面的原因，不可能在每个节点都配置 GPS 模块。因此，一般采取手动部署少量的配置有 GPS 模块的参考节点来进行基本定位，其他节点根据网络拓扑和无线定位技术来间接确定位置。目标定位则是通过网络中节点之间的配合完成对网络区域中特定目标的定位。定位算法有很多种，根据不同的标准可以将定位算法分为基于测距的定位、与测距无关的定位、绝对定位和相对定位等。

基于测距的定位是通过节点间测量的距离或角度信息，使用定位算法计算节点的位置。与测距无关的定位是根据网络的连通性、延时等进行定位。基于测距的定位技术精度高，但有时需要增加额外的硬件和能量开销，主要算法有 TOA、TDOA 等。与测距无关的定位技术精度较差，但克服了测距定位的缺点，适合对精度要求不高的场合，常见的算法有质心算法、SPA 算法等。

3. 拓扑控制技术

良好的网络拓扑结构能够提高路由协议和 MAC 协议的效率，可为数据融合、时间同步和目标定位等奠定基础，有利于节省节点能量消耗、延长网络的生存周期。传感器网络拓扑控制目前主要的研究热点是在满足网络覆盖度和连通度的前提下，通过功率控制和主干节点选择，剔除节点之间不必要的无线通信链路，形成一个优化的网络拓扑结构。

拓扑控制可以分为节点功率控制、层次型拓扑结构控制、节点睡眠调度 3 类。节点功率控制调节网络中每个节点的发射功率，在满足网络连通度和覆盖率的前提下，减小节点的发送功率，均衡节点单跳可达的邻居数目。层次型拓扑结构控制利用分簇机制选择一些节点作为簇点，由簇头节点形成一个处理并转发数据的子网，在子网内簇头节点调度非簇头节点介入睡眠状态以节省能量。节点睡眠调度则是控制传感器节点在工作状态和睡眠状态之间转换。目前，在节点功率控制方面，有 COMPOW 和 LMN/LMA 等算法；在层次型拓扑结构控制方面，有 TopDisc 算法等。

4. 数据融合技术

数据融合或优化是指节点或系统根据信息的类型、采集时间、地点和重要程度等信息标度，通过聚类技术将收集到的数据进行的本地压缩和处理，这一方面可以排除信息冗余，减少传输的数据量，从而节省传感器网络的能量；另一方面可以通过推理技术实现本地的智能决策。此外，由于传感器网络节点的失效，传感器网络也需要数据融合技术对多份数据进行综合，以提高信息的准确度。

5. 安全技术

传感器网络由于部署的覆盖范围具有一定的空间广度，其所处环境以及是否有人为干扰甚至入侵都处于不可控的状态。除了具有一般无线网络可能面临的信息泄露、拒绝服务攻击等威胁外，还面临节点可能被攻击者直接获取，从而获取其中的重要信息甚至进而控制网络的威胁。用户不可能接受一个没有解决好基本安全问题的工程，因此无线传感器网络在设计之初就必须充分考虑可能面临的各种安全问题，但也要把握好为了安全而增加的额外软硬件开销的平衡。

6. 能量控制技术

对于无线传感器网络而言，传感器节点往往都采用电池供电。在一些应用中，由于节点数量多、工作环境比较恶劣或者偏僻，电池往往也是一次性部署，更换电池不具可行性。因此，高效利用传感器节点中电池的能量，采取优化的管理控制技术尽量延长电池的消耗时间，其实就是在延长无线传感器网络的生存时间。对于能量的管理控制技术主要体现在两个方面：一是尽可能地降低各种元器件的功耗；二是研究合适的使用策略，让节点或通信链路只在必要的时间处于工作状态，其余时间处于睡眠或部分睡眠状态，从而节省能量。

10.4　无线传感器网络协议标准

无线传感器网络作为一个面向应用的研究领域，需要有相应的技术标准才有利于推广应用。只有当有标准可循，不同厂商的设备才能实现互联互通，避免不同系统的相互干扰。在无线传感器网络的发展中，学术界、工业界也逐步在技术上形成了不同的体系，这是后期制定不同标准的基础。

无线传感器网络的标准化一开始被纳入无线个域网的范畴，由不同的工作组各自开展工作。到目前为止，在无线传感器方面已经完成了一系列草案直至标准的制定，其中最突出的就是 IEEE 802.15.4、ZigBee 规范。IEEE 802.15.4 定义了短距离无线通信的物理层和链路层规范，ZigBee 定义了网络互联、传输和应用规范。尽管 IEEE 802.15.4、ZigBee 已经推出多年，但随着产业发展提出的新需求以及不同力量的博弈，该标准在不同国家或地区衍生出了不同的版本以满足不同的需求。应该说，到目前为止，IEEE 802.15.4、ZigBee 是产业界真正获得推广应用的主流无线传感器网络技术标准。

1. IEEE 802.15.4 标准

IEEE 802.15.4　标准是由 IEEE 802.15 第 4 任务组开发的低功耗无线网络标准。原始标准于 2003 年发布，后经修改由 2006 年版取代。该标准是一种适用于低复杂性、低速率以及电池供电应用的实施方案，面向家庭自动化、工业控制、农业以及安全监控等领域的短距离无线通信标准。包括 ZigBee 和 ZigBee Pro 等在内的若干种其他协议采用 IEEE 802.15.4 作为物理层和数据链路层，因此，IEEE 802.15.4 标准对于无线传感器网络意义重大。

（1）物理层

IEEE 802.15.4 标准规定物理层负责的具体任务如下：激活和取消无线收发器；当前信道的能量检测；发送链路质量指示；空闲信道评估；信道频率的选择；数据收发。IEEE 802.15.4 标准定义了跨越 3 个频段的 27 个信道，具体包括 2.4GHz 频段的 16 个信道、915MHz 频段的 10 个信道和 868MHz 的 1 个信道。IEEE 802.15.4 工作在工业、科学、医疗频段，其中 2.4GHz 频段在全世界都是免许可证的，而 868MHz 和 915MHz 频段分别仅在欧洲和北美免许可证。信道分配汇总见表 10-1。

表 10-1　IEEE 802.15.4 信道分配

频段/MHz	码片速率/(kchip/s)	比特速率/(kbit/s)	符号速率/(ksymbol/s)	符号	调制方式
868 ~ 868.6	300	20	20	二进制	BPSK
902 ~ 928	600	40	40	二进制	BPSK
2400 ~ 2483.5	2000	250	62.5	16ary 正交	O - QPSK
868 ~ 868.6 *	400	250	12.5	20bitSPSS	ASK
902 ~ 928 *	1600	250	50	5bitSPSS	ASK
868 ~ 868.6 *	400	100	25	16ary 正交	O - QPSK
902 ~ 928 *	1000	250	62.5	16ary 正交	O - QPSK

注：* 为可选项，是 802.15.4—2006 新增的内容。

IEEE 802.15.4 的物理层帧结构见表 10-2，由同步头、物理层包头和物理层负载 3 部分组成。

表 10-2　IEEE 802.15.4 的物理层帧结构

4 字节	1 字节	1 字节		长度可变
前导码	SFD	帧长度	保留位	PSDU
同步头		物理层包头		物理层负载

同步头由前导码和数据包定界符（Start Frame Delimiter，SFD）组成。前导码由 32 个 0 组成，用于收发器进行码片或符号的同步，数据包定界符为 8 位，表示同步结束，数据包开始传输。帧长度为 7 位，表示物理服务数据单元（PHY Service Data Unit，PSDU）的字节数。PSDU 的长度是不固定的，携带 PHY 数据包的数据，包含介质访问控制协议数据单元。

物理层提供的数据服务和管理服务均通过相应的服务接入点实现，物理层数据服务通过物理层数据服务接入点实现，物理层管理服务通过物理层管理实体服务访问点实现。物理层通过无线射频服务访问点访问射频固件和射频硬件，物理层服务模型如图 10-4 所示。物理层管理实体通过调用物理层的管理功能函数为物理层管理服务提供接口，还负责维护由物理层所管理的个域网信息库，该信息库包

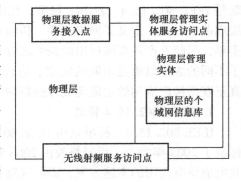

图 10-4　物理层服务模型

含物理层个域网络的基本信息。

（2）MAC 层

MAC 层处理所有对物理层的访问，具体任务：如果设备是协调器，产生网络信标；信标同步；支持各域网络的关联和去关联；支持设备安全规范；使用 CSMA - CA 机制访问信道；实现并保证时间槽机制的准确性；提供 2 个设备的 MAC 层之间可靠传输。

IEEE 802.15.4 的 MAC 层帧结构见表 10-3，由帧头 MHR、可变长的 MAC 负载和帧尾 MFR 共 3 部分组成。

表 10-3　IEEE 802.15.4 的 MAC 层帧结构

16 位，字节：2	1	0/2	0/2/8	0/2	0/2/8	变长	2
帧控制	序列号	目标 PAN 标识	目标地址	源 PAN 标识	源地址	帧负载	FCS
		地址域					
MHR						MAC 负载	MFR

帧头包含帧控制、序列号和地址域信息。帧控制域为 16 位，包含帧类型定义、寻址域和其他控制标志位。序列号长度为 8 位，为每个帧提供唯一的序列标识。目标 PAN 标识的长度为 16 位，是指定接收方的唯一 PAN 标识。目标地址指定接收方的地址，可以是 16 位或 64 位。源 PAN 标识的长度为 16 位，是发送帧设备的唯一 PAN 标识。源地址是发送帧的设备地址，可以是 16 位或 64 位。

帧负载长度可变，根据不同的帧类型其内容各不相同。FCS 的长度为 16 位，包含一个 16 位的 CRC 校验计算出来的序列，用于接收方判断接收的数据是否正确。

MAC 层服务模型结构如图 10-5 所示。MAC 层的 2 个不同接入点提供不同的服务，通过 MAC 公共服务子层-服务接入点提供数据服务，通过 MAC 层管理实体-服务接入点提供管理服务。

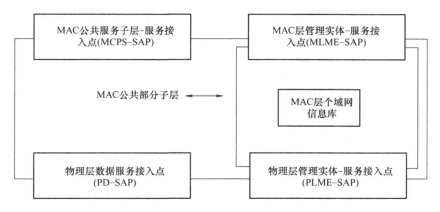

图 10-5　MAC 层服务模型

2. ZigBee 协议

ZigBee 是由 ZigBee 联盟和 IEEE 802.15.4 工作组共同制定的一种通信协议标准，是一种面向自动化和无线控制的低速率、低功耗的无线网络方案。ZigBee 无线设备工作在公共频段上（全球 2.4GHz、美国 915MHz、欧洲 868MHz），支持 20～250kbit/s（2.4GHz）、40kbit/s（915MHz）和 20kbit/s（868MHz）的原始数据吞吐率。ZigBee 的通信速率要求低于蓝牙，期望在电池供电的情况下工作几个月甚至几年，传输距离为 10～75m，具体数值取决于射频环境和应用模式及节点的总体设计。

图 10-6 给出了 ZigBee 和其他通信协议的应用范围区别，从图中可以看出，ZigBee 是目前最低速率和低功耗的无线通信技术标准。

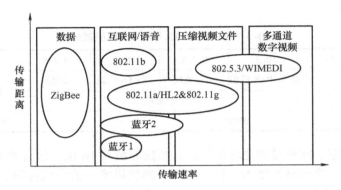

图 10-6　各类近距离无线通信的应用范围

ZigBee 对网络层协议和应用程序接口 API 进行了标准化，ZigBee 协议栈架构基于典型的开放系统互联七层模型进行了综合化，包含了 IEEE 802.15.4 标准以及额外定义的网络层和应用层协议。ZigBee 的网络层负责网络拓扑的搭建和维护，以及设备寻址和路由等任务，应用层负责业务数据流的汇集、设备和服务发现以及安全等任务。

ZigBee 协议通常以芯片作为载体，实现知识产权的商业价值兑现。目前市面上有较多公司提供了 ZigBee 芯片及解决方案，如 NXP 的 JN5179、JN5169，TI 的 CC2530、CC2538。也有一些基于 ZigBee 的智能家居产品进入了日常生活中，如小米有基于 ZigBee 的智能插座、人体传感器、门窗传感器等售卖。

（1）ZigBee 协议架构

ZigBee 协议栈分为应用层、应用接口、网络层、数据链路层、MAC 层和物理层，其中，物理层、MAC 层由 IEEE 802.15.4 标准定义，其协议栈架构如图 10-7 所示。

ZigBee 定义了协调器、路由器和终端设备 3 种类型的设备。ZigBee 协调器负责启动和配置网络的设备，一个 ZigBee 网络只能有一个协调器。ZigBee 路由器是负责消息转发的设备，同一网络中可以有多个路由器，但星形网络不支持路由器。ZigBee 终端设备负责执行相关功能，并使用 ZigBee 网络将信息传送给其他设备。这 3 种设备又分为全功能和半功能设备，半功能设备只能作为终端设备。一个全功能设

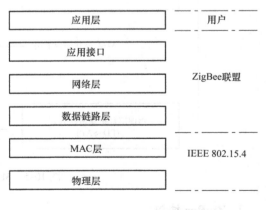

图 10-7　ZigBee 协议栈架构

备可以与多个半功能或全功能设备通信，而一个半功能设备只能与一个全功能设备通信。

ZigBee 的网络层支持星形（Star）、网状（Mesh）和树形（Tree）3 种拓扑结构，如图 10-8 所示。星形网络最常见，更节省电量；网状网络有多条传输路径，具有高可靠性；而树形网络综合了星形和网状结构的优点，因此既有更高的可靠性，也可节省电量。

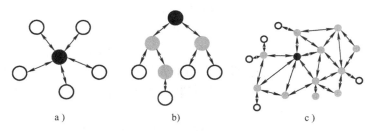

图 10-8　ZigBee 网络的拓扑结构

a）星形　b）网状　c）树形

（2）ZigBee 的技术特点

1）数据传输速率低。数据传输速率只有 10~250kbit/s，因此无线传感器网络不适用于传输语音、视频之类的大数据量的场合，更适合传输如采集温度、湿度之类的少量、间隙性数据。

2）功耗低。ZigBee 工作时，传输的速率低，传输的数据量也很小，因此信号的收发时间很短；而在闲时，ZigBee 节点可处于休眠模式，所以功耗较低。

3）数据传输可靠。ZigBee 的 MAC 层采用碰撞避免机制。在这种完全确认后再传输的机制下，当有数据传送需求时则立刻传送，发送的每个数据包都必须等待接收方的确认信息，并进行确认信息回复，若没有得到确认信息的回复就表示发生了碰撞，将再传一次，从而可以提高系统信息传输的可靠性。

4）网络容量大。ZigBee 的低速率、低功耗和短距离传输的特点使它非常适合支持简单器件。如果通过网络协调器组建无线传感器网络，整个网络最多可以支持超过 65536 个 Zig-Bee 网络节点，再加上各个网络协调器可互相连接，使得整个 ZigBee 网络的容量可以扩展的空间很大。

5）安全性。ZigBee 提供了数据完整性检查和认证功能，加密算法采用 AES-128，应用层安全属性可以按需配置。

6）实现成本低。模块的初始成本在 6 美元左右，目前已能降到 1.5 美元，且 ZigBee 协议无须额外支付专利费用。无线传感器网络中可能有成千上万的节点，如果不能严格地控制节点成本，也将阻碍系统实施和技术推广。

3. 其他无线通信技术

除了 ZigBee 以外，短距离无线网络技术还有如无线局域网（Wi-Fi）、蓝牙（Blue-tooth）、超宽带（Ultra Wide Band，UWB）和近距离无线传输（NFC）等。

无线局域网是一种基于 802.11 协议的无线局域网接入技术，其突出的优势在于它有较广的局域网覆盖范围，其覆盖半径可达 100m 左右；传输速率非常高，其传输速率可以达到 11Mbit/s（802.11b）、54Mbit/s（802.11a）甚至更高，适合高速数据传输的业务；无须布线，组网简单，不受布线条件的限制，非常适合移动办公的需要。目前，无线局域网已在家庭、火车站、商场、机场、图书馆、校园等场合获得了大规模应用。

蓝牙最初由爱立信公司于1994年提出，当时是作为RS - 232串行通信数据线的替代方案。蓝牙可连接多个设备，克服了数据同步的难题。目前，蓝牙由蓝牙技术联盟管理。IEEE将蓝牙技术列为IEEE 802.15.1，但如今已不再维持该标准。蓝牙技术联盟负责监督蓝牙规范的开发、管理认证项目并维护商标权益。蓝牙技术拥有一套专利网络，可发放给符合标准的设备。蓝牙技术能够在10m的范围内实现点对点或一点对多点的无线数据和声音传输，其数据传输带宽可达1Mbit/s，工作频率在2.402 ~ 2.480GHz之间。蓝牙技术可以广泛应用于局域网络中的各类数据及语音设备，如个人计算机、拨号网络、打印机、数码相机、移动电话和耳机等，实现了各类设备之间的互联。蓝牙技术存在的主要问题是价格较高、抗干扰能力较弱，因此工业上应用较少。

超宽带是一种无载波通信技术，利用纳秒至微秒级的非正弦波窄脉冲传输数据，其传输距离通常在10m以内，使用1GHz以上带宽，通信速率可以达到几百兆bit/s，超宽带的工作频段范围为3.1 ~ 10.6GHz，最小工作频宽为500MHz。其主要特点是传输速率高、发射功率低、功耗底、保密性强。由于超宽带系统占用的带宽很高，超宽带系统可能会干扰现有其他无线通信系统。超宽带主要应用在近距离高速通信或精确定位中。

近距离无线传输是一种新的近距离无线通信技术，其工作频率为13.56MHz，由13.56MHz的射频识别技术发展而来，它与非接触智能卡ISO14443所采用的频率相同，为消费类电子产品提供了一种便捷的通信方式。NFC采用幅移键控（ASK）调制方式，其数据传输速率一般为106kbit/s、212kbit/s和424kbit/s 3种。NFC的主要优势是距离近、带宽高、能耗低、安全性好，其在门禁、公交、手机支付等领域已经有了一定程度的应用。

10.5　无线传感器网络的应用设计

无线传感器网络相比传统的测试仪器有一些重要的不同，如节点数巨多，网络的不确定性因素较多。如果还按照传统的设计、制作、调试和测试的方法会发现存在很大困难，尤其是测试工作。设计无线传感器网络时进行必要的仿真和评估是基本需求，下面对仿真工具的选择和节点的设计进行简单的介绍。

1. 仿真工具的选择

网络仿真是无线传感器网络研究和设计中重要的一种方法，具有成本低、灵活可靠、可重构、易于比较的优点，尤其对于大规模网络，网络仿真往往是必要的环节。常见的仿真工具有TOSSIM、OMNeT ++和MATLAB等。

（1）TOSSIM

TinyOS操作系统是加州大学伯克利分校开发的开源嵌入式操作系统，专为嵌入式无线传感器网络设计，该操作系统基于组件的架构使得程序能够快速更新，同时又减小了受传感器网络节点存储器限制的问题。TOSSIM（TinyOS Simulator）是TinyOS自带的一个仿真工具，可以支持大规模的网络仿真，可以同时模拟传感器网络的多个节点运行同一个程序，提供运行时的调试和配置功能。由于TOSSIM运行和传感器硬件相同的代码，所以仿真编译器能直接从TinyOS应用的组件编译仿真程序。通过替换TinyOS下层部分硬件相关的组件，TOSSIM把硬件中断换成离散仿真事件，由仿真器事件设定的中断来驱动上层应用，其他的

TinyOS 组件（尤其是上层的应用组件）都无须更改。非常适合选用 TinyOS 作为节点操作系统进行无线传感器网络仿真。

（2）OMNeT ++

OMNeT ++（Objective Modular Network Testbed in C ++）是一个免费的、开源的多协议网络仿真软件，是近年来在科学和工业领域里逐渐流行的一种基于组件的模块化、开放式网络仿真平台。OMNeT ++ 作为离散事件仿真器，可以用于任何使用离散时间方法的系统仿真和建模，如无线通信网络和有线通信网络建模、协议仿真建模、排队网络建模、多处理器和分布式硬件系统建模等。其可以方便地映射为依靠交换信息进行通信的实体，具备完善的图形界面接口。

OMNeT ++ 为了更有效地模拟实际网络的运行功能，使系统具有好的扩充性，采用了将网络结构定义和网络功能定义分开的工作方式。对于网络结构，由于仿真的过程中可能需要根据不同的条件进行反复修改，OMNeT ++ 采用了特别定义的 NED 语言来完成。对于主要的模块和算法实现，由于常会涉及复杂的数据结构定义，采用了 C ++ 作为实现语言。

OMNeT ++ 本身并不是所有现实系统的模拟器，它仅提供了基本的底层结构和工具。这种基础底层结构的基本要件之一是强调仿真模型的体系结构，具有抽象和高度概括性。模型可由各类模块组成，写好的模块可以重复使用，并且能够以各种方式组合。

（3）MATLAB

MATLAB 是美国 MathWorks 公司的商业数学软件，用于算法开发、数据可视化建模、数据分析、数值计算以及实时控制等方面，主要包括 MATLAB 和 Simulink 2 大部分。

MATLAB（Matrix Laboratory，矩阵工厂或矩阵实验室）将多项功能集成在一个易于使用的图形视窗操作环境中，为科学研究、工程设计以及必须进行有效数值计算的众多科学领域提供了一种全面的解决方案，并在很大程度上摆脱了早期完全依靠非交互式程序设计语言（如 C、Fortran）的编辑模式，提高了易用性和效率。

MATLAB 除了自行设计相关程序进行仿真外，也有不断更新的、针对各专门领域的工具箱可供选择。与无线传感器网络方面相关的有 WiSNAP（Wireless Image Sensor Network Application Platform）。WiSNAP 是斯坦福大学的 Stephan Hengstler 设计的基于 MATLAB 的无线图像传感网络应用平台，以方便对无线图像传感网络的研究、开发和算法评估。WiSNAP 提供了图像传感和无线传感器节点两个简单、易用应用程序接口，从而不需要去详细了解硬件细节。

2. 节点的设计

（1）网络节点的硬件设计

网络节点是一个典型的嵌入式系统，承载着无线传感器网络。网络节点的硬件设计在满足功能的基础上主要需要考虑以下要求：

1）微型化。无线传感器多数是嵌入式系统，要求体积较小，以确保不对周围环境或宿主产生大的影响。

2）低成本。无线传感器网络的一大特征是节点数量多，网络有时也需要用数量换取网络的可靠性。因此，对每个节点的哪怕是节省一点成本，也会换来可观的投入减少。

3）低功耗。由于无线传感器网络节点多采用微型电池供电，所以应尽可能降低功耗以延长使用寿命。在某些无线传感器网络应用中，低功耗甚至成为首要的设计要求。

4）稳定性。无线传感器网络往往覆盖一定的范围，不同节点投放的工作环境（如温度、湿度甚至电磁环境等）差异也较大。要求节点的处理器、无线通信模块、电源和传感器等各部件以及整体都能够在给定的环境变化区间内正常工作。

5）安全性。安全性包含代码保密和通信安全等方面。代码保密就是希望代码不被第三方获取，无论是从网络侵入还是直接从硬件着手，都能有一定的安全措施，如加密、自毁等。通信安全一般采用高级硬件加密标准，如 ZigBee 芯片 CC2420 支持基于 AES-128 的数据加密。

网络节点的硬件设计除需强化考虑无线传感器网络的特性外，其设计过程与一般嵌入式系统并无本质区别。网络节点的硬件是在确定应用系统总体方案的情况下进行设计的，除学术研究外，多数应用系统都是基于现有的商品化方案，其关键就是精准选型，然后完成原理电路设计、PCB 设计以及调试等工作。

无线传感器网络节点的基本构成是传感器模块、处理器模块、无线通信模块、电源模块和其他配套电路。无线传感器网络中对传感器的精度要求通常不会过高，考虑低功耗、小体积的要求，集成传感器通常是首选。

处理器模块是节点的数据处理和控制核心，通常处理器还需要运行合适的嵌入式操作系统，相当于一个超级迷你的计算机。各种中高端的微控制器是首选，微控制器通常集成一定量的数据和程序存储器，也可以在一定程度上缩小体积并降低功耗。

无线通信模块由无线射频电路和天线组成。无线通信模块中的天线设计对于从事传感器、智能仪器等行业的工程技术人员而言，也是相对陌生的领域和设计的难点。无线传感器网络中应用较多的是 ZigBee 和普通射频技术。完整的 ZigBee 协议栈只有 32KB，可以方便地嵌入到程序中去。一些射频芯片也已经集成了微控制器芯片，可以运行用户程序，从而进一步提高系统的集成度。

电源模块是节点运行的关键，也是设计的关键之一，电能供应是否充足、节点运行时间长短的要求决定了电源模块设计的难度。条件允许的情况下，确保电源的持续供电有利于简化设计。如基于无线传感器网络的路灯控制系统、智能交通系统等应用中，无线传感器节点往往"寄生"在这些设备上，"宿主"是有持续供电的，因此其电源设计可以直接由市电经变换后供应。电池供电的场合通常需要经过 DC/DC 变换后提供多路不同电压给相应的芯片，此时需要关注 DC/DC 转换芯片的效率、环境适应性以及外围器件的要求等因素。

（2）网络节点的软件设计

通常，成熟应用中网络节点都会基于专门的嵌入式操作系统运行。因此，网络节点的软件设计分为 2 个方面：一是嵌入式操作系统的选择、裁剪等；二是应用软件的设计。

相对普通个人计算机运行的操作系统，嵌入式操作系统面向数据采集、实时控制、移动计算等测控系统的应用而设计，其实时性、可靠性等方面的要求更高。

根据无线传感器网络的特性，通常对设计或选择的操作系统有如下要求：

1）由于无线传感器网络要求更低的功耗以及运算处理能力的局限，所以操作系统不应过分复杂，存储容量也应尽可能小。

2）能有效管理能量、计算和通信等资源，高效地管理多个并发任务。

3）能适应无线传感器网络规模大、拓扑动态变化等特性，确保多个节点协作完成监测任务。

4）能够支持无线传感器相关的主流器件和协议，方便快速开发，无须过多关注底层硬件和协议的细节。

目前，典型的针对无线传感器网络的操作系统有 TinyOS、SOS 和 MantisOS 等。

TinyOS 采用模块化设计，程序核心都很小。它提供一系列类似 API 的组件，主要由 Main 组件、用户组件、系统服务组件和硬件抽象层组成。硬件抽象层实现对无线传感器硬件平台的抽象，为上层屏蔽底层硬件细节，简化系统平台移植。系统服务组件包括通信服务组件、传感服务组件等，其中通信服务组件实现数据传输协议（MAC 协议、路由协议、应用层协议）和无线通信模块的控制；传感服务组件支持模-数转换以及对各种传感器模块的控制和数据采集。用户组件由用户根据具体应用的需要定义，实现具体应用相关的功能。Main 组件负责进行整个无线传感器的初始化以及系统运行状态的维护。

SOS 操作系统是加州大学洛杉矶分校开发的无线传感器网络操作系统。SOS 引入了消息模式来实现用户应用程序和操作系统内核的绑定。SOS 提供了通用的内核和动态装载的模块来执行分发消息、装载模块服务，针对某一个具体的应用，只编译需要用到的模块，没有用到的模块则不加入最终的应用程序中。在不更改操作系统内核的前提下，应用程序以模块的形式从内核上动态地装载或移除，可以降低对存储器容量的要求。SOS 的体系结构分为 4 层：硬件抽象层、设备驱动层、内核层和动态模块层。硬件抽象层提供 UART 等接口；设备驱动层提供设备驱动信息；内核层提供内核服务，读取上层模块信息，并与底层进行交互等；动态模块层的动态模块信息供用户开发应用程序，动态装载到 SOS 内核上。

Mantis OS 是由美国科罗拉多州大学研发的面向传感器网络的多线程嵌入式操作系统。它的内核和 API 用标准 C 语言编写，易于用户使用。该操作系统支持多模态原型以及对传感器节点的动态重编程、远程调试等。Mantis OS 的体系结构分为核心层、系统 API 层以及网络栈和命令行服务器等部分。其中，核心层包括进程调度和管理、通信层、设备驱动层；系统 API 层与核心层进行交互，向上层提供应用程序接口。

目前，TinyOS 是事实上的无线传感器网络节点操作系统，而且其自带仿真软件，便于无线传感器网络的设计和评估。随着 Linux 的推广应用，对资源和功耗不过分敏感的场合，也有采用基于 Linux 裁剪的嵌入式操作系统作为无线传感器网络操作系统，其具有更为强大的功能。

习题与思考题

10-1　无线传感器网络的体系结构包括哪些部分？各部分的功能分别是什么？

10-2　分析 ZigBee 与 IEEE 802.15.4 之间的联系和区别。

10-3　举例并分析无线传感器网络在生活中已有的应用。

10-4　检索资料，阐述无线传感器网络与物联网技术之间的关系。

10-5　自行找出一个潜在的应用需求，通过检索资料，给出一个基于 ZigBee 的无线传感器网络系统解决方案。

10-6　分析常见的 MCS-51 单片机（如 AT89S51）是否适合在无线传感器网络节点中作为处理器使用，给出多角度分析的理由。

第11章

工业自动化仪表与现代检测系统设计

11.1 工业自动化仪表

11.1.1 工业自动化仪表简介

工业自动化仪表是检测仪表、显示仪表、调节与控制仪表、执行器及其辅助器件和设备的总称，是与工业生产紧密关联的应用性设备或装置。目前，仪表的测控模块、显示平板化、控制仪表的智能化，以及现场总线、无线通信技术等，都是工业自动化仪表融合新型技术的产物。涉及工业自动化仪表及其内涵的关键词如下：

1）测量：用仪器、仪表测定各种物理量的工作。

2）检测：根据某种规则对存在（出现）的信号进行判决的过程。

3）仪器：用于检查、测量、分析、计算或发信号的器具（工具）或设备。按工作原理分为机械式仪器、电测及电工仪器、光学仪器、化学仪器等。一般其有较精密的结构和灵敏的反应。广义的仪器泛指科技工作中所使用的各种器具，包括物理仪器、化学仪器、演示仪器、绘图仪器等。

4）仪表：用于测量各种自然量（压力、温度、速度、电量等）的装置或设备，有航空仪表、航海仪表、气象仪表、热工仪表、电气仪表等。

5）显示：以人们能够理解的形式或使人能看清、看明白的过程。

6）控制：掌握住使其不超出范围。具体是指有组织的系统根据内外部的变化而进行调整，使自身保持某种特定状态的活动。它有一定的力向和目标，其作用在于使事物之间、系统之间和部门之间相互作用、相互制约，克服随机因素。

7）执行：按照某种规则、法令等具体条款、纲要等去付诸实施。

8）智能：智谋、智力与才能。

9）总线：连接系统中各有关部件的各种公共信号线，是用来传送信息代码的公共通道，如数据总线、地址总线、控制总线等。

10）现场：事件、行动发生或需要行动的地点。

11）通信：信息通过媒质从一点传递至另一点的过程。现在的信息已发展到语言、声音、文字、图像和数据，构成多媒体通信。综合有线和无线通信的各种设施，并与广义通信（如电视、计算机网）融为一体，发展为电信港和信息高速通道。

12）协议：通信网络中仪表（或计算机）之间通信时所必须共同遵守的规定或规则。

工业自动化仪表发展至今，应用领域不断拓宽，不仅在工业领域始终占据着重要的地位，还广泛地应用在教育教学、农业生产、国防建设、航空航天、生物医药、环境治理、地质矿产、地球气象、建筑、交通、灾害评估等诸多领域。

工业自动化仪表是实现自动控制的基础条件和功能设备，是构成自动控制系统的硬件单元，它是反映自动化水平的标尺，也反映出工业自动化仪表的动向。例如，常规的模拟仪表逐渐升级为以微处理器和微控制器为核心的智能仪表；由于仪表具有智能结构，可采用各种先进的测量理论和技术（如信号处理技术等），得到高性价比的新型仪表；工业自动化仪表可为适应现代计算机控制系统（如分散型控制系统 DCS 和网络控制系统 FCS）发展的需要而具有网络通信和可编程等能力。

工业自动化仪表的专业范围可概括为生产过程中受控对象（如热工量、机械量、成分量、光学量以及设备状态等）的检测、显示、控制、存储、通信等。将上述内容关联起来就可构成工业自动化仪表的知识范畴，如图 11-1 所示。

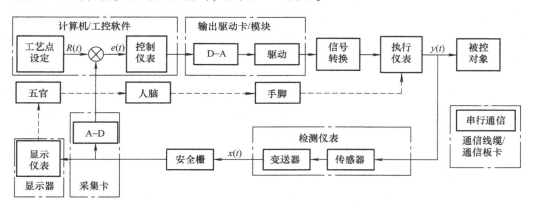

图 11-1　工业自动化仪表的知识体系和应用关联图

由此可以进一步认识到，仪表是用于测量各种自然量（如压力、温度、速度、电量等）并做一定信号处理，按指定方式输出（如显示）的设备（仪表）。工业自动化仪表是检测仪表、显示仪表、控制仪表、执行仪表、智能仪表、虚拟仪表及其辅助器件等各类仪表的总称。自动化装置是由工业自动化仪表构成的来完成某一特定功能的设备，其各类设备统称为过程控制装置，含有控制策略的自动化装置，也称为自动化控制装置或自动控制系统。计算机控制系统则是强调由计算机来完成控制策略算法和部分显示功能的自动控制装置（系统）。

11.1.2　仪表的发展及其趋势

1. 自动化仪表的现状

由于人们的思维方式、服务对象、生产手段及其依赖的环境不同，导致仪表原理迥异、种类繁多，于是化工仪表、热工仪表、控制仪表乃至自动化仪表不断应运而生，直至出现智能仪表、虚拟仪表、网络通信仪表等现代化的工业自动化仪表。

仪表发展的简单归纳：仪表行为（工业革命）→单体（人工）仪表（战争）→化工仪表（战后）→热工仪表（控制）→自动化仪表（集成电路）→数字仪表（计算机、单片机）→智能仪表（软件）→虚拟仪表（网络）→网络仪表。

我国的仪表产业从无到有、从依赖于苏联的发展模式到20世纪60~80年代的全系列自主化仪表，其普及和发展进程并没有与社会的科学技术发展同步，除局部领域（如航空航天领域）有部分先进的仪表外，其整体水平远落后于发达国家，最为典型的就是传感器和变送器。改革开放以来，仪表的发展突飞猛进，逐渐形成了当前的传统仪表、常规仪表、智能仪表以及虚拟仪表等各种类型、各个产地、功能丰富的仪表共存的现状。

通过对目前我国仪表应用情况的分析，在今后几年内，仪表市场仍然呈现种类多样、国内外仪表并存的状况，主要表现如下：

1）常规的简单型仪表：功能单一、制作工艺成熟，价格适合我国国情，在许多工业领域占有比较主要的应用比例。

2）常规的调节型仪表：调节功能比例以积分微分为主，兼有位式控制和面板设置，在生产过程简单对象的控制中应用较多，充当单回路控制系统中的主要角色。

3）先进的智能型仪表：例如，利用集成电路（IC）技术的功能应用灵活、适应面宽，可制作仪表、电路、功能单元或针对对象要求形成专用模块；也可制作通用仪表、专用仪表、显示仪表或控制仪表，应用领域日见普及。

4）创新的虚拟型仪表：以常规的仪表外观和各种显示方式，将多种仪表组合在一个屏幕显示器上，利用先进的计算机技术和组态软件极为方便地进行工艺模拟、仪表显示、参数控制、回路调节，并可对某一个重要或主要参数进行"特写"显示，而且还可增加表格显示、棒式显示、曲线显示、参数跟踪滚动显示等，彻底改变了仪表的常规概念，故称为"虚拟"。这种"仪表"随着计算机应用领域的扩大而不断增多。

2. 自动化仪表的发展趋势

基于科学技术的发展以及物联网建设的兴盛，工业自动化仪表的发展趋势主要表现在以下几个方面：

1）微型化：利用新技术研制出新的微型传感器、微型执行器，配以专业集成电路、液晶显示和高能量电池形成微型化仪表，如现场检测、恶劣环境的随时监测、便携式仪表等。

2）组合化：组合仪表一直是我国仪表发展和应用的特点之一。电动单元组合仪表（DDZ仪表）和气动单元组合仪表（QDZ仪表）是我国工业自动化仪表成功发展的有力见证。为实现某一个特定功能，需要进行不同模块的组合，而组合需要标准化的信号传递作为基础；迄今仪表信号制的2种标准电信号$0 \sim 10mA$和$4 \sim 20mA$，分别代表DDZ-Ⅱ和DDZ-Ⅲ系列仪表的输入/输出信号制。组合仪表包括了较多的仪表单元，如检测单元、显示单元、调节单元、手动操作单元、电源单元等。

3）智能化：将计算机技术和集成电路应用于仪表中，给工业自动化仪表带来了一场革命。这种采用数字信号的仪表功能强劲、覆盖面宽，往往一台数字式仪表可以完成工业自动化仪表定义中的大部分工作。它可以完成检测、显示、控制、打印、记录，也可以完成对信号的转换、存储、发送和接收，特别是可以对信号进行判断、分析、运算，具备了"智能"的特点。人们将这种数字式仪表称为智能仪表。在智能仪表中，一块不大的印制电路板上的集成电路代替了原DDZ仪表中的绝大多数分立元件，具有元器件少、仪表结构简单、生产工序简单、仪表性能测试方便、性能价格比高等优点。目前利用先进的信号测量技术和单片机内核技术，配以灵活的、面向对象的开发软件使仪表能够适用于多种场合、多种对象；并且可以进行信号比较、各种运算、逻辑操作、数据处理和信息传送等。

4）软件化：软件化仪表也可称为可编程仪表。人们在研制智能仪表时就已经发现，同一台智能仪表，改变其中的功能软件，就能改变性能指标，甚至可以改变仪表功能。例如，检测仪表、显示仪表或调节仪表，当输入为标准电信号时可成为通用仪表，这就省去了许多硬件设计的时间。此外，软件设计的好坏反映了仪表的优劣，这是智能仪表的关键技术之一。随着计算机芯片的功能越来越完善、集成电路的种类越来越多以及专用电路的不断问世，人们在硬件上所花的时间越来越少。软件就是仪表，已经成为不争的事实。

5）集成化：工业自动化仪表内部功能电路的集成化，形成集传感器、检测、处理甚至显示等为一体的专用集成电路。如温度集成电路，它包括温度传感器、检测电路以及信号处理电路。在测量现场安装这种集成电路，就可以得到一个经过处理的标准信号。同时，专业的运算软件硬件化和集成化也成为趋势，完善的嵌入技术、新型功能电路以及成熟的集成电路制作技术必将引领工业自动化仪表的发展趋势。

6）就近化：早期仪表功能单一，应用时往往必须安装在所服务对象的附近。所以早期仪表可称为"基地式"（就近式）仪表。随着仪表应用范围不断扩大，分布式控制系统迅速推广，仪表的硬件电路越来越朝着实用、超低功耗的方向发展。这些仪表配置了专用的 CPU 和专用接口（检测）电路，操作人员通过标准通信接口获得数据或对仪表进行参数设置。由于一台仪表所选用的器件很少，仪表的外形精巧，易于就地检测、处理、调节和存储，能够把检测和控制分散到生产过程中的每一个工艺环节。现代化的工业自动化仪表又回归到生产现场。从"基地式"仪表的早期阶段，到分布式"基地化"仪表的应用，工业自动化仪表发生了本质性变化。随着仪表制作技术不断提升、通信技术不断提高，信号处理能力不断加强，仪表功能不断丰富，仪表适应面不断扩大。仪表的使用直接取决于应用现场，若某生产环节临时需要监测，则就地"嵌入"一个具有内置电池和无线通信的仪表，该仪表属于大系统下的一个子站，内含"身份"信息，可直接接收命令进入运行。

7）通信化：各种信号传递模式逐渐取代电流信号的传递模式，在一定的监控区域内，通过有线通信和无线通信共同组合成局域的基于通信模式下的工业自动化仪表控制系统。

8）节能化：光伏电池、高性能电池以及其他再生能源，将逐渐取代现场仪表的传统供电模式。低功耗技术也使得现场仪表能够在电池供电模式下连续运行较长时间。

11.1.3　工业自动化仪表的分类

工业自动化仪表是无所不在的实用设备，分类方式较多：

1）按仪表安装方式可分为基地式仪表（单一功能）、组合式仪表、就地式仪表（多功能、智能）、可编程式仪表等。

2）按仪表进程方式可分为单元基地式仪表、组合式仪表、数字式仪表、智能式仪表、虚拟式仪表、网络式仪表、特殊功能式仪表等。

3）按仪表使用可分为工业仪表、实验室仪表、分析仪表、特殊性专用仪表等。

4）按仪表内容可分为热工仪表、分析仪、机械仪、调节仪、执行器、显示仪等。

5）按仪表功能可分为检测型仪表（包括压力检测仪表、温度检测仪表、流量检测仪表、物位检测仪表、机械量检测仪表、过程分析仪表、物性检测仪表等）、指示型仪表（包括电磁系指针指示仪、磁电系指针指示仪、电动系指针指示仪等）、变送型仪表、记录型仪表、数字显示型仪表、屏幕显示型仪表（包括等离子型平板显示器、磁翻转式显示器、电致发光显示器、LED 平板显示器、液晶平板显示器、薄膜型平板显示器等）、调节型仪表、执行型仪表（包括电动执行器和气动执行器）等。

6）按仪表能量可分为电动仪表、气动仪表、液动仪表、光电仪表、手持仪表等。

7）按仪表规模可分为单元仪表（电路）、单体仪表、组合仪表、组装仪表（装置、控制柜）、综合仪表（气象仪表、公安仪表、地质等）、尖端仪表（军事、航天、航空）等。

由于工业自动化仪表涉及的领域非常广泛，除了上述分类中涉及的各类仪器仪表外，还有组合式电子综合控制装置（将各种电路组合，如放大器、转换器、调节器、电源等）程序控制装置（如 PLC（可编程序控制器））、巡回检测装置（如数据采集系统）、四遥仪表（遥测、遥信、遥传、遥控）、安全联锁报警装置（如生产线联锁报警及保护、前后级操作联锁等）、流体控制元件及装置（如射流装置、涡流装置等）、分布式自动控制装置（系统）等。

11.1.4 信号制

工业自动化仪表的信号类型按照 1973 年 4 月国际电工委员会（IEC）通过的标准规定执行。DDZ Ⅲ型仪表现场传输信号用 4 ~ 20mA，控制室内各仪表间的联络信号用 DC1 ~ 5V；DDZ - Ⅱ型仪表现场传输信号采用 0 ~ 10mA，控制室内各仪表间的联络信号用 DC0 ~ 5V；QDZ 系列仪表，采用 20 ~ 100kPa 气源信号。

采用电流信号的优点主要有以下几方面：

1）不受传输线及负载电阻变化的影响，抗干扰能力强。由于电流源内阻无穷大，导线电阻串联在回路中不影响精度，适于信号的远距离传送。

2）由于电动单元组合仪表很多是采用力平衡原理构成的，使用电流信号可直接与磁场作用产生正比于信号的机械力。

3）对于要求电压输入的收信仪表和元件，只要在电流回路中串联电阻便可得到电压信号，使用比较灵活。

4）若信号为直流信号，传输过程中易和交流感应干扰相区别，不存在相移问题，不受传输线中电感、电容和负载性质的限制。

工业生产中采用 4 ~ 20mA 信号制自动化仪表居多。4mA 表示零信号，这种称为"活零点"的安排有利于识别仪表断电、断线等故障，一般常取 2mA 作为断线报警值。上限取 20mA 除了保证有一定的精度和量程外，还能够满足防爆的要求，20mA 的电流通断引起的火花能量不足以引燃瓦斯。同时，为现场变送器实现两线制提供了可能性，两线制变送器可大量节省电缆，且布线方便。

实际工作中，DDZ Ⅱ型仪表需要 2 根电源线（或带保护地线，两相三线制），加上 2 根电流输出线，总共要接 4 ~ 5 根线，这称之为四线制变送器，其接线如图 11-2 所示。若电流输出与电源共用一根线（公用 V_x 或 GND），可节省 1 根线，称之为三线制变送器。在工业应用中，测量点在现场，而显示仪表或者控制仪表一般都在控制室或控制柜中，两者之间距离可能数十米甚至数百米，节省 2 根导线可以降低成本，因此在实际使用中两线制变送器得到越来越多的应用，如图 11-3 所示。

采用两线制输出接线具有如下优点：

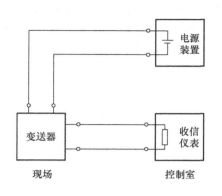
图 11-2　四线制变送器接线示意图

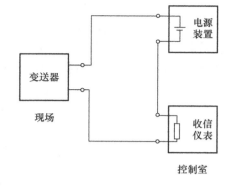
图 11-3　两线制变送器接线示意图

1）不易受寄生热电偶、沿电线电阻压降和温漂的影响，可以使用非常便宜的、更细的双绞线。

2）在电流源输出电阻足够大时，经磁场耦合感应到导线环路内的电压，不会产生显著影响，这是因为干扰源引起的电流极小，一般情况利用双绞线就能降低干扰。

3）电容性干扰会导致接收器电阻有误差，对于 $4 \sim 20mA$ 两线制环路，接收器电阻通常为 250Ω（取样 $U_o = 1 \sim 5V$），这个电阻小到不足以产生显著误差，因此，可以允许电线长度比电压遥测系统更长、更远。

4）各个读数装置或记录装置可以在电线长度不等的不同通道间进行接换，不因电线长度的不等造成精度的差异。

5）在两线输出口容易增设防浪涌、防雷器件，有利于安全防雷暴。

11.1.5　检测仪表

检测仪表是工业自动化仪表中最为重要的组成部分。在工业生产过程中，为了准确地指导生产操作、保证生产安全和产品质量、实现生产过程自动化，实现对生产过程中的各有关参数（如温度、压力、流量及物位等）准确而及时的检测是最关键的。检测仪表可以是传感器或变送器，也可以是兼有检测元件和显示装置的仪表。当传感器的输出为单元组合仪表中规定的标准信号（DC4 ~ 20mA/DC1 ~ 5V，DC0 ~ 10mA/DC0 ~ 5V、20 ~ 100kPa）时，通常称为变送器。

检测仪表（也称测量仪表）包括信号获取、信号处理和信号显示及输出，其基本结构框图如图 11-4 所示。图中，传感器输出非标准电信号，需要经过一定的处理，若需要数据显示，后置电路需选配显示模块。变送器输出标准电信号，如果需要数字量或按照某种代码方式输出，则需要进行信号转换。

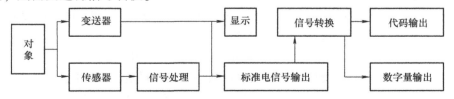

图 11-4　检测仪表基本结构框图

检测仪表可测量的参数包罗万象，见表11-1。由表11-1可知，检测仪表可以按照被测对象进行分类，即按照检测仪表的功能进行分类，有电学/磁学量检测仪表、热工量检测仪表（包括温度检测仪表、压力检测仪表、流量检测仪表和物位检测仪表等）、机械量检测仪表、成分量检测仪表、光学量检测仪表和状态量检测仪表等。

表11-1　检测仪表的可测参数

领　域	种　类	参　数
电学/磁学量	电学量	交直流电压、交直流电流、电阻、电容、电感、有功功率、无功功率、视在功率、电能（电度）、功率因素、电工频率、相位等
	磁学量	磁通、磁通量、磁场、磁场强度、线圈、线圈匝数等
	材料特性	电阻率、电导率、介电常数、电磁率、磁导率等
热工量	温度	热度、热量、热流等
	压力	压力、压强、压差、真空度
	流量	体积流量、质量流量、重量流量、瞬时流量、累计流量（或统称为流量）、流速等
	物位	液位、颗粒状料位、两种介质（液体-液体、气体-气体、气体-液体等）的相界面
机械量	力	拉力、推力、张力、扭力、扭矩、转矩等
	振	振幅、振频、振动相位、减振器等
	动	匀速、变速、瞬时速度、线性加速度、角速度、角加速度、转速
	尺	固体、箱体等的几何尺寸，有长、宽、高等
	移	物体的直线位移和角位移
	秤	物体的质量等
	度	圆度、硬度、表面精糙度、镜面度、抗拉（压、扭、挤）强度等
成分量	过程量	物体的含量、浓度、溶解度、酸碱度等
	物理成分	湿度、黏度、尘度、粒度、浊度、酸度、碱度、烟度、纯度等
光学量		发光强度、光通量、感光度，光路光纤通信、遮光率、透光率、光电转换、太阳能、激光、微波、红外、紫外、射线等
状态量		反映对象状态的参数，该参数具有相反特性的两个状态且仅仅只有该两个状态。体现在设备是否起动、是否停机、是否正常等

11.1.6　变送器

变送器是传感器的一种标准化模式，以输出与输入呈线性关系的标准电信号为技术点，在常规的自动控制系统中与显示仪表、调节仪表能够很好连接。它是传感器中的一个重要分支。变送器的传统输出直流电信号有 $0 \sim 5V$、$0 \sim 10V$、$1 \sim 5V$、$0 \sim 20mA$、$4 \sim 20mA$ 等，目前工业上广泛采用 DC4~20mA 电流来传输模拟量。

工业过程中测量的各类电量与非电物理量，如电流、电压、功率、频率、温度、重力、位置、压力、转速、角度等，都需要转换成可接收的直流模拟量电信号才能传输到几百米外的控制室或显示设备上。这种将被测物理量转换成可传输直流电信号的设备称为变送器。

工业上通常将变送器分为电量变送器和非电量变送器。检测生产过程参数的变送器主要包括温度变送器、压力变送器、差压变送器、流量变送器和液位变送器等；检测电量参数的变送器包括电压变送器、电流变送器、功率变送器、频率变送器、功率因数变送器等。另外还有组合型变送器（如温湿度变送器）、成分分析变送器（如臭氧变送器）、智能变送器等。

（1）温度变送器

温度变送器一般分为热电阻和热电偶型 2 种类型。热电阻温度变送器由基准单元、R/U 转换单元、线性电路、反接保护、限流保护、U/I 转换电路等组成。测温热电阻信号转换放大后，再由线性电路与电阻的非线性关系进行补偿，经 U/I 转换电路后输出一个与被测温度成线性关系的 $4 \sim 20mA$ 的恒流信号。

热电偶温度变送器一般由基准源、冷端补偿、放大单元、线性化处理、U/I 转换、断偶处理、反接保护、限流保护等电路单元组成。它是将热电偶产生的热电势经冷端补偿放大后，再由线性电路消除热电势与温度的非线性误差，最后放大转换为 $4 \sim 20mA$ 电流输出信号。为防止热电偶测量中由于热电偶断丝而使控温失效造成事故，变送器还设有断电保护电路。当热电偶断丝或接触不良时，变送器会输出最大值（28mA）以使仪表切断电源。

温度变送器常做成一体化，即由测温探头（热电偶或热电阻传感器）和两线制固体电子单元组成，具有结构简单、节省引线、输出信号大、抗干扰能力强、线性好、显示仪表简单、固体模块抗振防潮、有反接保护和限流保护、工作可靠等优点。其输出为统一的 $4 \sim 20mA$ 信号，可与计算机系统或其他常规仪表匹配使用，也可根据用户要求做成防爆型或防火型测量仪表。

（2）压力变送器

压力变送器主要由测压传感器、模块电路、显示表、表壳和过程连接件等组成。它能将接收的气体、液体等压力信号转变成标准的电流或电压信号，以供给指示报警仪、记录仪、调节器等二次仪表进行测量、指示和过程调节。

压力变送器根据测压范围可分成一般压力变送器（$0.001 \sim 20MPa$）和微差压变送器（$0 \sim 30kPa$）2 种。测压的弹性元件有弹簧管、波纹管、膜片（膜盒：可测差压）等。由于气压信号的测量器件涉及弹性元件，一般要定期调整或标定。由于该类变送器工作需要使用标准气源，所以必须按照规定的步骤或强制的检定规程执行。

（3）液位变送器

液位变送器主要有浮球式液位变送器、浮筒式液位变送器和静压式液位变送器 3 种。

浮球式液位变送器由磁性浮球、测量导管、信号单元、电子单元、接线盒及安装件组成。一般磁性浮球的比重小于 0.5，可漂于液面之上并沿测量导管上下移动。导管内装有测量元件，它可以在外磁作用下将被测液位信号转换成正比于液位变化的电阻信号，并将该信号转换成 $4 \sim 20mA$ 或其他标准信号输出。该变送器具有耐酸、防潮、防振、防腐蚀等优点，电路内部含有恒流反馈电路和内保护电路，可使最大输出电流不超过 28mA，因而能够可靠地保护电源并使二次仪表不被损坏。

浮筒式液位变送器是将磁性浮球改为浮筒，它是根据阿基米德浮力原理设计的。浮筒式液位变送器是利用微小的金属膜应变传感技术来测量液体的液位、界位或密度的。

静压式液位变送器利用液体静压力的测量原理工作。它一般选用硅压力测压传感器将测量到的压力转换成电信号，再经放大电路放大和补偿电路补偿，最后以 $DC4 \sim 20mA$ 或 $0 \sim 10mA$ 方式输出。

（4）超声波变送器

超声波变送器分为普通超声波变送器（无表头）和一体化超声波变送器 2 类，一体化超声波变送器较为常用。一体化超声波变送器由表头（如 ICD 显示器）和探头 2 部分组成，并且组装在一起，体积更小、重量更轻、价格更便宜。超声波变送器可用于液位、物位的测量和开渠、明渠等流量测量，并可用于距离的测量。

（5）智能变送器

智能变送器是由传感器和微处理器相结合而成的变送器。它充分利用了微处理器的运算和存储能力，可对传感器的数据进行处理，包括信号的调理（如滤波、放大、A－D 转换等）、数据显示、自动校正和自动补偿等。微处理器是智能变送器的核心。这种变送器具有以下特点：

1）性能稳定、可靠性好、测量精度高，基本误差仅为 ±0.1%，量程范围可达 100∶1，时间常数可在 0～36s 内调整，有较宽的零点迁移范围。

2）可通过软件对传感器的非线性、温漂、时漂等进行自动补偿，通电后可对传感器进行自检和自诊断，数据处理方便、准确。

3）具有双向通信功能，微处理器不但可以接收和处理传感器数据，还可将信息反馈至传感器，从而对测量过程进行调节和控制。

4）具有数字量、模拟量 2 种输出功能，可将输出的数字信号方便地和计算机或现场总线等连接。

5）可以进行远程通信，实现网络化监控。

11.2　现代检测系统

11.2.1　现代检测系统的组成

现代检测系统通常会以一个或多个单片机、数字信号处理器、工业控制计算机等广义计算机作为数据处理、系统控制和管理的核心，因此现代检测系统通常也称之为计算机检测系统。现代检测系统的设计需要从软硬件两方面着手，软硬件之间相对独立却又有机联系为一体。此外，纯粹的检测系统较为少见，更多的系统通常还具有一定的控制功能，在检测到现场各参量的基础上，根据设定值与检测值的偏差经特定的控制算法运算处理后输出模拟量或数字量，再经放大后驱动执行机构改变被控参量。

典型的现代检测系统硬件组成框图如图 11-5 所示。传统传感器的输出信号多为微弱信号，加之现场存在各种干扰，因此需要进行放大、滤波、转换等调理后，再经采样保持、通道选择开关等接入 A－D 转换器进行模拟量到数字量的转换。

11.2.2　信号调理技术

传感器的输出常为电阻、电容、电感等电参量或电荷、电压、电流等电信号，欲使传感器输出的信号有效驱动显示记录仪表、控制执行机构或输入计算机系统进行分析和处理，需对其进行调理，如电桥、放大、运算、调制解调、滤波、A－D 转换等。电桥电路在前面章节已经详细介绍过，本节主要介绍常用的滤波、放大、调制解调等环节的基本原理和典型电路。

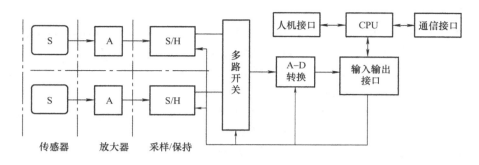

图 11-5 典型的现代检测系统硬件组成框图

1. 滤波器

（1）滤波器类型

滤波器是一种选频装置，可以使信号中特定的频率成分通过，并且极大地衰减其他频率成分。在检测系统中添加滤波器的目的是让有用信号通过，而阻止其他无用的干扰信号。根据滤波器的选频作用，一般将滤波器分 4 类，即低通、高通、带通和带阻滤波器。图 11-6 所示为 4 种滤波器的幅频特性。

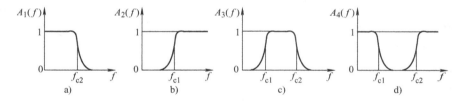

图 11-6 4 类滤波器的幅频特性

a）低通滤波器 b）高通滤波器 c）带通滤波器 d）带阻滤波器

低通滤波器在 $0 \sim f_{c2}$ 频率之间幅频特性平直，它可以使信号中低于 f_{c2} 的频率成分几乎不受衰减地通过，而高于 f_{c2} 的频率成分受到极大衰减。高通滤波器与低通滤波器相反，频率为 $f_{c1} \sim \infty$ 时，幅值特性平直，它可以使信号中高于 f_{c1} 的频率成分几乎不受衰减地通过，而低于 f_{c1} 的频率成分受到极大衰减。带通滤波器的通频带在 $f_{c1} \sim f_{c2}$ 之间，它可以使信号中高于 f_{c1} 而低于 f_{c2} 的频率成分几乎不受衰减地通过，而其他成分受到极大衰减。带阻滤波器与带通滤波器相反，阻带在频率 $f_{c1} \sim f_{c2}$ 之间，它使信号中高于 f_{c1} 且低于 f_{c2} 的频率成分受到极大衰减，其余频率成分几乎不受衰减地通过。

上述 4 种滤波器中，在通带与阻带之间存在一个过渡带，其幅频特性是一条斜线，在此频带内，信号受到不同程度的衰减。过渡带是滤波器所不希望的，但也是不可避免的。这 4 种滤波器是互有联系的，例如，用低通滤波器作负反馈回路就可以获得高通滤波器，带通滤波器是低通和高通的串联组合，而带阻滤波器是以带通滤波器作负反馈而获得的。

滤波器还有其他不同的分类方法，如根据构成滤波器的元件类型，可分为 *RC*、*LC* 和晶体谐振滤波器等；根据构成滤波器的电路性质，可分为有源滤波器和无源滤波器；根据滤波器所处理的信号性质，可分为模拟滤波器和数字滤波器等。

（2）实际滤波器

理想滤波器通带内信号的幅值和相位都不失真，阻带内的频率成分都衰减为零，其通带和阻带之间有明显分界线。但理想滤波器只是一个理想化的模型，在物理上是不可能实现的。理想带通（虚线）与实际带通（粗实线）滤波器的幅频特性如图11-7所示。对于理想滤波器，只需规定截止频率就可以说明它的性能。而对于实际滤波器，由于其特性曲线没有明显

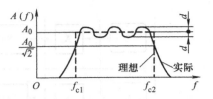

图11-7　理想带通与实际带通
滤波器的幅频特性

的转折点，通带中幅频特性也并非常数，所以需要用更多的参数来描述实际滤波器的性能。

用来描述实际滤波器性能的主要参数有波纹幅度 d、截止频率 f_{c1} 和 f_{c2}、带宽 B、品质因数 Q 值、倍频程选择性以及滤波器因数（或矩形系数）λ 等，具体内容读者可自行参考有关书籍。

在测试系统中，常用的实际滤波器为 RC 滤波器。这种滤波器电路简单、抗干扰能力强、有较好的低频特性。根据构成滤波器的电路性质，可分为无源滤波器和有源滤波器2类。一阶 RC 无源低通滤波器和高通滤波器的电路结构、幅频及相频特性如图11-8所示。RC 低通滤波器起着积分器的作用，而高通滤波器则起着微分器的作用。

一阶无源滤波器通带外衰减率为 $-20\mathrm{dB}/10$ 倍频程，因此在过渡区衰减缓慢，选择性不佳。若把无源 RC 滤波器串联，尽管可以提高阶次，但受级间耦合的影响，效果是互相削弱的，且信号的幅值也逐级减弱。为了克服这些缺点，常采用有源滤波器。

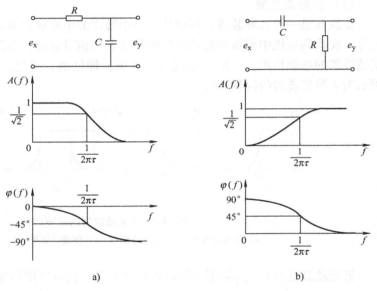

图11-8　一阶 RC 无源滤波器电路结构、幅频及相频特性
a）低通　b）高通

有源滤波器由 RC 调谐网络和运算放大器（有源器件）组成。运算放大器既可起级间隔离作用，又可起信号幅值的放大作用。RC 网络则通常作为运算放大器的负反馈网络。运算放大器的负反馈电路

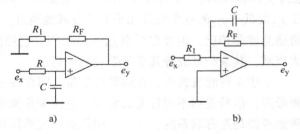

图11-9　一阶有源低通滤波器
a）滤波网络接至放大器的输入端　b）滤波网络作负反馈

若是高通滤波网络，则得到有源低通滤波器；若用带阻网络作负反馈，则得到带通滤波器。图11-9所示为基本一阶有源低通滤波器电路。为改善滤波器的选择性，使通带外的高频成

分衰减更快，需提高低通滤波器的阶次。图 11-10 所示为二阶有源低通滤波器，由于有多路负反馈，滤波器的特性更好，幅频特性高频段的斜率为 $-40dB/10$ 倍频程，衰减率比一阶有源低通滤波器大，故选择性好。图 11-11 所示为由低、高通网络组合而成的有源带通滤波器，运算放大器起到级间隔离和提高带负载能力的作用。

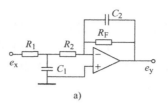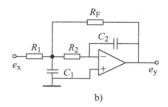

图 11-10　二阶有源低通滤波器

a）2 个一阶低通的简单组合　b）采用多路负反馈

（3）恒带宽滤波器

利用 RC 元件组合而成的带通、带阻滤波器都是恒带宽比的。对这样一组增益相同的滤波器，若基本电路选定以后，每一个滤波器都具有大致相同

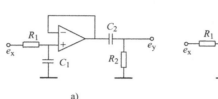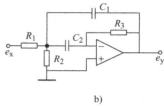

图 11-11　有源带通滤波器

a）低、高通网络简单组合　b）采用多路负反馈

的 Q 值及带宽比。显然，其滤波性能在低频区较好，而在高频区则由于带宽增加而使分辨力下降。欲使滤波器在所有频段都具有同样良好的频率分辨力，可采用恒带宽的滤波器。

图 11-12 所示为理想恒带宽比和恒带宽滤波器的特性对照图，由于恒带宽滤波器的带宽 B 为定值，所以在高频段的频率分辨力可以达到很高。

欲提高滤波器的分辨能力，带宽应窄一些，这样覆盖整个频率范围所需要的滤波器数量就很多。因此，恒带宽滤波器不宜做成固定中心频率，一般利用一个参考信号，并使滤波器的中心频率跟随参考信号频率。

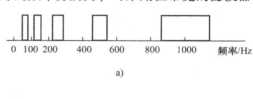

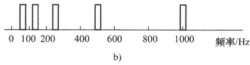

图 11-12　理想恒带宽比和恒带宽滤波器的特性对照

a）恒带宽比滤波器　b）恒带宽滤波器

（4）数字滤波器

随着计算机技术的发展，数字滤波获得了越来越广泛的应用。所谓数字滤波，就是通过一定的程序对采样信号进行平滑加工，提高有用信号的比重，减少乃至消除各种干扰和噪声，又称之为程序滤波、软件滤波等。数字滤波相比模拟硬件滤波器，具有如下特点：基本不增加硬件成本，不存在硬件滤波器的元件差异导致一致性不好的问题，不存在元器件老化、受环境条件变化影响等问题；修改参数方便，只需改变程序的参数，只要滤波算法一样，一个滤波子程序可以供多个通道使用，灵活方便；不存在阻抗匹配问题；相比模拟硬件滤波器，可对极低频率信号滤波，而模拟硬件滤波器对低频率信号滤波时需要取很大的 R 或 C 值，不便实现。常用的数字滤波算法有程序判断滤波（如限幅滤波、限速滤波）、中值滤波、算术平均滤波、低通滤波、滑动平均滤波等，本书限于篇幅不做展开。

2. 放大电路

在现代检测系统中，放大器的作用是将传感器的微小信号放大到与 A－D 转换器输入范围匹配的电压，或对变送器输出的标准电压、电流信号进行阻抗匹配和转换，在转换过程中应考虑可能引入的各种噪声干扰问题，加上必要的滤波电路。

（1）标准信号输入前置放大电路

标准信号常为 0～10mA、4～20mA、0～5V、1～5V 等，对放大器的放大倍数要求不高，而主要考虑阻抗匹配和高频噪声问题。4～20mA 标准电流信号的放大电路如图 11-13 所示，4～20mA 电流信号经 250Ω 标准电阻转换为 1～5V 电压信号，运算放大器 A_1 接成跟随器，具有高的输入阻抗；运算放大器 A_2 接成差动输入方式，完成电平转换，使输入信号和内部信号无公共地，提高输入共模信号的抑制比。同

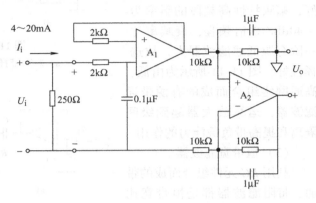

图 11-13　4～20mA 标准电流信号的放大电路

时，输入信号经两级 RC 滤波，得到量程与输入信号相同、以内部模拟信号公共地为基准的输出电压 U_o。

（2）毫伏信号放大电路

工业中常使用的热电偶、热电阻等，其输出均为毫伏级电信号，此类信号必须经过放大后才能与 A－D 转换器的输入范围适应。毫伏信号放大电路对输入阻抗、放大倍数、零点漂移等均有一定的要求，通常选用低零点漂移的放大器，如 ADOP07、5G7650 等。典型毫伏信号放大电路如图 11-14 所示。采用 3 个运算放大器构

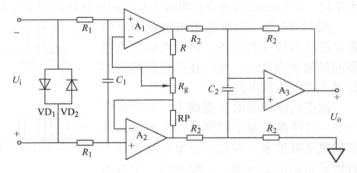

图 11-14　典型毫伏信号放大电路

成对称式差动放大电路，输入的正、负端分别接 A_1、A_2 两运放的同相输入端，输入阻抗很高，因结构上是对称的，确保了对共模干扰噪声的抑制效果，运算放大器 A_3 实现差动电平转换，调整电位器 RP 可以调节放大倍数，加入二极管 VD_1 和 VD_2 的目的是对输入信号进行限幅。

（3）隔离放大器

工业现场存在着各种各样的电信号，既有微弱到毫伏级、毫安级的小信号，又有几十伏，甚至数千伏、数百安培的大信号；既有低频直流信号，也有高频脉冲信号等，这些信号相互之间可能会形成干扰，同时由于仪表和设备之间的信号参考点之间存在电位差而形成"接地环路"造成信号传输过程中失真。隔离放大器用于高共模电压下的小信号放大，将被测对象和后端采集系统隔离，提高共模抑制比，同时也起到保护人身和设备安全的作用。根

据隔离方法的不同，隔离放大器分为变压器耦合、电容耦合和光电耦合等。

以 Burr-Brown 公司的光电耦合隔离放大器 3650 为例，等效电路如图 11-15 所示。光电耦合多用于数字信号隔离较多，用于模拟信号隔离常存在非线性和不稳定性等问题。为了克服这一问题，3650 采用了 2 个光电二极管，其中一个（CR_3）用于输入，另一个（CR_2）用于输出，放大器 A_1、LED - CR_1 和光电二极管 CR_3 构成负反馈。因为 CR_2 和 CR_3 性能匹配，它们从 LED CR_1（即 $\lambda_1 = \lambda_2$）接收的光量相等，故有 $I_2 = I_1 = I_{IN}$，而放大器 A_2 则用来构成电流和电压转换电路。

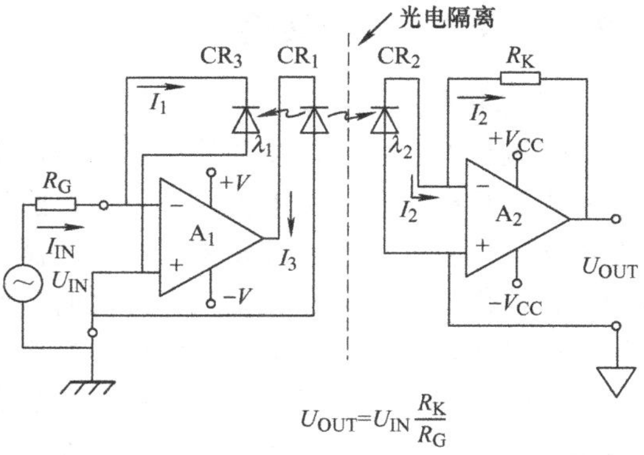

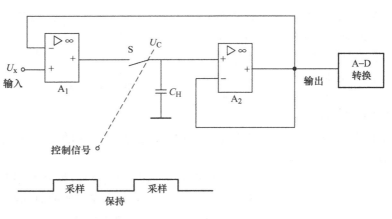

图 11-15　光电耦合隔离放大器 3650 等效电路图

3. 采样保持电路

在现代测试系统中，传感器输出的模拟信号往往需要转换为数字信号（A - D）以供后续微处理器进行处理。而 A - D 转换过程需要一定的时间，即转换时间。通常希望在转换过程中信号变化不宜过快，否则易引起转换误差。当 A - D 转换器的转换时间较长时，为了不影响转换精度，就希望能够将输入信号转换时间点上的信号保持固定下来，确保在转换的过程中信号维持稳定，完成这一功能的电路即采样-保持器。

采样-保持器的基本原理如图 11-16 所示，一般有模拟开关、储能元件和放大器组成。当控制信号为高电平时，开关 S 闭合，储能元件电容 C_H 迅速充电达到输入电压的 U_x 的幅值，同时充电电压 U_C 对 U_x 进行跟踪。当控制信号为低电平时，开关 S 断开，电容 C_H 上的电压 U_C 保持不变，通过 A_2 输出到 A - D 转换器进行转换，转换过程中电压维持不变，从而确保 A - D 转换的精度。

图 11-16　采样-保持器基本原理图

常用的集成采样-保持器很多，如 AD582、LF398 等。以 LF398 为例，其原理如图 11-17 所示，保持电容 C_H 的选择取决于维持时间的长短，当 $C_H = 0.01\mu F$ 时，其上的电压达到 0.01% 精度时需要 $25\mu s$，C_H 上的电压下降率为 3mV/s，若 A - D 转换需要 $10\mu s$，C_H 上的电压仅下降 $0.03\mu V$。控制端用于控制工作于采样还是保持状态，OFFSET 用于电位调零。

采样保持何时使用取决于信号的变化速度和所选 A - D 转换器的转换时间及转换精度的要求。对与变化缓慢的信号，以及目前主流 A - D 转换速度已经较快的情况下，一般场合可以省略采样–保持器。

11.2.3 信号采集与转换

1. 模拟信号的数字化

反映测量对象状态信息的传感单元的输出信号通常为模拟电压或模拟电流信号，而目前对测量对象状态信息的后续处理多采用微处理器、可编程逻辑器件等数字电路，因此在此之前需要将模拟量信号转换成数字量信号，该过程称之为模拟–数字转换，实现该功能的器件叫作模拟–数字转换器，简称 A – D 转换器或 ADC（Analog to Digital Converter）。

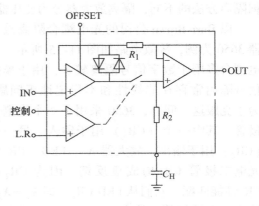

图 11-17　LF398 工作原理

A – D 转换器按分辨率分为 8 位、10 位、14 位、16 位等，所谓的多少位，是指将模拟量转换为数字量后，此数字量是由多少位的数据来表达的。显然，当输入信号的范围一样时，位数越高则数字化的越精细。根据转换原理，A – D 转换器分为逐次逼近式、双积分式、电压频率转换式、Delta-Sigma（$\Sigma - \Delta$）调制型等。

逐次逼近式 A – D 转换器是较为常见的一种 A – D 转换电路，其本质是利用 D – A 转换器实现 A – D 转换，转换时间通常为微秒级。逐次逼近式 A – D 转换器由比较器、D – A 转换器、缓冲寄存器及控制逻辑电路组成，如图 11-18 所示。基本原理是从高位到低位不断试探比较，

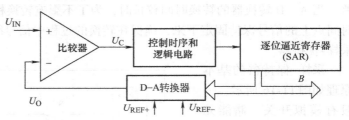

图 11-18　逐次逼近式 A – D 转换器原理框图

如同用天平称重，通过逐步增减砝码进行试探。常见的逐次逼近式 A – D 转换器芯片型号有 ADC0809、AD574 等。

双积分式 A – D 转换器由电子开关、积分器、比较器和控制逻辑等部件组成，如图 11-19 所示。基本原理是将输入电压变换成与其平均值成正比的时间间隔，再把此时间间隔转换成数字量。具体过程：先将开关接通待转换的模拟量 U_{IN}，U_{IN} 采样输入到积分器，积分器从零开始进行固定时间 T 的正向积分；时间 T 到后，开关再接通与 U_{IN} 极性相反的基准电压 U_{REF}，将 U_{REF} 输入到积分器，进行反向积分，直到输出为 0V 时停止积分。U_{IN} 越大，积分器输出电压越大，反向积分时间也越长。计数器在反向积分时间内所计的数值，就是输入模拟电压 U_i 所对应的数字量，从而实现 A – D 转换。常见的双积分式 A – D 转换器有 ADC – EK8B（8 位，二进制码）、ADC – EK10B（10 位，二进制码）、MC14433（7/2 位，BCD 码）等。

双积分式 A – D 转换器中有积分器存在，而积分器的输出与输入信号的平均值成正比，所以双积分式 A – D 转换器的突出优点就是工作性能比较稳定且抗干扰能力强，对输入信号要求低。但积分过程相对耗时较长，因此双积分型属于低速型 A – D 转换器。不过在大多工

业控制、数据采集场合，其采样周期多在毫秒乃至秒级，这使得双积分式 A‑D 转换器的优点更多显现而缺点可以忽略。

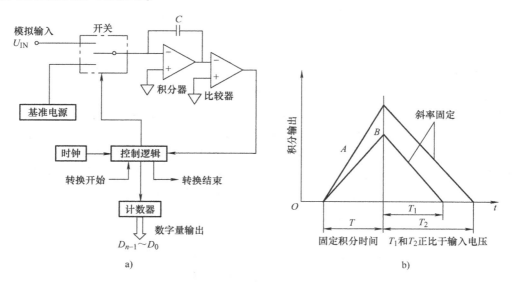

图 11-19　双积分式 A‑D 转换器

a）原理框图　b）积分-时间比例关系

　　电压频率转换式 A‑D 转换器由计数器、控制电路及时钟电路等组成，如图 11-20 所示。它的工作原理是电压/频率转换电路把输入的模拟电压转换成与模拟电压成正比的脉冲信号。

　　电压频率转换式 A‑D 转换器的工作过程：当输入电压 U_i 加

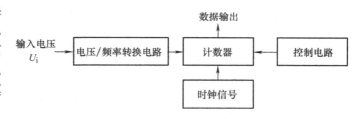

图 11-20　电压频率转换式 A‑D 转换器原理框图

到电压/频率转换电路的输入端，经电压/频率转换产生频率 f 与 U_i 成正比的脉冲，在一定的时间内对脉冲信号计数，计数值正比于输入电压 U_i，将该计数值进行标定和变换即可获知输入电压的具体值，从而完成 A‑D 转换。具有电压/频率转换的专用芯片较多，如 BG382、AD537 等。当搭建 A‑D 转换电路时，可通过单片机或其他数字逻辑电路对电压/频率芯片的输出信号进行计数和计算，获得 A‑D 转换结果。

　　针对传感器输出信号的特点、A‑D 转换器的工作原理乃至所处环境的电磁干扰特点等，需要在传感器和 A‑D 转换器之间添加必要的信号调理和转换电路，如放大电路、滤波电路、电流-电压转换电路等，以减轻干扰、匹配 A‑D 转换器的输入范围和信号要求。

2. A‑D 转换器接口设计

（1）A‑D 转换器接口设计要点

　　A‑D 转换器是数据采集系统或计算机控制系统中模拟量输入通道的重要器件。A‑D 转换器的接口电路设计无论是在智能传感器中作为传感器的一个有机组成部分，还是在基于传统传感器的数据采集系统中作为相对独立的功能电路存在，其电路设计的原理、思路并无本质区别，因此，关于 A－D 转换器接口电路设计的原则、方法具有普适性。

在讨论 A－D 转换器如何与单片机等微处理器相连之前，对 A－D 转换器的引脚从功能和用途上做必要的分类会有助于更简单、更清晰地理解和掌握 A－D 转换器的接口电路设计。

与微处理器中的数据、控制、地址三总线分类相比，也可对 A－D 转换器的引脚进行分类：一是数据线，负责向单片机等处理器中传输 A－D 转换的结果，根据数据是串行还是并行的传输方式，对应的 A－D 转换器件称之为串行 A－D 转换器和并行 A－D 转换器；二是控制线，为了控制和获取 A－D 转换器的状态，通常 A－D 转换器会有片选、转换开始、转换结束、时钟等信号，部分 A－D 转换器内置有多路选择开关，可以连接多路模拟信号输入，但某一时刻只会对其中的一路信号进行转换，则相应地会有通道选择信号，把这类控制 A－D 转换器运行和获取转换状态的信号统称为控制信号，部分串行 A－D 转换器的控制信号通过发送控制命令字的方式来实现；三是 A－D 转换器的模拟量输入引脚；四是供电电源、参考电压等电源信号，其中，参考电压作为 A－D 转换中的基准电压，必须确保其稳定。

在设计 A－D 转换器接口电路时，可以根据上述分类与处理器、模拟量输入信号、电源等对应引脚相连，连接的原则和要求可以用功能对应、数据位宽一致、电信号匹配、速度匹配等加以概括。

所谓功能对应，是指根据 A－D 转换器引脚的不同功能将数据和控制引脚连接至单片机等处理芯片对应的 I/O 口，将供电电源、参考电源等与 A－D 转换器的电源、参考电压等引脚相连。

所谓数据位宽一致，是指 A－D 转换器的数据输出线位数与处理器相连时两者要能一一对应。当 A－D 转换器的数据并行输出位数大于处理器的数据总线宽度时，可配合锁存等功能的芯片由处理器分多次读入而获得一个完整的数据，此时应综合考虑软件和硬件来确定具体的电路设计，如美信公司的 MAX197A－D 转换芯片，其为 12 位分辨率、并行输出方式，数据输出采用了 $D_0 \sim D_7$ 共 8 根引脚，其中 $D_0 \sim D_3$ 这 4 个引脚为复用引脚，通过施加对应的控制信号可控制其输出 $D_8 \sim D_{11}$ 这高 4 位数据，从而可分两次读入 12 位数据。而当 A－D 转换器为串行数据输出方式时，根据 A－D 转换器采用的具体串行协议应将其数据输出端与处理器对应的串行通信接口相连，如果处理器没有相同协议的串行通信接口，一般可采用普通的 I/O 口通过软件模拟的方法来实现。如美国德州仪器公司的 TLV2548 芯片，其采用 SPI 串行协议输出 A－D 转换数据，当选用较为常见的 AT89S51 单片机时，由于该单片机不带 SPI 接口，因此要采用软件模拟 SPI 时序来实现两者的数据交换。

所谓电信号匹配，是对数据、控制等数字信号而言的，主要指电平匹配，如 AT89S51 单片机等 5V 系统，当要与采用 3.3V 甚至更低的 A－D 转换器相连时，为稳妥起见，就应考虑在两者之间加上电平转换芯片。当然为了简化设计，应尽量选择电平一致的芯片。对 A－D 转换器的输入信号、供电电源等模拟信号而言，应注意输入信号与 A－D 转换器的转换范围一致、供电电源功率足够、参考电压输入稳定。

所谓速度匹配，主要指两方面：一是 A－D 转换器的转换速度与信号本身的变化速度要符合采样定理的基本要求，这也是 A－D 转换器选型时需要重点考虑的指标，对应于 A－D 转换器的转换时间；二是后续的处理器要能及时把 A－D 转换器产生的数据读走，这也是在数据采集系统中选择处理器的重要指标，同时也对软件设计在时间响应上提出了要求。以上两者，通常都要留有足够的余量。

除上述的几个方面，在接口设计时出于抗干扰等考虑，通常还会在接口电路中加入必要的隔离电路，比较常见的隔离措施是采用光电耦合隔离。

（2）A－D 转换器典型接口电路设计

A－D 转换器与处理器的接口电路根据其数据输出为并行还是串行方式，可将接口电路分为 2 大类，下面分别选取 2 种典型的 A－D 转换器来介绍其与处理器的接口电路设计。

1）串行 A－D 转换器的接口电路设计。串行 A－D 转换器是指其与处理器的数据传输采用串行通信方式，一般采用如 I^2C、SPI、1－Wire 等串行通信协议，相比并行通信方式，其具有需要的数据传输引脚数量少、可节省处理器 I/O 口、A－D 转换器体积可以设计得更小等优点，并且随着串行通信速度的提升，其在一般的中低速数据采集系统中传输速度相比并行通信也不会成为瓶颈问题，所以串行 A－D 转换器的应用越来越广泛。

TLC0831 是美国德州仪器公司生产的 8 位逐次逼近式串行 A－D 转换器，它有一个差分输入通道（也可输入单端输入信号），采用 Microwire 串行协议，其引脚如图 11-21 所示。模拟电压的差分输入方式有利于抑制共模信号和降低转换误差，IN－接地时为单端工作，此时 IN＋为输入，也可将信号差分后输入到 IN＋与 IN－之间，此时器件处于双端工作状态。同时该芯片的电压基准输入可调，使得小范围模拟电压信号转化时的分辨率更高。其主要特点如下：

① 8 位分辨率。

② 差分输入。

③ 基准电压 0 ~ 5V 可调。

④ 与 TTL 和 CMOS 电平兼容。

⑤ 时钟频率为 250kHz 时，典型转换时间为 $32\mu s$。

⑥ 总失调误差为 1LSB。

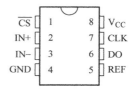

图 11-21　TLC0831 引脚图

TLC0831 各引脚含义如下：

$\overline{CS}$：片选信号，该引脚变为低电平时开始一次转换，在整个转换过程中必须为低电平。转换结束后应将该引脚拉为高电平，当重新变为低电平时将开始一次新的转换。

IN＋、IN－：差分信号的输入端，当输入为单端信号时，IN－应接地。

GND：电源地端。

V_{CC}：电源正端。

CLK：时钟信号输入端。

DO：串行数据输出端。

REF：参考电压输入端，使用中应接需要的参考电压，注意此输入电压的稳定。

TLC0831 的操作时序如图 11-22 所示。将片选信号 $\overline{CS}$ 拉低开始 A－D 转换，待 2 个时钟周期后 TLC0831 的串行数据输出端按照由高位到低位的顺序依次输出 8 位转换结果。时钟信号的频率可在一定范围内变化，因此，为编程方便，确保时钟信号、片选信号和数据的读取三者符合相对的时序关系，这 3 个信号通常由单片机等产生和读取，在时钟信号的约束之下按时序将 $\overline{CS}$ 拉低或拉高、接收数据。

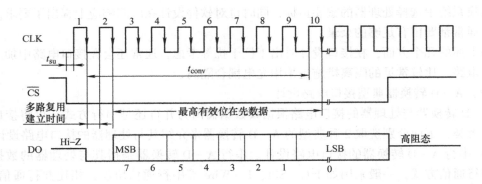

图 11-22　TLC0831 的操作时序

与 MCS - 51 单片机接口的 A - D 转换程序如下：

```
        CS BIT P1.0         //与单片机的接线引脚定义,可以根据需要替换
        CLK BIT P1.1
        DO BIT P1.2
        CLR CLK
CONV:   CLR CS              //拉低片选信号,启动 A - D 转换
        NOP
        NOP
        SETB CLK            //拉高 CLK 端
        NOP
        NOP
        CLR CLK             //拉低 CLK 端,形成下降沿
        NOP
        NOP
        SETB CLK            //拉高 CLK 端
        NOP
        NOP
        CLR CLK             //拉低 CLK 端,形成第 2 个脉冲的下降沿
        NOP
        NOP
        MOV R7,#8           //循环产生 8 个时钟脉冲
MID:    MOV C,DO            //接收数据
        MOV ACC.0,C
        RL A                //左移 1 次
        SETB CLK
        NOP
        NOP
        CLR CLK             //形成 1 次时钟脉冲
        NOP
        NOP
        DJNZ R7,MID         //循环 8 次
        SETB CS             //拉高片选信号,恢复待命状态
        SETB DO             //拉高数据端,回到初始状态
        RET                 //返回主程序,数据存放于累加器 A 中
```

2）并行 A‐D 转换器的接口电路设计。ADC0809 是较为典型的 8 通道 8 位逐次逼近式 A‐D 转换芯片，片内有模拟量通道选择开关及相应的通道锁存、译码电路，A‐D 转换后的数据由三态锁存器输出，芯片内无时钟电路，需外接时钟输入信号。其引脚如图 11-23 所示。

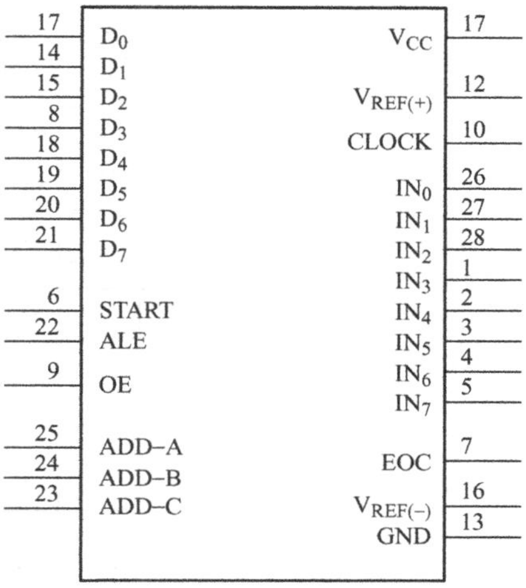

各引脚功能如下：

$IN_0 \sim IN_7$：8 路模拟信号输入端。

ADD‐A、ADD‐B、ADD‐C：3 位地址码输入端，8 路模拟信号输入通道选择由这 3 个端口根据 3-8 译码规则控制选通。

CLOCK：外部时钟输入端（小于 1MHz），频率高低影响转换速度。

$D_0 \sim D_7$：A‐D 转换结果并行输出端。

OE：A‐D 转换结果输出允许控制端。当 OE 为高电平时，允许 A‐D 转换结果从 $D_0 \sim D_7$ 端输出。

ALE：地址锁存允许信号输入端。8 路模拟通道地址由 A、B、C 输入，在 ALE 信号有效时将该 8 路地址锁存。

START：启动 A‐D 转换信号输入端，当 START 端输入一个正脉冲时，将开始 A‐D 转换。

EOC：A‐D 转换结束信号输出端，当 A‐D 转换结束时，EOC 输出高电平。

$V_{REF(+)}$、$V_{REF(-)}$：基准电压输入端，基准正电压的典型值为 +5V。

V_{CC} 和 GND：芯片的电源正端和负端。

ADC0809 的内部结构和工作时序如图 11-24、图 11-25 所示。

图 11-23　ADC0809 引脚图

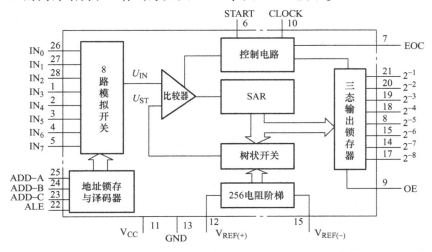

图 11-24　ADC0809 的内部结构

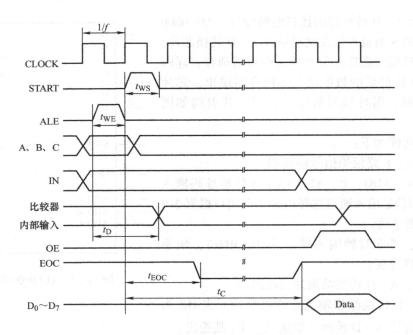

图 11-25   ADC0809 的工作时序

根据实际情况，ADC0809 及类似芯片可采用如下 3 类工作方式：

一是定时方式，在某一确定的输入时钟信号下，ADC0809 从接收到 START 引脚的转换开始信号到转换完成其转换时间 T 往往是确定的，因此可在转换开始后等待略大于 T 时间然后读取转换结果。

二是将转换结束 EOC 引脚接入普通 I/O 口，通过扫描读取该引脚变化知道 ADC0809 转换是否完成，即所谓的查询方式。

三是将 EOC 与单片机的中断引脚相连，通过外部中断信号触发进入相应的中断处理程序，即所谓的中断方式。中断方式时要注意电平匹配，如 ADC0809 转换结束时，EOC 输出高电平，当其与 MCS-51 单片机相连时，由于 MCS-51 单片机的外部中断信号为低电平有效，所以两者逻辑相反不能直接相连，必须进行逻辑取反后再接入。

图 11-26 中，ADC0809 作为一个外部扩展并行 I/O 口，采用线选地址方式。设 ADC0809 的

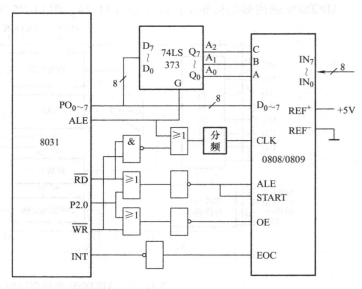

图 11-26   ADC0809 与单片机在中断方式下的接口电路

口地址为 FEFFH，采用中断工作方式，由中断服务程序读取转换结果并启动下一次转换。

初始化程序如下：

```
INT:    SETB IT1
        SETB EA
        SETB EX1
        MOV DPTR,#0FEFFH
        MOV A,#00H
        MOVX @DPTR,A     //启动 A-D 转换
```

中断服务程序如下：

```
PINT1:  MOV DPTR,#0FEFFH
        MOVX A,@DPTR     //读 A-D 转换结果送 50H 单元
        MOV 50H,A
        MOV A,#00H
        MOVX @DPTR,A     //启动 A-D 转换
        RETI
```

11.3 现代检测系统设计及实例

11.3.1 现代检测系统的设计

在学习传感器、检测技术等基本原理后，应能够针对具体的应用要求分析、设计和维护相应的检测系统。实际的检测系统由于应用领域、具体要求、成本等因素的限制，其复杂程度、系统结构和性能指标等方面会有所差别，但设计的方法和步骤基本相同。

1. 设计步骤

（1）总体方案的确定

了解系统设计的具体要求、确定检测系统的总体方案，是进行检测系统设计的第一步，也是对整个设计具有指引性的重要一步。系统总体方案的确定必须是在对检测对象的特性、检测精度、时间响应要求以及成本等了解的基础上进行的，而要弄清这些要求往往需要与系统需求方的相关技术人员和决策人员进行有效的沟通，而不能自以为是。

在确认系统的技术要求后，根据被测对象的分布确定系统的结构，如当采样点较多、分布较为分散时，就应考虑采用多节点网络结构；选择合适的数据传输方式，当距离较远且节点较多时，应考虑数字通信方式，而非模拟量信号通信方式；选择合适的计算机，计算机作为现代检测系统的核心，是系统总体方案确定的总要环节，前文曾提到目前的检测系统大都基于广义的计算机而组成，如 PLC、单片机、工业控制计算机、数字调节仪等，计算机的选择主要根据性能、价格、可靠性以及系统的开发设计周期等综合而定，如某项目设计时间很紧张、可靠性要求也较高，这时应优先采用 PLC、数字调节仪等商品化产品，不宜采用自行设计单片机系统来完成，但如果对成本很敏感，选用单片机开发则通常具有明显的成本优势；人机界面是人机交互的窗口，人机界面的选择应与计算机的选择相匹配，对应地，如果用户对检测系统有特别的要求，反过来也会影响计算机的选型。

需要说明的是，在确定系统的总体方案时，对系统的软件、硬件的任务分配要做综合考

虑。因为检测系统中的部分功能往往既可以由硬件来实现，也可以由软件来完成（如输入通道中模拟信号的滤波，既可以由硬件滤波器也可以由软件通过程序来完成），到底采用何种方式来实现，应综合考虑时间响应、处理器的负担等进行确定。

（2）硬件设计

硬件设计是在系统方案确定的基础上，对具体硬件的选型和电路设计。

当系统中各部件均选用商品化的成品时，其硬件设计部分相对会简单很多，如一些典型的基于 PLC 的测控系统，从传感变送器、A－D 模块、PLC、人机界面等均可有很多厂家的多种型号以供选用，主要是根据系统的参数要求、成本要求进行选型，各硬件间的连接关系也比较固定和简单。重点需要注意布线时的接地、屏蔽等抗干扰设计。

当采用单片机自行设计系统时，应在了解和掌握市场上相关功能的主流芯片技术特性的基础上，合理地选择芯片、设计接口电路、绘制电路原理图和印制电路板。设计过程中要综合考虑机械结构、散热和电磁抗干扰等因素。

（3）软件设计

在现代检测系统中，软件是系统的灵魂和指挥棒，因此软件设计是否高效和稳定直接决定了系统的设计水平。检测系统中软件的设计应注意软件的实时性、针对性、灵活性和通用性以及可靠性。

实时性。无论在检测系统还是在控制系统中，其对象通常都是不断发生变化的工业被测和被控对象，为了及时反映出对象的变化，需要软件在允许的响应时间里完成数据的采集，实时性并非一个具体时间，其对不同对象具体的响应时间也不同。为了达到实时性的要求，可采用中断、压缩循环周期等方法。

针对性。根据对系统功能的分解，可将软件分解成多个功能子程序，每个子程序都是根据一个特定的功能要求而设计的，然后通过顺序或循环结构将各个子程序串起来完成整体的数据采集、处理和显示等功能。

灵活性和通用性。好的程序既具有为解决某一问题而设计的针对性，也应具有良好的内部结构，便于根据不同的系统要求做简单修改而适应其他场合的需求，这就是所谓的灵活性和通用性，也可称之为具有好的移植性。

可靠性。工业系统可靠性往往是第一位的、根本性的，可靠性不好的系统即使测量精度等指标再高也没有意义。对检测系统的软件而言，应多注意分析各种情况下的逻辑分支和跳转，进行合理的测试，同时加入必要的软件陷阱和冗余指令，并配合看门狗电路等提高可靠性。

根据所选用的计算机不同，软件编程的工具和环境也不同。单片机、DSP 等可采用汇编语言和相应的 C 语言，PLC 多采用梯形图方式编程，软件设计时可充分利用原有的自我积累和厂家的例程，以提高软件设计效率、缩短设计周期。

软件和硬件在方案确定后，设计上并无严格的先后顺序，但其测试往往需要另一方的配合，如软件设计尤其是通信程序、A－D 读取程序等子程序的设计和测试时，通常需要与硬件配合。

（4）调试

在软、硬件大致完成后，要进行整个系统的软、硬件联合调试，调试多在工业现场或总装车间完成。在软件和硬件设计阶段应对各模块进行尽可能的全面测试，避免现场调试时出现低级错误和问题。根据调试效果，当出现问题时，找出原因，修改相应的硬件和软件设计，不断反复，直到达到要求为止。

2. 设计原则

尽管检测系统的要求各不相同，方案也多种多样，但对系统设计的一些基本原则是相同的。

（1）可靠性高

检测系统（尤其是测控系统）一旦发生故障，若导致误操作则危害往往非常严重，如化工行业中常见的压力控制系统，若由于数据采集有误而导致发生爆炸等事故，其对设备、环境、人员生命安全造成的威胁是非常可怕的。因此，可靠性是第一位的，除尽可能提高软、硬件设计的可靠性外，还应加上必要的安全联锁环节，多管齐下。

（2）人机界面友好

检测系统中通常需要进行人和机器的交互，人和机器交互的手段和方式称之为人机界面，人机界面应注重操作方便、结实可靠、便于维护，兼顾用户的原有操作习惯。

（3）通用性好

选用的各硬件应尽量选择市场上主流的、保有量大的产品，这样既可以降低成本，也可以确保后续的供应，以方便设备的维护，延长使用寿命。

（4）性价比高

如何让自己提供的产品在市场竞争中处于有利地位，在满足性能要求的基础上具有价格优势是很重要的一个方面，因此应根据性能、价格综合确定设计方案，而不应从纯技术的角度去追求所谓的技术优势。

11.3.2 基于 1 - Wire 总线的多点温湿度测量系统应用实例

本节以基于 1 - Wire 总线的多点温湿度测量系统为例，从应用背景、需求、系统构成等方面着手分析说明其设计过程。

1. 设计要求

温度、湿度测量在仓库储藏、蔬菜大棚种植等领域都有较多需求，其需求呈现如下特点：数据采集点较多且分散于一定的空间范围，要求布线方便。目前，温湿度测量往往采用 2 种方法：一是温湿度传感器输出的模拟信号连接至远处的 A - D 转换器、单片机等进行数据处理及显示，但此类方法的模拟信号在传输过程中易于受到干扰和损耗，导致稳定性、精度较差；二是传感器输出的模拟信号就地进行 A - D 转换后采用某种通信协议传送，或采用如压频转换等方式实现远距离传送，但此类方式存在器件多、成本高等缺点。

考虑该系统主要面向仓库、蔬菜大棚等应用，要求成本低、布线简单，因此以 AT89S52 单片机为核心，利用 1 - Wire 总线器件 DS2438 和集成式湿度传感器 HiH3610 组成温湿度采集单元，这样不但能同时检测温度、湿度，而且由于 1 - Wire 的远距离传输特性和总线接口方式，可以方便实现多点温湿度数据的采集。

2. 主要技术指标

测量点数：1 ~ 50 点。

测量距离：<500m。

温度测量范围：$-40 \sim 80℃$，精度：$±0.5℃$。

湿度测量范围：$RH0 \sim 100\%$，精度：$RH ±2\%$。

3. 总体设计和工作原理

多点测量仪系统结构如图 11-27 所示，由上位 PC、下位机、各温湿度采集单元、键盘和液晶显示模块等组成。当只需要温湿度测量、显示时，可不需要上位 PC 的参与。下位机中 AT89S52 为控制核心，通过软件模拟 1－Wire 总线的工作时序与具有 1－Wire 接口的 DS2438 交换数据和发送命令，由 DS2438 和 HiH3610 构成的多个温度、湿度采集单元则由 DS2438 内固有的器件地址来区分，采用字符液晶模块轮流显示各采集单元的温度、湿度数据，通过键盘配合液晶显示提示进行参数设置。

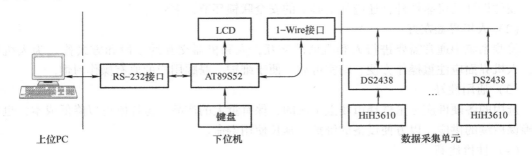

图 11-27　多点测量仪系统结构

通过单片机串行通信接口与 RS－232 电平转换芯片相连，使得单片机和 PC 之间可以进行通信，在需要更好的人机界面（如温湿度趋势曲线显示）和报表打印、数据存储等功能时，利用上位 PC 的管理软件通过 RS－232 通信接口与单片机 AT89S52 交换数据和命令，上位 PC 管理软件具有趋势图显示、打印、数据存储等功能，能够满足数据查询、温湿度曲线显示和数据的自动采集等需求。

4. 温湿度采集单元设计

传统模拟式传感器的输出多为模拟电流或电压信号，不适合长距离传输，宜考虑设计的简便和模拟信号的就地转换，选用 1－Wire 总线器件 DS2438 和湿度传感器 HiH3610 组成温湿度采集单元。

（1）1－Wire 总线器件 DS2438

DS2438 是美国 DALLAS 公司生产的具有 1－Wire 串行通信接口、温度测量和 A－D 转换器的多功能芯片。1－Wire 总线数据传输时只需 1 根数据线就能实现数据的双向传输，构成 1－Wire 网络时主设备一般由单片机或专用芯片担任。1－Wire 总线传输距离长（可达 500m），所有符合 1－Wire 总线标准的从设备其内部均有唯一的 64 位固定的器件地址，通过该地址来识别网络中的不同节点。1－Wire 总线器件的工作流程如图 11-28 所示。

图 11-28　1－Wire 总线器件的工作流程

主设备发出的操作指令均可由读、写和初始化 3 个基本操作组合而成，详细资料请查看 DS2438 数据手册。DS2438 的供电电压为 2.4 ~ 10V，本设计中主要利用了其内部温度传感器和电压 A - D 转换器以及 1 - Wire 总线接口，DS2438 的温度测量范围为 - 55 ~ 125℃，不过由于 HiH3610 的工作温度要求，系统的实际测温范围限制为 - 40 ~ 80℃，精度为 ± 0.5℃；DS2438 内置的电压 A - D 转换器，测量范围为 0 ~ 10V，分辨率为 10mV，通过修改 DS2438 的相关寄存器可选择对芯片电源端 V_{DD} 或通用电压输入端 V_{AD} 进行 A - D 转换。DS2438 转换后所得温度和电压数据格式比较特殊，电压数据为原码表示，温度为补码表示，因此单片机通过 1 - Wire 总线读取的数据必须经过转换。

（2）湿度传感器 HiH3610

湿度传感器 HiH3610 采用电容式热固性聚合物，传感器由一系列平行层及其底层的多孔电极组成。电极上涂有聚合绝缘体，可以根据湿度在环境中吸收或者释放水蒸气，这种机制会导致介电常数发生变化从而改变其电容值，最后电路的阻抗就与环境湿度成比例地变化。基于热固性聚合物的电容式传感器不同于热聚塑料电容式传感器，其具有更高的工作温度和较强的耐腐蚀性，比如甲苯、油渍等。该传感器内部集成了信号处理电路，具有精度高、线性度高、互换性好等特点，因此外部配套电路比较简单。

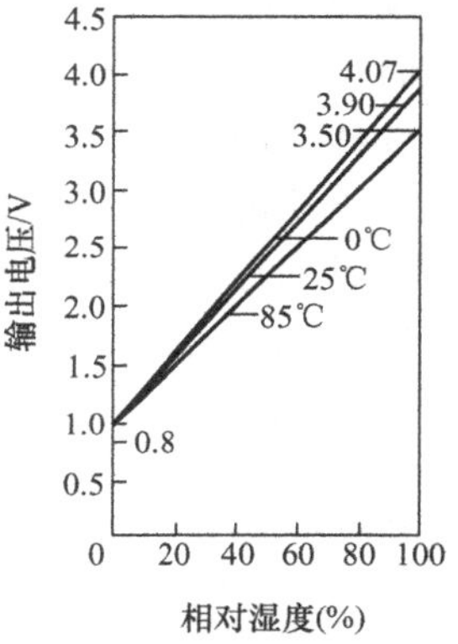

不同环境温度下 HiH3610 的输出电压（ $U_{输出}$ ）与当前湿度值（ $RH_{当前湿度值}$ ）的关系曲线如图 11-29 所示，其中 25℃时的关系式为

$$U_{输出} = U_{电源} \times (0.0062 \times RH_{当前湿度值} + 0.16) \quad (11-1)$$

当工作在其他温度条件下时应进行温度补偿，实际的湿度值（ $RH_{实际}$ ）温度补偿公式为

$$RH_{实际} = RH_{当前湿度值} \div (1.0546 - 0.00216T) \quad (11-2)$$

HiH3610 在 25℃ 时的典型输出电压值为 0.8 ~ 3.9V，在 DC5V 电源下工作时的电流仅为 200μA，因此可以适合低功耗场合的使用，这使得采用 1 - Wire 总线供电成为可能。

图 11-29　不同温度下输出电压和相对湿度的关系曲线

温湿度采集单元电路如图 11-30 所示，湿度传感器 HiH3610 的输出与 DS2438 的 A - D 输入端相连。在短距离和采集单元较少时，DS2438 和 HiH3610 的电源可以通过 1 - Wire 总线"窃电"获得，1 - Wire 总线上的信号经过稳压二极管 VZ_1 后相当于通过一个半波整流器，用以提供 DS2438 和 HiH3610 的工作电源，电容 C_p 可以保证总线处于低电平时的电源供应和优化电源质量；DS2438 和 HiH3610

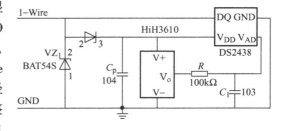

图 11-30　温湿度采集单元电路图

采用相同的电源保证了 DS2438 所测的电源电压即是 HiH3610 的电源电压。在实际使用中，当采集单元较多或传输距离较远时，应采用专门电源供电而不宜利用总线供电，以保证数据传输的准确性。

单片机与 1 - Wire 总线接口如图 11-31 所示。

温湿度采集单元的工作过程：单片机模拟 1－Wire 时序向 DS2438 发出温度转换和电压转换指令，DS2438 经转换后将 HiH3610 的电源电压和输出电压以及温度值发回主机，由单片机进行处理，得出温湿度值。

+5V
R_1
1kΩ
P1.6
单片机
AT89S52
220pF
1-Wire
P1.7
R_2
3.3kΩ
2N7000

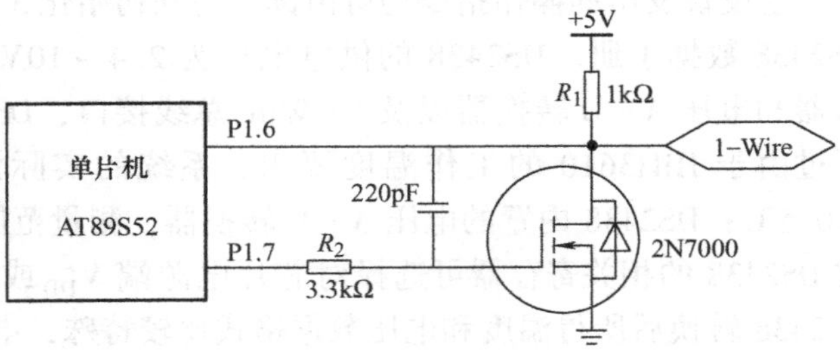

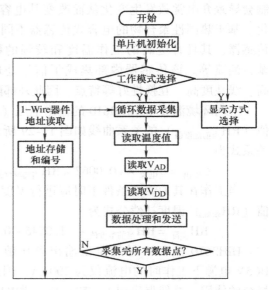

图 11-31　单片机与 1－Wire 总线接口

5. 软件设计

系统软件设计包括上位 PC 管理软件和单片机程序 2 部分。单片机程序采用汇编语言和 C 语言编写。由于湿度数据需要根据式(11-1) 和式(11-2) 进一步计算，该公式采用汇编语言编程比较烦琐，故采用 C 语言编程，而利用单片机的 I/O 口模拟 1－Wire 总线时序，对时间要求严格，采用汇编语言编写，软件处理流程框图如图 11-32 所示。

当单片机采用 12MHz 晶振时，其模拟 1－Wire 总线时序的程序如下：

开始
单片机初始化
工作模式选择
Y
Y
Y
1-Wire器件地址读取
循环数据采集
显示方式选择
地址存储和编号
读取温度值
读取V_{AD}
读取V_{DD}
数据处理和发送
N
采集完所有数据点?
Y

图 11-32　软件处理流程框图

```
WIRE1 BIT P1.6
WIRE2 BIT P1.7
WIRE3 BIT 07H          //总线状态标志位
初始化：
CLR WIRE1
SETB WIRE2
MOV R2,#245D           //拉低总线约 500μs
DJNZ R2, $
SETB WIRE1
CLR WIRE2
MOV R2,#36D            //释放总线约 70μs
DJNZ R2, $
MOV C,WIRE1
CPL C
MOV WIREF,C
MOV R2,#215D           //等待约 430μs
DJNZ R2, $
RET
读 1 字节数据,数据放在累加器 A 中：
MOV R3,#8D
LOOP1:ACALL RDBIT
RRC A
MOV R7,#30D
DJNZ R7, $
DJNZ R3,LOOP1
RET
写 1 字节数据,数据入口为累加器 A：
```

```
MOV R3,#08D
LOOP2:RRC A
ACALL WRBIT
DJNZ R3,LOOP2
RET
```
写 1 位：
```
CLR WIRE1
SETB WIRE2
NOP
NOP
NOP
NOP
MOV WIRE1,C
CPL C
MOV WIRE2,C
MOV R2,#30D
DJNZ R2,$
SETB WIRE1
CLR WIRE2
RET
```
读 1 位：
```
CLR WIRE1
SETB WIRE2
NOP
NOP
SETB WIRE1
CLR WIRE2
MOV R2,#4D
DJNZ R2,$
MOV C,WIRE1
RET
```

上位 PC 管理软件采用 Visual BASIC 和数据库 Access 编写。主要功能有通信处理、数据存储与查询、温湿度趋势显示和打印等。通信处理程序以 Visual BASIC 中的 MSComm 控件为基础。MSComm 控件提供了标准的事件处理函数和过程，通过修改相应的属性参数即可方便地设置 RS - 232 串行通信口参数，上位 PC 和单片机之间的通信采用查询工作方式。

习题与思考题

11-1　查阅资料，从转换速度、转换精度等方面对逐次逼近式、双积分式、Delta-Sigma（$\Sigma-\Delta$）式 A - D 转换器进行比较。

11-2　逐次逼近式 A - D 转换器的干扰抑制能力为何较差？

11-3　A - D 转换器与计算机相连有几类方法？各自适用于何种场合？

11-4　4 ~ 20mA 电流环传输方式相对 0 ~ 20mA、1 ~ 5V 有何优缺点？

11-5　查阅资料，理解何谓共模干扰和串模干扰，针对性的措施主要有哪些？

参 考 文 献

[1] 郁有文，常健，程继红．传感器原理及工程应用 [M]．4 版．西安：西安电子科技大学出版社，2015.

[2] 丁晖，汤晓君．现代测试技术与系统设计 [M]．西安：西安交通大学出版社，2015.

[3] 徐科军，马修水，李晓林，等．传感器与检测技术 [M]．4 版．北京：电子工业出版社，2016.

[4] 陈杰，黄鸿．传感器与检测技术 [M]．2 版．北京：高等教育出版社，2010.

[5] 程德福，王君，凌振宝．传感器原理及应用 [M]．北京：机械工业出版社，2016.

[6] 何希才．常用传感器应用电路的设计与实践 [M]．北京：科学出版社，2007.

[7] 何道清，张禾，谌海云．传感器与传感器技术 [M]．3 版．北京：科学出版社，2014.

[8] 潘雪涛，温秀兰，李洪海，等．传感器原理与检测技术 [M]．北京：国防工业出版社，2011.

[9] 潘雪涛，邬华芝，温秀兰，等．传感器原理与检测技术实践指导教程 [M]．北京：国防工业出版社，2011.

[10] 冯成龙．传感器与检测电路设计项目化教程 [M]．北京：机械工业出版社，2017.

[11] 宋涛，汤利东．传感器应用实例 [M]．北京：机械工业出版社，2017.

[12] 宋宇，朱伟华，董括．传感器及自动检测技术 [M]．北京：北京理工大学出版社，2013.

[13] 孟立凡，蓝金辉．传感器原理与应用 [M]．3 版．北京：电子工业出版社，2015.

[14] 范茂军．物联网与传感器技术 [M]．北京：机械工业出版社，2012.

[15] 梅杰，珀提斯，马金瓦，等．智能传感器系统：新兴技术及其应用 [M]．靖向萌，明安杰，刘丰满，等译．北京：机械工业出版社，2018.

[16] 余成波．传感器与自动检测技术 [M]．2 版．北京：高等教育出版社，2009.

[17] 刘君华，汤晓君，张勇，等．智能传感器系统 [M]．2 版．西安：西安电子科技大学出版社，2010.

[18] 王庆有．光电传感器应用技术 [M]．2 版．北京：机械工业出版社，2017.

[19] 戚耀楠．光电传感器件与应用技术 [M]．北京：电子工业出版社，2015.

[20] 王卫兵，张宏，郭文兰．传感器技术及其应用实例 [M]．2 版．北京：机械工业出版社，2016.

[21] 王煜东．传感器及应用 [M]．3 版．北京：机械工业出版社，2017.

[22] 张志勇，王雪文，翟春雪，等．现代传感器原理及应用 [M]．北京：电子工业出版社，2014.

[23] 杜晓妮，吴辉．传感器原理及应用技术 [M]．北京：电子工业出版社，2014.

[24] 崔逊学，左从菊．无线传感器网络简明教程 [M]．2 版．北京：清华大学出版社，2015.

[25] 吴成东．智能无线传感器网络原理与应用 [M]．北京：科学出版社，2011.

[26] 张晓彤，班晓娟，段世红，等．无线传感器网络与人工生命 [M]．北京：国防工业出版社，2008.

[27] 李善仓，张克旺．无线传感器网络原理与应用 [M]．北京：机械工业出版社，2008.

[28] 姜仲，刘丹．ZigBee 技术与实训教程：基于 CC2530 的无线传感网技术 [M]．北京：清华大学出版社，2014.

[29] 吕俊芳，钱政，袁梅．传感器调理电路设计理论及应用 [M]．北京：北京航空航天大学出版社，2010.

[30] 沈艳，陈亮，郭兵，等．测试与传感技术 [M]．2 版．北京：电子工业出版社，2015.